SQL
从入门到精通

微课视频版

陈贻品 贾 蓓 和晓军◎编著

★223集同步视频讲解（共20.5小时）

高清视频讲解+中小实例+源码文件+PPT课件

中国水利水电出版社
www.waterpub.com.cn
·北京·

内 容 提 要

人工智能、机器学习和大数据等，都是建立在大量数据的基础上，才能发挥作用，所以数据库非常重要。目前主流的数据库有 MySQL、SQL Server 和 Oracle，虽然他们的界面不同，但是在操作数据库方面都要用到同一种标准语言——SQL。《SQL 从入门到精通（微课视频版）》一书全面介绍了 SQL 语言的知识体系，及其在三大主流数据库系统中的使用方法，既是一本 SQL 入门教程，又是一本 SQL 语言的速查工具书。

《SQL 从入门到精通（微课视频版）》全书共 20 章，详细介绍了 SQL 数据库及 SQL 语句的使用方法，具体内容包括数据库的基础知识，搭建运行 SQL 语言的环境，SQL 语言基础，数据表的基本操作，索引的创建和使用，数据的简单查询，条件查询，SQL 函数的使用，聚合函数和分组数据的应用，多表连接查询，子查询，视图的应用，数据的插入、更新与删除，数据库系统的安全性和完整性控制，创建和使用存储过程，SQL 触发器的使用，SQL Server、Oracle 和 MySQL 的控制流语句，事务处理和并发事务处理等。在具体讲解过程中，结合中小实例，分别论述 SQL 在三种主流数据库中的具体应用，对比学习，读者理解更深刻，有利于全面掌握 SQL 语言的使用方法和技巧。

《SQL 从入门到精通（微课视频版）》一书知识体系完整、内容介绍由浅入深，并配有高清视频讲解，适用于各类数据库管理人员、数据库开发人员以及程序员使用，同时也可用作高校相关专业的教材。

图书在版编目（CIP）数据

SQL 从入门到精通：微课视频版 / 陈贻品，贾蓓，
和晓军编著. -- 北京：中国水利水电出版社，2020.1（2022.8 重印）

ISBN 978-7-5170-7654-4

Ⅰ. ①S… Ⅱ. ①陈… ②贾… ③和… Ⅲ. ①SQL 语言
一程序设计一手册 Ⅳ. ①TP311.132.3-62

中国版本图书馆 CIP 数据核字（2019）第 080347 号

书　　名	SQL 从入门到精通（微课视频版） SQL CONG RUMEN DAO JINGTONG (WEIKE SHIPIN BAN)
作　　者	陈贻品　贾蓓　和晓军　编著
出版发行	中国水利水电出版社 （北京市海淀区玉渊潭南路 1 号 D 座　100038） 网址：www.waterpub.com.cn E-mail: zhiboshangshu@163.com 电话：（010）62572966-2205/2266/2201（营销中心）
经　　售	北京科水图书销售有限公司 电话：（010）68545874、63202643 全国各地新华书店和相关出版物销售网点
排　　版	北京智博尚书文化传媒有限公司
印　　刷	河北汇美亿浓印刷有限公司
规　　格	203mm×260mm　16 开本　22 印张　630 千字　1 插页
版　　次	2020 年 1 月第 1 版　2022 年 8 月第 5 次印刷
印　　数	19001—21000 册
定　　价	79.80 元

前　言

　　无论是人工智能、机器学习还是大数据，都必须在大量数据的基础上，才能解决实际问题，因此数据库就显得尤为重要。目前主流的数据库有 MySQL、SQL Server 和 Oracle，它们的界面有所不同，但是在操作数据库方面都要用到同一种标准语言——SQL。

　　SQL 的全称为 Structured Query Language，即结构化查询语言。无论是数据库管理人员，还是程序员，都要和 SQL 打交道。可以这么说，不懂 SQL，就不好意思说自己是计算机/互联网从业者。笔者有 20 多年软件开发经验，常年和 SQL 打交道，在工作期间也经常给新同事做培训，发现很多人都没有掌握其用法，为此特意编写了本书。

本书特点

1．条理清晰，内容全面

　　本书从搭建 SQL 环境开始，由浅入深、循序渐进地介绍了数据定义、数据查询、数据更新、数据控制、事务处理，以及在编程语言中调用 SQL 语句等 SQL 语言的知识，条理清晰、内容全面。

2．实例丰富，讲解细致

　　书中安排了大量精心设计的实例，并对其进行了非常细致的讲解，可以让读者快速掌握 SQL 语言的精髓。

3．对比讲解，理解深刻

　　由于数据库技术的内容十分庞杂，初学者往往会感觉无从下手。本书通过 SQL 在 MySQL、SQL Server 和 Oracle 等多个数据库产品中的具体使用，对比学习，来讲解各系统的特点以及扩展性。前面部分先讲解标准 SQL，然后结合 3 个主流数据库分步讲解，可以让读者理解更深刻。

4．配有视频，方便学习

　　针对书中知识点，配有 390 分钟高清视频讲解。扫描书中的二维码可以手机看视频，极大地提高学习效率。

内容预览

　　第 1 章，首先讲解数据库的基础知识，然后简单介绍一些当今流行的数据库管理系统——MySQL、SQL Server 和 Oracle 软件的安装以及如何在其中运行 SQL 语句。

　　第 2 章，从整体出发，简要介绍 SQL 语言，包括 SQL 语言的历史、特点、功能、SQL 语言的组成和环境等。

　　第 3 章，首先讲解数据表的一些概念性内容，然后介绍表的创建、修改、删除和数据库的创建与删除等 SQL 语句。

　　第 4 章，介绍索引的相关知识和创建索引、使用索引、删除索引的 SQL 语句。

　　第 5 章，主要介绍使用 SELECT 语句查询数据的基本方法和排序查询结果的方法。

　　第 6 章，主要介绍条件表达式和使用 WHERE 子句查询所需数据的方法。

　　第 7 章，介绍使用 AND、OR、NOT 运算符组合 WHERE 子句，IN、LIKE 运算符的使用方法，以及使用通配符进行模糊查询的知识。

第 8 章，介绍 SQL Server、Oracle 和 MySQL 中各种函数的使用方法。

第 9 章，介绍使用 SQL 聚合函数和分组技术查询统计数据的方法。

第 10 章，介绍多表连接查询的原因、高级连接查询的方法和组合查询的使用技巧。

第 11 章，介绍子查询的使用方法和相关子查询的概念。

第 12 章，介绍视图的概念、特性、作用，以及创建视图、使用视图和删除视图的方法。

第 13 章，介绍使用 INSERT 语句，向数据表直接插入数据、通过视图插入数据的方法。

第 14 章，分别介绍使用 UPDATE 语句更新数据和使用 DELETE 语句删除数据的方法。

第 15 章，介绍用户、角色以及 MySQL、Oracle、SQL Server 安全管理方面的内容。

第 16 章，介绍完整性的概念和数据表的各种约束。

第 17 章，介绍存储过程和自定义函数的概念，及其创建方法、使用方法和查看其源码的技巧。

第 18 章，首先讲解 SQL 触发器的概念，然后介绍在 SQL Server、Oracle 和 MySQL 中创建、使用触发器的具体方法。

第 19 章，分别介绍 SQL Server、Oracle、MySQL 中控制流语句的使用方法和具体应用。

第 20 章，介绍事务的概念、特性，以及如何创建事务、提交事务、回滚事务和并发事务的处理等。

本书资源获取及交流方式

本书配套资源完善，包括视频讲解、源码文件和 PPT 课件等，有需要的读者可以通过以下方法下载使用。

（1）读者可以扫描下面的二维码或在微信公众号中搜索"人人都是程序猿"，关注后输入"SQL765"发送到公众号后台，获取本书资源下载链接（注意，本书提供百度网盘和 360 云盘等下载方式，资源相同，选择其中一种方式下载即可）。

（2）将该链接复制到电脑浏览器的地址栏中（一定要复制到电脑浏览器地址栏，通过电脑下载，手机不能下载，也不能在线解压，没有解压密码），按Enter键。

↳ **百度网盘下载**

建议先选中资源前面的复选框，然后单击"保存到我的百度网盘"按钮，弹出百度网盘账号密码登录对话框，登录后，将资源保存到自己账号的合适位置。然后启动百度网盘客户端，选择存储在自己账号下的资源，单击"下载"按钮即可开始下载（注意，不能网盘在线解压。另外，下载速度受网速和网盘规则所限，请耐心等待）。

↳ **360 云盘下载**

进入网盘后不要直接下载整个文件夹，需打开文件夹，将其中的压缩包及文件一个一个单独下载（不要全选下载），否则容易下载出错！

（3）加入本书学习交流 QQ 群：792825122（若群满，会创建新群，请注意加群时的提示，并根据提示加入对应的群号），读者间可互相交流学习。

适合读者

本书具有知识全面、体系完整、实例精彩、指导性强的特点，力求以全面系统的知识及丰富的实例来指导读者学习并掌握 SQL 语言的使用方法和技巧。本书适合以下读者学习。

- ↘ 数据库管理人员。
- ↘ Java、Python 等各类程序员。
- ↘ 大数据开发人员。
- ↘ 人工智能程序员。
- ↘ 大中院校的学生。

致谢

本书能够顺利出版，是作者、编辑和所有审校人员共同努力的结果，在此表示深深的感谢。同时，祝福所有读者在学习过程中一帆风顺。

编　者

目　录

第 1 章　数据库及基本操作

数据库技术是现代计算机应用的一项重要技术，在计算机应用领域中被广泛使用，成为计算机软件开发不可缺少的一部分。数据库技术是 20 世纪 60 年代末兴起的一门数据处理与信息管理的学科，是计算机科学的一个重要分支。本章主要介绍数据库的基本概念及近年来常用的数据库系统的基本使用方法。

1.1　数据库基础知识

本节将介绍有关数据库的一些概念、数据库的发展史、数据库系统的特点和数据库系统的组成等数据库基础知识。

1.1.1　数据库的应用

自从计算机被发明之后，人类社会就进入了高速发展阶段，大量的信息堆积在人们的面前。此时，如何组织存放这些信息，如何在需要时快速检索出信息，以及如何让所有用户共享这些信息就成为了一个大问题。数据库技术就是在这种背景下诞生的，这也是使用数据库的原因。

当今，世界上每一个人的生活几乎都离不开数据库了，如果没有数据库，很多事情几乎无法做到。例如，没有银行存款数据库，则取钱就会成为一个很复杂的问题，更不用说异地取款了。又如，如果没有手机用户数据库，难以想象计费系统会怎样工作；而没有计费系统，人们也就不能随心所欲地拨打手机了。再如，没有数据库的支持，网络搜索引擎也就无法继续工作，网上购物那就更不用想了。可见数据库应用在不知不觉中已经遍布了人们生活的各个角落。

1.1.2　数据库相关术语

在学习具体的数据库管理系统和 SQL 语言之前，首先应该了解有关数据库的一些名词。因为笔者发现，即使学习过具体数据库管理系统的人员也通常会混淆这些名词。下面就是容易让人混淆的几个与数据库相关的名词及其解释。

1. 数据库

数据库（Database，DB）是一个以某种组织方式存储在磁盘上的数据的集合。它通过现有的数据库管理系统（如 SQL Server、Oracle、MySQL 等）创建和管理。

数据库不仅包括描述事物的数据本身，而且还包括相关事物之间的联系。数据库中存放的数据可以被多个用户或多个应用程序共享。例如，某航空公司票务管理系统的数据库，在同一时刻可能有多个售票场所都在访问或更改该数据库中的数据。

2．数据库应用系统

数据库应用系统是指基于数据库的应用软件，如学生管理系统、财务管理系统等。数据库应用系统由两部分组成，分别是数据库和程序。数据库用数据库管理系统创建，程序可以用任何支持数据库编程的程序设计语言编写，如 Java、C#、PHP、Python 等。

3．数据库管理系统

数据库管理系统（Database Management System，DBMS）用来创建和维护数据库。例如，SQL Server、Oracle、MySQL 等都是数据库管理系统。图 1.1 描述了数据库、数据库应用系统和数据库管理系统之间的联系。

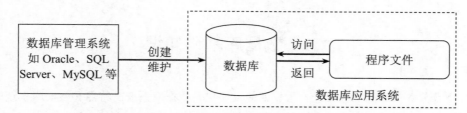

图 1.1　DB、DBMS 和数据库应用系统之间的联系

1.1.3　SQL 简介

SQL 是结构化查询语言（Structured Query Language）的简称。它是一种标准计算机语言，用来访问和操作数据库系统，使我们有能力访问数据库。

通过编写 SQL 语句，可在数据库管理系统中执行以下操作。

- 创建数据库。
- 向数据库中插入数据。
- 从数据库中取回数据。
- 在数据库中删除数据。
- 修改数据库中已有数据。
- 其他操作。

通过 SQL 可与数据库协同工作，如使用 SQL 与 SQL Server、Oracle、MySQL 以及其他数据库系统协同工作。

在 ANSI 标准中定义了很多支持数据库操作的关键词，如 SELECT、UPDATE、DELETE、INSERT、WHERE 等。

SQL 语言的执行环境非常多，几乎所有的关系型数据库管理系统都支持 SQL 语句。SQL 语句不仅可以在数据库系统的具体工具中交互式执行，也可以在编程语言中嵌入式使用。

需要注意的是，不同的数据库管理系统除了支持 ANSI 标准的 SQL 之外，都拥有它们自己的专用扩展，这些将在本书后面用到时再分别进行介绍。

1.1.4　数据库的类型

早期对数据库的分类主要有 3 种，分别为层次式数据库、网络式数据库和关系型数据库，其中关系型数据库使用得最普遍。而现在随着互联网、大数据的发展，最常用的数据库分为两种：关系型数据库和非关系型数据库。

1．关系型数据库

关系型数据库管理系统（Relational Database Management System，RDBMS）是 DBMS 的一种，用于创建和维护关系型数据库。当今流行的大多数 DBMS 其实都是关系型数据库管理系统，如 SQL Server、Oracle、MySQL 等。

本书将只介绍几种常用的关系型数据库的使用。

2．非关系型数据库

非关系型数据库也称为 NoSQL 数据库。这里的 NoSQL 不是 No SQL，而是 Not Only SQL。NoSQL 数据库的产生并不是要彻底否定关系型数据库，而是作为传统关系型数据库的一个有效补充。

NoSQL 数据库在特定的场景下可以发挥出难以想象的高效率和高性能。例如，关系型数据库 IO 瓶颈、性能瓶颈都难以有效突破，于是出现了大批针对特定场景，以高性能和使用便利为目的的、功能特异化的数据库产品。NoSQL（非关系型）数据库就是在这样的情景下诞生的，并得到了迅速的发展。

目前，像 Redis、MongoDB 这类 NoSQL 数据库管理系统越来越受到各类大中小型公司的欢迎和追捧。

1.2　主要关系型数据库管理系统简介

本节将简单介绍几个当前流行的、比较常用的数据库管理系统，包括 MySQL、SQL Server、Oracle 等。

1.2.1　MySQL

MySQL 数据库管理系统由瑞典的 T.c.X. DataKonsultAB 公司研发，该公司被 Sun 公司收购，现在 Sun 公司又被 Oracle 公司收购，因此 MySQL 目前属于 Oracle 旗下产品。

MySQL 是一种高性能、多用户与多线程的，创建在服务器/客户端结构上的关系型数据库管理系统，其最大的特点是部分免费、容易使用、稳定的性能和运行的高速度。目前，很多 JSP 网站和全部 PHP 网站都采用 MySQL 作为其后台数据库管理系统。其最新版本为 MySQL 8.0。

1.2.2　SQL Server

SQL Server 数据库管理系统最初由 Microsoft、Sybase 和 Ashton-Tate 三家公司共同研发，后来 Microsoft 公司主要开发、商品化 Windows NT 平台上的 SQL Server，而 Sybase 公司则主要研发 SQL Server 在 UNIX 平台上的应用。现在人们所说的 SQL Server 是 Microsoft SQL Server 的简称。目前 Microsoft SQL Server 的最新版本为 SQL Server 2019，但多数 SQL Server 的老用户仍旧钟情于 SQL Server 2000。因此，本书采用 SQL Server 2000 作为 SQL 语言的实验环境。

Microsoft SQL Server 是一种基于客户机/服务器的关系型数据库管理系统，专门为大中型企业提供数据管理功能，其安全性、保密性非常好，因此目前也有很多大中型网站采用 Microsoft SQL Server 作为后台数据库管理系统。Microsoft SQL Server 最初只支持 Windows 操作系统，不过从 SQL Server 2017 开始，微软也发布了支持 Linux 的版本。

1.2.3 Oracle

Oracle 数据库管理系统是 Oracle 公司研发的一种协调服务器和用于支持任务决定型应用程序的开放型数据库管理系统。Oracle 公司是世界最大的企业软件公司之一，主要为世界级大企业、大公司提供企业软件，其主要产品有数据库、服务器、商务应用软件以及决策支持工具等。目前，Oracle 的最新版本为 Oracle 12c，本书 SQL 实验环境采用的就是该版本。

1.3 在 MySQL 中执行 SQL 语句

MySQL 是由瑞典 MySQL AB 公司开发的，目前属于 Oracle 旗下产品。MySQL 是最流行的关系型数据库管理系统之一，在 Web 应用方面，MySQL 是最好的 RDBMS 应用软件。

MySQL 软件采用了双授权政策，分为社区版和商业版。由于其体积小、速度快、总体拥有成本低，尤其是开放源码这一特点，一般中小型网站的开发都选择 MySQL 作为后台数据库管理系统。

MySQL 可安装在 Windows、Linux、MacOS 等各类流行操作系统平台上。

1.3.1 安装 MySQL

MySQL 社区版——MySQL Community Server 可免费使用，用户可从官方网站下载其安装程序进行安装。目前官方可下载的最新版本为 8.0，文件名类似于 mysql-installer-community-8.0.11.0.msi。

双击下载的安装包文件，即可进入安装向导界面，如图 1.2 所示。

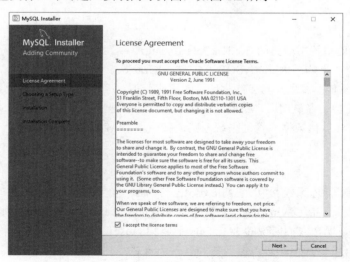

图 1.2 MySQL 安装向导界面

按照向导选择安装类型，然后开始安装相应的组件，并根据提示配置 root 用户的密码等，完成 MySQL 的安装。

安装完成后，可以在 Windows 10 的服务里看到一个名为 MySQL 8.0 的服务并且已经启动，bin 目录默认为 C:\Program Files\MySQL\MySQL Server 8.0\bin。

1.3.2　使用命令行执行 SQL 语句

与 Oracle 类似，MySQL 也提供了命令行和图形化两种方式执行 SQL 语句。下面首先演示命令行方式执行 SQL 语句的操作，具体步骤如下。

（1）选择"开始"|"Windows 系统"|"命令提示符"命令，打开控制台窗口（以前的 MSDOS 窗口）。

（2）在命令提示符后，输入下面的语句，然后按 Enter 键，即可进入命令行版的 SQL Plus 中。

```
mysql -u root -p
```

其中，-u 后面紧跟用户名，这里设为 root；-p 参数后面跟密码，也可不跟密码（接下来会要求用户输入密码）。

运行结果如图 1.3 所示，当输入上面的命令行，按 Enter 键之后，接着要求输入密码（Enter password）；密码输入正确后，将显示 MySQL 的版本号等提示信息；最后显示提示符"mysql>"，等待用户输入 SQL 语句。

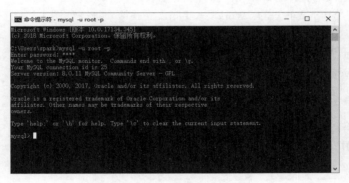

图 1.3　MySQL 命令行界面

（3）在 MySQL 中可对多个数据库进行操作，因此需要首先选择数据库，而选择数据库之前需要先知道当前系统中有哪些数据库，这时可使用以下命令来查看所有数据库。

```
show databases;
```

在图 1.4 所示界面中输入上面的命令，可看到新安装的 MySQL 8.0 共有 6 个数据库，如图 1.4 所示。

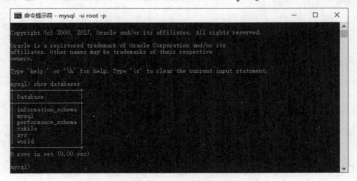

图 1.4　查看数据库列表

类似地，可以输入其他的 SQL 语句进行相关操作。

【例 1.1】在图 1.4 所示操作界面中输入以下 SQL 语句，创建一个新的数据库 College。

```
create database College;
```

本书后面有关 MySQL 的例子将在该数据库中进行操作。

1.3.3 使用 Workbench 执行 SQL 语句

通常，我们会使用可视化工具管理数据库，开发方便效率高。对 MySQL 来说，有很多第三方的可视化客户端工具可以选用，如 Toad for MySQL、MySQL-Front、Navicat for MySQL、SQLyog。这些工具有免费的，也有收费的。

MySQL 官方也提供了一款名为 Workbench 的可视化客户端工具。MySQL Workbench 为数据库管理员、程序开发者和系统规划师提供了可视化设计、模型建立以及数据库管理功能，可用于创建复杂的数据建模 ER 模型、正向和逆向数据库工程，也可以用于执行通常需要花费大量时间、难以变更和管理的文档任务。MySQL Workbench 可在 Windows、Linux 和 MacOS 操作系统下使用。

下面演示在 Workbench 中执行 SQL 语句的方法，具体步骤如下。

（1）选择"开始"|MySQL|MySQL Workbench 8.0 CE 命令，打开如图 1.5 所示的 MySQL Workbench 欢迎界面。

（2）在图 1.5 所示界面左下角可看到有一个本地 MySQL 的连接实例，单击将弹出如图 1.6 所示的 Connect to MySQL Server（连接 MySQL 服务器）对话框。

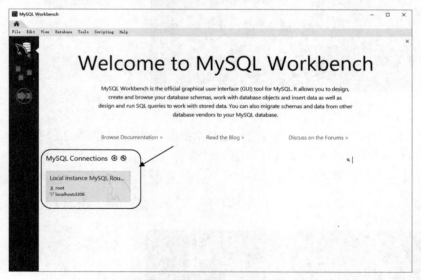

图 1.5　MySQL Workbench 欢迎界面

图 1.6　Connect to MySQL Server
（连接 MySQL 服务器）对话框

（3）在图 1.6 所示对话框中输入 root 用户的密码，单击 OK 按钮，连接成功后将显示如图 1.7 所示的界面。

在图 1.7 所示界面中，左侧为导航条，上方是对 MySQL 进行管理的相关操作，下方 SCHEMAS 列表中显示的是所有数据库。在 SCHEMAS 列表中单击选择一个数据库（如 world），在下面的 Information

窗格中将显示当前选择的数据库。界面中间空白部分是用来输入 SQL 语句的，输入的 SQL 语句是针对当前选择的数据库进行操作。

（4）在数据库 world 中有一个名为 country 的表，表中保存的是国家名称。下面查询该表中的所有数据。在图 1.7 所示界面中间空白部分（标签显示为 Query 1）输入以下 SQL 语句：

```sql
select * from country;
```

输入完以上 SQL 语句后，单击 SQL 语句上方的 ⚡ 按钮执行当前 SQL 语句，即可得到如图 1.8 所示的结果，查询出 239 个国家数据。

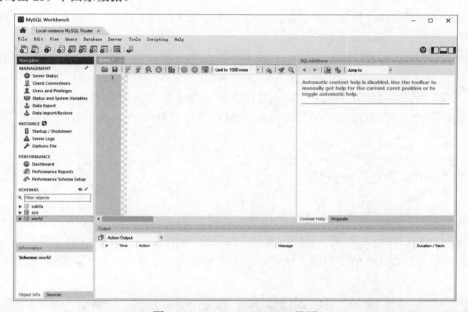

图 1.7　MySQL Workbench 界面

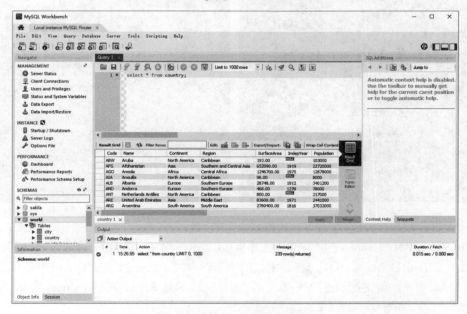

图 1.8　执行 SQL 语句的结果

在图 1.8 所示界面的中间部分，上方是输入的 SQL 语句，中间是执行结果，下方是执行 SQL 语句的一些信息输出，如执行的时间、执行的动作（Action）、执行返回的结果有多少条记录、执行该 SQL 语句用了多少时间等。

1.4　在 SQL Server 中执行 SQL

SQL Server 可以在多种操作系统下运行。从 SQL Server 2017 开始，SQL Server 除了能运行在 Windows 类的服务器中，还可在 Linux 服务器上运行。

SQL Server 针对不同的应用分成几个子版本，常见的分法是企业版、标准版、工作组版、开发版、学习版。其中，学习版指的就是 SQL Server Express。SQL Server Express 是免费的，是 Web 应用程序开发人员、网站主机和创建客户端应用程序的编程爱好者的理想选择。如果需要使用更高级的数据库功能，则可以将 SQL Server Express 无缝升级到更复杂的 SQL Server 版本。本书将使用 Express 版。

1.4.1　SQL Server 2017 的安装

SQL Server 2017 Express 安装程序可从微软官方网站下载，下载后得到大小约 294MB 的安装文件，名为 SQLEXPR_x64_CHS.exe。如果下载的安装包文件只有 5MB 左右，则这个文件只是一个安装启动包。运行该文件后将显示如图 1.9 所示界面，根据提示选择安装类型之后，开始下载安装程序包，如图 1.10 所示。

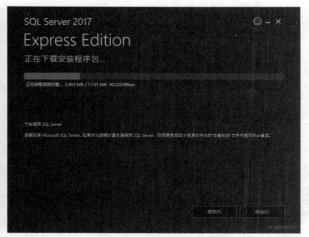

图 1.9　选择安装类型　　　　　　　　　　　　　　图 1.10　下载安装程序包

安装 SQL Server 2017 Express 的方法为：双击 SQLEXPR_x64_CHS.exe 安装文件，将显示 SQL Server 安装向导界面，如图 1.11 所示。从中选择最上面的"全新 SQL Server 独立安装或向现有安装添加功能"选项，然后按照向导中的中文提示进行操作，可以轻松完成 SQL Server 2017 Express 的安装过程，在此不再详述。

> **注意**
>
> 在安装 SQL Server 2017 Express 的过程中，会出现一个"身份验证模式"对话框，从中可以选择"Windows
> 身份验证模式"和"混合模式"。本书采用的是"混合模式"，即可以使用 Windows 身份验证模式登录 SQL Server，
> 也可以使用 sa 用户登录 SQL Server。

安装完 SQL Server 2017 Express 之后，还需要安装"SQL Server 管理工具"，方便操作人员通过管理
工具对数据库进行管理。在图 1.11 所示界面中选择"安装 SQL Server 管理工具"，即可下载管理工具安
装包 SSMS-Setup-CHS.exe（也可提前在微软官网下载该安装包）。双击该安装包将显示如图 1.12 所示安
装向导界面，根据提示逐步操作即可完成 SQL Server 管理工具的安装。

图 1.11　SQL Server 安装中心

图 1.12　安装 SQL Server 管理工具

1.4.2　使用 SQL Server 管理工具创建数据库

SQL Server 管理工具是 SQL Server 2017 Express 的主要图形化操作工具。利用 SQL Server 管理工具，
用户可以创建和管理所有 SQL Server 2017 Express 的数据库、数据表、索引、存储过程、触发器和用户
等数据库对象。下面使用 SQL Server 管理工具在 SQL Server 中创建一个名为 College 的数据库，其具体
步骤如下。

（1）启动 SQL Server 管理工具。选择"开始"|Microsoft SQL Tools 17|Microsoft SQL Server Management
Studio 2017 命令，便可启动 SQL Server 管理工具。

（2）启动后首先弹出如图 1.13 所示的"连接到服务器"对话框，从中选择或者输入"服务器名称"，
接着输入"登录名"和"密码"。

> **注意**
>
> 在本书前面安装 SQL Server 2017 Express 时设置的实例名称为 sqlexpress，所以在这里除了输入本机 localhost
> 外，后面还加上了实例名。

（3）在图 1.13 所示对话框中输入相应信息之后，单击"连接"按钮将连接数据库服务器。连接成
功后，将显示如图 1.14 所示的 Microsoft SQL Server Management Studio 管理工具界面。

图 1.13 "连接到服务器"对话框

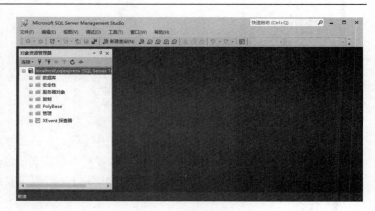

图 1.14 管理工具界面

（4）用鼠标右击目录树中的"数据库"节点，在弹出的快捷菜单中选择"新建数据库"命令，打开"新建数据库"窗口，如图 1.15 所示。通过该窗口可以设置数据库的名称和数据库文件的存储位置等。

图 1.15 "新建数据库"窗口

（5）在"数据库名称"文本框中输入 College；在"数据库文件"列表中向右拖动滚动条，找到"路径"列，可重新设置数据库文件和日志文件的保存位置；最后单击"确定"按钮，即可创建 College 数据库。

1.4.3 使用 SQL Server 管理工具执行 SQL 语句

在 SQL Server 管理工具中可执行 SQL 语句，下面通过例子介绍使用 SQL Server 管理工具执行 SQL 语句的方法。

【例 1.2】使用 SQL Server 管理工具，在数据库 College 中创建一个名为 student 的表。具体步骤如下。

（1）启动 SQL Server 管理工具。

（2）选择"文件"|"新建"|"使用当前连接的查询"命令，打开 SQL 查询语句输入框，在工具栏左侧将当前数据库改为 College，如图 1.16 所示。

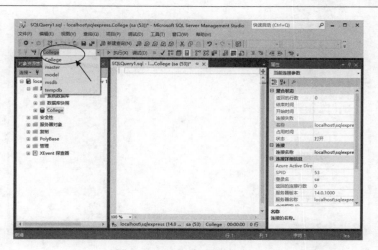

图 1.16　SQL 查询输入界面

（3）在 SQL 查询输入框中输入创建表 student 的 SQL 语句。具体 SQL 语句如下。

```
CREATE TABLE student
(
    ID          char(4) NOT NULL ,                   -- 学号
    name        char(20) NOT NULL,                   -- 姓名
    sex         char(2) NOT NULL DEFAULT '男',       -- 性别
    birthday    datetime,                            -- 出生日期
    origin      varchar(50),                         -- 来源地
    contact1    char(12),                            -- 联系方式 1
    contact2    char(12),                            -- 联系方式 2
    institute   char(20)                             -- 所属学院
);
```

输入界面如图 1.17 所示。

图 1.17　输入 SQL 语句

（4）在图 1.17 所示界面中输入完 SQL 语句后，单击工具栏中的"执行"按钮即可执行 SQL 语句，完成数据表的创建。在左侧"对象资源管理器"中依次展开"数据库"|College|"表"，即可看到新建的 student 表，如图 1.18 所示。

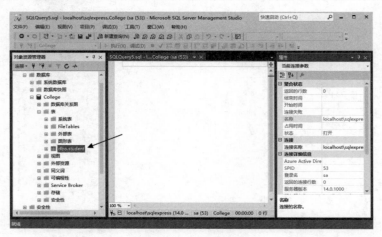

图 1.18　创建表的结果

1.5　在 Oracle 12c 中执行 SQL 语句

Oracle 12c 是美国 Oracle 公司推出的一种关系型数据库管理系统。Oracle 支持多种不同的硬件和操作系统平台，从台式机到大型和超级计算机，为各种硬件结构提供高度的可伸缩性，支持多处理器、群集多处理器、大规模处理器等，并为用户提供了多种国际语言支持。

1.5.1　安装 Oracle 12c

Oracle 12c 可以在多种操作系统下运行，包括 Windows 系列和 Linux（UNIX）系列等。因此，Oracle 12c 的安装文件也分为 Windows 版和 Linux（UNIX）版，本书使用的版本是 Windows 版 Oracle 12c。下面是安装 Oracle 12c 的具体步骤。

（1）将 Oracle 12c 的光盘放入光驱中，安装程序自动启动，或打开下载的安装文件，解压后双击 Setup.exe 安装程序，将启动 Oracle 12c 的安装程序，进入安装向导界面，如图 1.19 所示。

图 1.19　Oracle 12c 安装向导界面

（2）按照向导提示，依次单击"下一步"按钮，即可出现如图 1.20 所示的界面，从中可以设置 Oracle 的安装路径、数据库名称和登录口令等。

图 1.20　设置数据库及登录口令

注意

在给 Oracle 设置数据库口令时，不能用数字开头，并且在这里设置的口令仅用于 SYSTEM 账户。在 Oracle 安装结束时，也可以更改数据库口令。

（3）单击"下一步"按钮，按照向导提示便可完成 Oracle 的安装过程。由于过程简单，在此不再详述。

1.5.2　使用 SQL Developer 执行 SQL 语句

在 Oracle 中运行 SQL 语句时，可以使用 SQL Developer 图形化工具软件。Oracle SQL Developer 是 Oracle 公司出品的一个免费的集成开发环境。利用这一免费非开源的用以开发数据库应用程序的图形化工具，用户可以浏览数据库对象、运行 SQL 语句和脚本、编辑和调试 PL/SQL 语句，还可以创建、执行和保存报表。该工具可以连接任何 Oracle 9.2.0.1 或以上版本的 Oracle 数据库，支持 Windows、Linux 和 MacOS 系统。

下面以创建一个表为例，演示在 Windows 10 环境下使用 SQL Developer 的方法。

（1）选择"开始"|Oracle - OraDB2Home1|SQL Developer 命令，弹出如图 1.21 所示的 Oracle SQL Developer 界面。

（2）由于是新安装的 SQL Developer，还未建立与服务器的连接，接下来就创建连接。在图 1.21 所示界面中单击左侧"连接"选项卡下工具栏中的加号按钮，弹出如图 1.22 所示的"新建/选择数据库连接"对话框。

（3）在图 1.22 所示对话框中输入相应的信息，如用户名为 system，密码为安装时设置的密码，主机名为 localhost，端口使用默认的 1521，SID 为 orcl（如果安装时创建了其他名称的数据库，则这里输入相应的数据库名即可）。

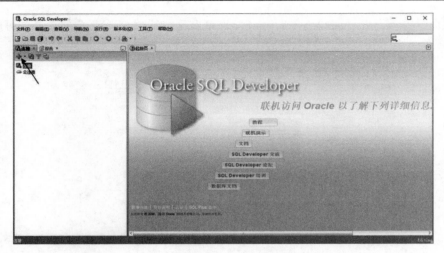

图 1.21　Oracle SQL Developer 界面

图 1.22　"新建/选择数据库连接"对话框

（4）输入相应的信息后，单击"连接"按钮，进入 SQL Developer 主界面。这时，在左侧"连接"选项卡下可看到名为 orcl 的连接，展开后可看到数据库中的各项内容，如图 1.23 所示。

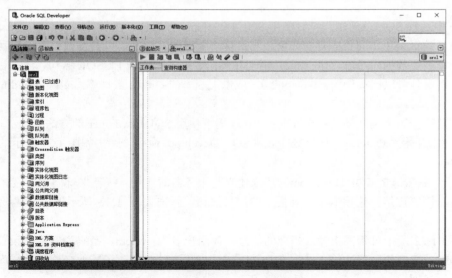

图 1.23　SQL Developer 主界面

（5）在图 1.23 所示界面左侧右击 orcl 连接，在弹出的快捷菜单中选择"打开 SQL 工作表"命令，将在界面右侧打开一个供输入 SQL 语句的区域。下面就在该区域中输入一段 SQL 代码，并执行。

【例 1.3】在 SQL Developer 中输入下面的 SQL 语句。

```
--创建数据表 test
create table test
(
    a varchar2(10),
    b number(5,2)
);
--向数据表 test 添加两条记录
insert into test
values ('aaaa',100);
insert into test
values ('bbbb',200);
--查看数据表 test 的内容
select * from test;
```

在输入 SQL 语句区域上方单击工具栏中的"运行脚本（F5）"按钮，将顺序执行上面输入的 SQL 语句，得到如图 1.24 所示的结果。

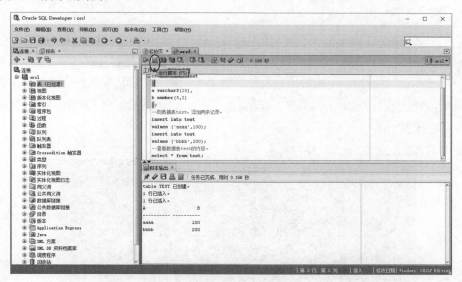

图 1.24　执行 SQL 语句

 注意

如果单击图 1.24 所示工具栏中的"运行语句"按钮（即三角形图标），则只会执行当前光标所在行的 SQL 语句。另外，为了一次执行多条 SQL 语句，每条 SQL 语句都应该以分号（;）结尾。

 说明

在上面的 SQL 脚本中，以"--"开头的文字都是注释，注释不会被执行。

1.5.3 使用 SQL Plus 执行 SQL 语句

Oracle 中还提供了一个以命令行方式执行 SQL 语句的工具，即 SQL Plus。要启动 SQL Plus，可以在 Windows 中切换到命令窗口，然后直接使用 sqlplus 命令即可。该命令的语法格式如下。

```
sqlplus user_name/password[@host_string]
```

说明如下。
- user_name：数据库的用户名。
- password：用户的密码。
- host_string：指定要连接的数据库。

下面的语句用于启动，并进入 SQL Plus。

```
sqlplus system/密码
```

或者

```
sqlplus system/密码@orcl
```

说明

也可通过 Windows 10 的"开始"菜单来启动，方法是：选择"开始"|Oracle - OraDB2Home1|SQL Plus 命令，即可弹出命令窗口，要求用户输入用户名和密码。

【例 1.4】启动并进入 SQL Plus。其具体操作步骤如下。

（1）选择"开始"|"Windows 系统"|"命令提示符"命令，打开控制台窗口（以前的 MSDOS 窗口）。

（2）在命令提示符后，输入下面的语句，然后按 Enter 键，即可进入命令行版的 SQL Plus 中。

```
sqlplus system/密码
```

运行结果如图 1.25 所示。

图 1.25　SQL Plus 界面

注意

在 Windows 系列的操作系统下启动 SQL Plus 时，可以直接使用上面的语句。因为在安装 Oracle 时，安装程序自动将 SQL Plus 的路径加入到 path 环境变量内。但如果使用的是 Linux 或 UNIX 操作系统，则应当将 SQL Plus 的路径手动加入到相应的环境变量内，否则上面的启动语句无法执行。

（3）进入 SQL Plus 后，即可在"SQL>"提示符之后输入需要的 SQL 语句，然后按 Enter 键执行该 SQL 语句。例如，在图 1.25 所示 SQL Plus 界面中输入以下 SQL 语句（最后的分号不能少）。

```
select * from test;
```

执行结果如图 1.26 所示。可以看出查询得到 2 条记录，这是因为在图 1.24 中创建了表 test，并向表中添加了 2 条记录。

要退出 SQL Plus，则在"SQL>"提示符之后输入 exit 即可。

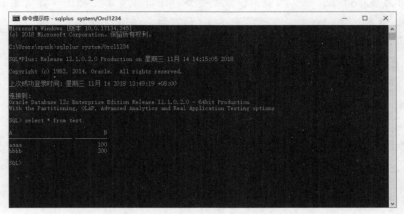

图 1.26　在 SQL Plus 中执行 SQL 语句

第 2 章　SQL 语言基础

SQL 虽然被称为查询语言，但其功能不仅仅是查询，还有很多其他功能。目前流行的所有数据库系统几乎都支持 SQL 语言，换句话说，就是学会 SQL 语言后，便可以操作当前流行的所有数据库系统。这也是为什么学习 SQL 语言的原因。

2.1　SQL 概述

人与人交互必须使用某种人类的自然语言，如英语、汉语和法语等。人与数据库交互就不能使用人类的自然语言了，而需要使用 SQL 语言。人们使用 SQL 语言可以告诉具体的数据库系统要干什么工作，让其返回什么数据等。

2.1.1　SQL 的历史

SQL 语言是 1976 年由 Boyce 和 Chamberlin 提出的。在 1979 年，IBM 公司第一个开发出 SQL 语言，并将其作为 IBM 关系数据库原型 System R 的关系语言，实现了关系数据库中的信息检索。20 世纪 80 年代初，美国国家标准局（ANSI）开始着手制定 SQL 标准，并在 1986 年 10 月公布了最早的 SQL 标准。标准的出台使 SQL 作为标准的关系数据库语言的地位得到加强。扩展的标准版本是 1989 年发表的 SQL-89，之后还有 1992 年制定的版本 SQL-92 和 1999 年 ISO 发布的版本 SQL-99。

SQL 标准几经修改和完善，其功能更加强大，但目前很多数据库系统只支持 SQL-99 的部分特征，而大部分数据库系统都能支持 1992 年制定的 SQL-92。

2.1.2　SQL 的特点

目前，SQL 语言已经成为几乎所有主流数据库管理系统的标准语言，其魅力可见一斑。SQL 语言不仅功能强大，而且容易掌握。下面是其最主要的 4 个特点。

1．具有综合统一性

SQL 语言格式统一，能够独立完成数据库系统使用过程中的数据录入、关系模式的定义、数据库的建立，以及数据查询、插入、删除、更新、数据库重构与数据库安全性控制等一系列操作，为用户提供了开发数据库应用系统的良好环境。用户在数据库投入运行后，还可根据需要随时修改数据模式，而不影响数据库的运行，使系统具有良好的可扩充性。

2．非过程化语言

与 C、COBOL、Basic 等语言不同，SQL 不是一种完全的语言。SQL 语言并不能编写通用的程序，因为它没有普通过程化语言中的 IF 和 FOR 等语句，只是一种操作数据库的语言，属于非过程化语言。

3. 语言简洁，用户容易接受

SQL 语言十分简洁，完成主要功能只需使用 9 个动词，如表 2.1 所示。虽然 SQL 只使用 9 个动词，但其功能强大，设计精巧，语句简洁，使用户非常容易接受。

表 2.1 SQL 的 9 个核心动词

SQL 功能	动　词
数据定义 DD	CREATE、DROP、ALTER
数据查询 DQ	SELECT
数据更新 DM	INSERT、UPDATE、DELETE
数据控制 DC	GRANT、REVOKE

4. 以一种语法结构提供两种使用方式

SQL 语言既是自含式语言，又是嵌入式语言；且在两种不同的使用方式下，SQL 语言的语法结构基本上是一致的。作为自含式语言，能够独立地用于联机交互，用户可以在终端键盘上直接输入 SQL 命令对数据库进行操作；作为嵌入式语言，SQL 语句能够嵌入到高级语言中，为程序员的程序设计提供了方便。

2.1.3　SQL 的功能

虽然查询是 SQL 语言最主要的功能，但并不是其全部，它还提供数据定义、数据操作和数据控制等功能。下面列出了 SQL 的 4 个主要功能及其解释。

1. 数据定义

用 DDL 语言定义关系数据库的逻辑结构，即模式、内模式、外模式，可以实现对表、视图、索引文件的定义、修改与删除等操作。

2. 数据操作

用 DML 语言可实现数据查询与数据更新操作。数据查询包括对数据的查询、分类、排序、统计与检索等操作，数据更新包括对数据的插入、删除与修改等操作。

3. 数据控制

用 DCL 语言可控制数据的安全性、完整性与事物控制等内容。SQL 语言通过对数据库用户的授权与收回授权语句来实现有关数据的存取控制，以确保数据库的安全性与完整性。

4. 支持嵌入式 SQL 语句的使用

在几乎全部编程语言中，都可以直接使用 SQL 语句操作数据库。

2.2　SQL 语言的组成

SQL 语言集数据定义语言 DDL（Data Definition Language）、数据查询语言 DQL（Data Query Language）、数据操纵语言 DML（Data Manipulation Language）和数据控制语言 DCL（Data Control

Language）的功能于一体，可以完成数据库系统的所有操作。

2.2.1　数据定义语言——DDL

数据定义语言（DDL）用于创建、删除和管理数据库、数据表以及视图与索引。DDL 语句通常包括对象的创建（CREATE）、修改（ALTER）以及删除（DROP）等命令。表 2.2 中列出了 DDL 语言的主体语句及其功能。

表 2.2　DDL 的主体语句

操作对象	语句	功能
表	CREATE TABLE	新建数据表
	ALTER TABLE	修改数据表
	DROP TABLE	删除数据表
视图	CREATE VIEW	新建视图
	DROP VIEW	删除视图
索引	CREATE INDEX	新建索引
	DROP INDEX	删除索引
模式	CREATE SCHEMA	新建模式
	DROP SCHEMA	删除模式
域	CREATE DOMAIN	新建数据值域
	ALTER DOMAIN	修改域定义
	DROP DOMAIN	删除域
存储过程	CREATE PROCEDURE	新建存储过程
	DROP PROCEDURE	删除存储过程
触发器	CREATE TRIGGER	新建触发器
	DROP TRIGGER	删除触发器

2.2.2　数据查询语言——DQL

数据查询语言（DQL）用于查询、检索数据库中的数据。该语言使用 SELECT 语句达到查询数据的目的。使用 SELECT 语句除了可以简单地查询数据外，还可以排序数据、连接多个数据表、统计汇总数据等。SELECT 语句由一系列必选或可选的子句组成，如 FROM 子句、WHERE 子句、ORDER BY 子句、GROUP BY 子句和 HAVING 子句等。

2.2.3　数据操纵语言——DML

数据操纵语言（DML）用于插入数据、修改数据和删除数据。该语言由 3 种不同的语句组成，分别是 INSERT 语句、UPDATE 语句和 DELETE 语句。INSERT 语句用于向表中插入数据，UPDATE 语句用于修改表中的数据，而 DELETE 语句用于删除表中的数据。

2.2.4　数据控制语言——DCL

数据控制语言（DCL）用于设置或者更改数据库用户或角色权限。DCL 语句主要包括 GRANT 语句、

DENY 语句和 REVOKE 语句等。其中，GRANT 语句用于授予用户访问权限，DENY 语句用于拒绝用户访问，而 REVOKE 语句用于解除用户访问权限。

2.3　探索 SQL 环境

由于 SQL 语言的强大功能及其通用性，当前流行的所有数据库系统、大部分高级编程语言都支持 SQL 语言。

2.3.1　了解 SQL 执行环境

SQL 语言提供了两种不同的执行方式。

一种是联机交互式执行，就是用户在某数据库系统的 SQL 执行工具中把 SQL 作为独立语言交互式执行。例如，在 SQL Server 的 SQL Server 管理工具中、Oracle 的 SQL Plus 中、MySQL 的 MySQL Workbench 中等。

另一种执行方式是将 SQL 语言融入到某种高级语言（如 C、Java、Python 等）中使用，如此一来，便可利用高级语言的过程结构弥补 SQL 语言在实现复杂应用方面的不足。

1．联机交互式执行

几乎所有数据库系统中都有专门或可以执行 SQL 语句的工具，如 SQL Server 的 SQL Server 管理工具、Oracle 的 SQL Plus 等。在这些工具中，用户可以直接编写并执行 SQL 命令。此时，数据库会马上给出相应执行结果。例如，第 1 章中介绍的执行 SQL 语句的方法。

2．嵌入式执行

在一些编程语言中，可以将 SQL 语句嵌入到程序中执行。例如，在 C#语言中嵌入 SQL 语句。在这种方式下使用的 SQL 语句被称为嵌入式 SQL，而嵌入 SQL 的高级语言被称为主语言或宿主语言。由于 SQL 语言是基于关系数据模型的语言，而高级语言基于整型数值、实型数值、字符、记录与数组等数据类型，两者之间有很大的差别，因此必须做一些规定使得能在高级语言的程序中嵌入 SQL 语句。

SQL 语言和宿主语言之间通过设定公共变量来传递信息。这些公共变量先由宿主语言定义，再用 SQL 语言的 DECLEAR 语句声明后，程序就可以引用这些变量了。嵌入式 SQL 有以下语法规定（假设宿主语言为 C 语言）。

- ↘ 为了区分 SQL 语言语句与宿主语言语句，所有 SQL 语句都加前缀 EXEC SQL，以“;”为结束标记。
- ↘ 在嵌入式 SQL 中可以引用宿主语言的程序变量，但所有变量必须在 SQL 语句 BEGIN DECLEAR SECTION 与 END DECLEAR SECTION 之间进行说明，并且在 SQL 语句中引用宿主语言的程序变量时宿主语言的变量前加冒号（:）；使用自身变量，则不需要加冒号。
- ↘ 处理多条记录时可以使用游标。游标的操作有：声明游标、打开游标、滚动游标并提取当前记录值和关闭游标等。

2.3.2　了解 SQL 数据库的层次结构

SQL 语言支持关系数据库三级模式结构，其层次结构如图 2.1 所示。

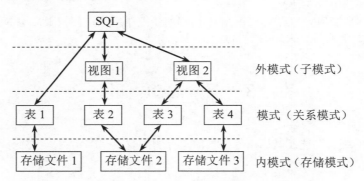

图 2.1　SQL 数据库层次结构

所有基本表构成了数据库的模式，视图与部分基本表构成了数据库的外模式，数据库的存储文件与其索引文件构成了关系数据库的内模式。

在 SQL 中，关系模式（对应模式）称为"基本表"，存储模式（对应内模式）称为"存储文件"，子模式（外模式）称为"视图"，元组（或记录）称为"行"，属性（或字段）称为"字段"。

基本表是独立存在的，在 SQL 中一个关系对应一个表。一个或多个基本表对应一个存储文件，每个表有若干索引，索引也存放在存储文件中。视图是从一个或多个基本表导出的虚拟表，视图本身不独立存储在数据库中，数据库中只存储视图的定义而不存储对应的数据，视图对应的数据被存放在基本表中。用户可以用 SQL 语句对视图和基本表进行查询等操作。存储文件的逻辑结构组成了关系数据库的内模式，所以其物理结构是任意的，对用户是透明的。

2.3.3　在 SQL 环境中命名对象

在 SQL 环境中命名对象要遵循一定的规则，如对象名称不允许超过 128 个字符等。除此之外，SQL-99 标准中还制定了两类不同的命名规则，即正则标识符规则和定界标识符规则。其中，首选采用的命名规则是正则标识符规则，其规定的约束如下。

- ↘ 标识符名（对象名）不区分英文字母的大小写。例如，id 和 ID 是相同的。
- ↘ 标识符只允许使用字母、数字和下划线（_）。例如，stu_id、vw_computer_boy 等都是合法的标识符。
- ↘ 不允许使用 SQL 保留的关键字。

 说明

正则标识符规则中不区分大小写的原因是，所有名称在存储时都被 SQL 自动修改成大写。

命名对象时，除了可以采用正则标识符规则外，也可以采用定界标识符规则。不过需要注意的是，当选择了一种命名规则后，就应该从始至终都坚持这一命名规则，而不是混合使用两种命名规则。下面是定界标识符规则的约束。

- ↘ 标识符必须放在一组双引号中，如"id"。
- ↘ 引号不会被存入数据库，而其他所有字符都按原样存入数据库。
- ↘ 名称区分大小写。例如，"id"和"ID"是不同的。
- ↘ 允许使用大部分字符，其中还包括空格。
- ↘ 可以使用 SQL 保留的关键字。

第3章 数 据 表

数据表也被称为表或基本表,是数据库最基本的用于存储数据的对象。可以认为关系数据库中的数据表是以行和列组成的二维表格,通常人们将行称为记录,将列称为字段。

本章将主要介绍数据库中的数据类型、表结构、逻辑设计、表的创建语句、修改表结构的语句和数据库的创建语句等。

3.1 数 据 类 型

在创建数据表时,需要用到数据类型。因此,在介绍创建表之前,本节将介绍一些 SQL 支持的数据类型。

3.1.1 SQL 常用数据类型

1. 字符型数据

字符型数据是数据库中最常用的数据类型之一,有时人们将其称为字符串。例如,在一个存储学生信息的表中,学生姓名、来源地、所属院系等都是字符型数据。字符型数据可由以下几类符号组成。

- ❥ 字母:小写字母 a~z 与大写字母 A~Z 共 52 个。
- ❥ 数字:0~9 共 10 个。
- ❥ 空白符:空格符、制表符、换行符等统称为空白符。
- ❥ 标点、特殊字符与汉字:在数据表中允许存储标点、特殊字符与汉字。

> **说明**
>
> 在 SQL 语言中,空白符只在字符常量和字符串常量中有具体的意义。在其他地方出现时(如 SQL 语句各关键字之间),只起间隔作用,编译程序对它们忽略。因此在程序中使用空白符与否,对程序的编译不发生影响,但在程序中适当的地方使用空白符将增加程序的清晰性和可读性。

在 SQL 语言中,字符型数据被放在一对单引号(' ')中,用于区别其他类型的数据。例如,' home '、'张三'、' 047122813810 '、' 123_**^ ' 等都是字符型数据。每个字符型数据都有长度,其长度是该字符型数据的字符个数,例如,' home '的长度为 4,' 047122813810 '的长度为 12。需要注意的是,每个汉字占两个字符的位置,例如,'张三'的长度是 4,而不是 2。

> **注意**
>
> 虽然电话号码 047122813810 看起来是数字,但因为将其放在了单引号内,所以是字符型数据。这里所说的单引号,必须是英文输入法状态下的单引号。

存放字符型数据的变量被称为字符型变量。在数据库中有一种特殊的字符型变量——字符型字段变量。由于还没有真正接触到字段的概念，因此关于字段变量将在后面的章节中进行讲解。

2．数字型数据

数字型数据就是通常所说的数字，它可以由 0～9 之间的数字、正负符号与小数点（.）组成。例如，100、23.234、−123、−58.42 等都是数字型数据。数字型数据不允许放在任何定界符之内。数字型数据除了上述形式以外，有时也可以用浮点形式的科学记数法表示，如 3.46E+03。在具体的数据库系统中，数字型数据又被详细分为整数型数据、浮点型数据和货币型数据等。数字型数据与字符型数据一样也有长度。例如，100 的长度为 3，23.234 的长度为 6（数字型数据长度包含小数点），−123 的长度为 3。

3．日期时间数据

SQL 中还有一种日期时间数据。例如，2018-11-11 12:25:30、2018 年 9 月 15 日、01/JAN/2018、22:30:10 等。

4．二进制数据（Binary Large Objects）

在计算机中所有数据都被保存为二进制数据，如前面介绍的字符型数据、数字型数据和日期时间数据等，其实它们在计算机中都是以二进制数据的形式存放的。

这里所说的二进制数据则是专指用来表示图形图像、视频动画和其他类型的文件等。当前流行的所有数据库系统都支持二进制数据。例如，在 SQL Server 中提供了 IMAGE 数据类型，通常用于存放图片；在 MySQL 中提供了 BLOB 和 LONGBLOB 数据类型，用来存放 BLOBs 数据等。

5．自定义数据类型

除了数据库系统提供的数据类型以外，用户还可以根据自己的需要自定义数据类型。SQL 中的 CREATE TYPE 就是用于自定义数据类型的语句。不过遗憾的是，并非全部的数据库系统都支持 CREATE TYPE 语句。例如，SQL Server 2000 中就不可以使用 CREATE TYPE 语句定义用户数据类型，从 SQL Server 2008 开始支持该语句。

3.1.2 MySQL 中的数据类型

MySQL 支持所有标准 SQL 数值数据类型。包括整数类型（INTEGER、SMALLINT、DECIMAL 和 NUMERIC），以及小数类型（FLOAT、REAL 和 DOUBLE PRECISION）。作为 SQL 标准的扩展，MySQL 也支持整数类型 TINYINT、MEDIUMINT 和 BIGINT。

除了数值数据类型，MySQL 还支持字符串类型、日期和时间类型、复合类型几大类，下面分别介绍这些数据类型。

1．数值类型

➥ TINYINT 类型：可以存放−128～127 之间的所有正负整数。该类型的数据，在内存中占用 1 个字节的空间，即使用 8 位二进制数表示，其中的 1 位二进制数表示整数值的正负号，其他 7 位表示整数值的长度和大小。

➥ TINYINT UNSIGNED 类型：无符号的 TINYINT 类型，可以存放 0～255 之间的所有整数。该类型的数据也只占用内存中的 1 个字节。

➥ SMALLINT 类型：用于保存−32768～32767 之间的所有正负整数。该类型的数据，在内存中占用 2 个字节的空间。

- ➥ SMALLINT UNSIGNED 类型：无符号的 SMALLINT 类型，可以存放从 0～65535 之间的所有整数。该类型的数据，在内存中占用 2 个字节的空间。

- ➥ MEDIUMINT 类型：用于存放-8388608～8388607 之间的所有正负整数。该类型的数据，在内存中占用 3 个字节的空间。

- ➥ MEDIUMINT UNSIGNED 类型：无符号的 MEDIUMINT 类型，用于存放 0～16777215 之间的所有整数。该类型的数据，在内存中占用 3 个字节的空间。

- ➥ INT 或 INTEGER 类型：用于存放-2147483648～2147483647 之间的所有正负整数。该类型的数据，在内存中占用 4 个字节的空间。

- ➥ INT UNSIGNED 或 INTEGER UNSIGNED 类型：无符号的 INT 或 INTEGER 类型，用于存放 0～4294967295 之间的所有整数。该类型的数据，在内存中占用 4 个字节的空间。

- ➥ BIGINT 类型：用于存放-9223372036854775808～9223372036854775807 之间的所有正负整数。该类型的数据，在内存中占用 8 个字节的空间。

- ➥ BIGINT UNSIGNED 类型：无符号的 BIGINT，可以存放 0～18446744073709551615 之间的所有整数。该类型的数据，在内存中占用 8 个字节的空间。

- ➥ FLOAT 类型：用于存放数据范围为-3.402823466E+38～-1.175494351E-38，0，1.175494351E-38～3.402823466E+38 之间的浮点数。该类型的数据，在内存中占用 4 个字节的空间。

- ➥ DOUBLE 或 DOUBLE PRECISION 或 REAL 类型：用于存放数据范围为-1.7976931348623157E+308～-2.2250738585072014E-308，0，2.2250738585072014E-308～1.7976931348623157E+308 之间的浮点数。该类型的数据，在内存中占用 8 个字节的空间。

- ➥ DECIMAL[(M,[D])] 或 NUMERIC(M,D)类型：由 M（整个数字的长度，包括小数点，小数点左边的位数，小数点右边的位数，但不包括负号）和 D（小数点右边的位数）决定的数字数据类型，M 默认为 10，D 默认为 0。

2. 字符串类型

- ➥ CHAR(M) [BINARY] 或 NCHAR(M) [BINARY]类型：用于保存定长的字符串，其中，M 表示字符串的最大长度，其范围为 1～255，字符串中的每个字符占用 1 个字节的存储空间。默认 BINARY 项，则表示不分大小写字母。NCHAR 表示使用默认的字符集。当输入的字符串个数小于 M，则数据库系统将以空格补足，但在取出来时末尾的空格将自动去掉。

- ➥ [NATIONAL] VARCHAR(M) [BINARY]类型：用于存放变长的字符串，占用的存储空间范围为 0～255 字节，M 的取值范围为 1～255。如果没有 BINARY 项，默认 BINARY 项，则表示不分大小写字母。当输入的字符串个数小于 M，则数据库系统将以空格补足，但在取出来时末尾的空格将自动去掉。

- ➥ TINYBLOB 类型：用于保存不超过 255 个字符的二进制字符串，所占用的存储空间范围为 0～255 字节。

- ➥ TINYTEXT 类型：用于存储短文字符串，所占用的存储空间范围为 0～255 字节。

- ➥ BLOB 类型：用于存储二进制的长文本数据，所占用的存储空间范围为 0～65535 字节。

- ➥ TEXT 类型：用于存储长文本数据，所占用的存储空间范围为 0～65535 字节。

- ➥ MEDIUMBLOB 类型：用于存储二进制形式的中等长度的长文本数据，所占用的存储空间范围为 0～16777215 字节。

- MEDIUMTEXT 类型：用于存储中等长度的长文本数据，所占用的存储空间范围为 0～16777215 字节。
- LONGBLOB 类型：用于保存二进制形式的极大长度的长文本数据，所占用的存储空间范围为 0～4294967295 字节。
- LONGTEXT 类型：用于保存极大长度的长文本数据，所占用的存储空间范围为 0～4294967295 字节。

3. 日期与时间类型

- DATE 类型：用于存储日期数据，日期数据的范围为 1000-01-01 至 9999-12-31。每个 DATE 类型的数据占用 3 字节的存储空间，其输入格式为"年-月-日（YYYY-MM-DD）"。
- DATETIME 类型：用于存储混合日期和时间数据，日期和时间数据的范围为 1000-01-01 00:00:00 至 9999-12-31 23:59:59。每个 DATETIME 类型的数据占用 8 字节的存储空间，其输入格式为"年-月-日 时-分-秒（YYYY-MM-DD HH:MM:SS）"。
- TIME 类型：用于存储时间数据或持续时间的数据，时间数据的范围为-838:59:59'至 838:59:59'。每个 TIME 类型的数据占用 3 字节的存储空间，其输入格式为"时-分-秒（HH:MM:SS）"。
- YEAR 类型：用于存储年份数据，年份的取值范围为 1901 至 2155。每个 YEAR 类型的数据占用 1 字节的存储空间，其输入格式为"年（YYYY）"。
- TIMESTAMP 类型：用于存储混合日期和时间值、时间戳，混合日期和时间数据、时间戳的范围为 1970-01-01 00:00:00～2037 年的某个时候。每个 TIMESTAMP 类型的数据占用 8 字节的存储空间，其输入格式为"年-月-日 时-分-秒（YYYY-MM-DD HH:MM:SS）"。

4. 复合类型

- ENUM('value1', 'value2', …)类型：用于存储从预先定义的字符集合中选取互斥的数据值，可以有 65535 个不同的值。
- SET('value1', 'value2', …)类型：用于存储从预先定义的字符集合中选取任意数目的值，最多有 64 个成员。

3.1.3　SQL Server 中的数据类型

SQL Server 中的数据类型非常丰富，下面列出了常用的几种数据类型供读者参阅。

1. 整数数据类型

整数数据类型是较常用的数据类型之一。

- INT（INTEGER）数据类型：用于存放-2147483648～2147483647 之间的所有正负整数。该类型数据在内存中占用 4 个字节。
- SMALLINT 数据类型：用于存放-32768～32767 之间的所有正负整数。该类型数据在内存中占用 2 个字节。
- TINYINT 数据类型：用于存放 0～255 之间的所有整数。该类型数据在内存中占用 1 个字节。
- BIGINT 数据类型：用于存放-9223372036854775808～9223372036854775807 之间的所有正负整数。该类型数据在内存中占用 8 个字节。

2．浮点数据类型

浮点数据类型也是比较常用的数据类型之一。该数据类型用于存放带有小数点的数值。

- DECIMAL[p [s]]数据类型：用于存放浮点数据，其精度非常的高，可以保留到浮点数据的最小有效数字，但是也有一定限制，详细内容请参阅相关 SQL Server 的书籍。这里的 p 代表浮点数的总位数，但是不包括小数点；s 代表小数点后的位数。
- NUMERIC 数据类型：与 DECIMAL 数据类型基本相同，有关详细区别请参阅相关书籍。
- REAL 数据类型：用于存放精度在 1～7 之间的浮点数。该类型数据的范围是-3.40E -38～3.40E +38。
- FLOAT 数据类型：用于存放精度在 8～15 之间的浮点数。该类型数据的范围是-1.79E -308～1.79E +308。

3．二进制数据类型

- BINARY(n)数据类型：用于存放二进制数据。其中，n 表示数据的长度，取值范围为 1～8000。
- VARBINARY(n)数据类型：与 BINARY 类型基本相同。不同的是该数据类型存放可变长度二进制数据。

4．字符数据类型

可以说字符数据类型是所有数据类型中使用最多的数据类型，它可以用来存储各种字母、数字符号、特殊符号。一般情况下，使用字符类型数据时须在其前后加上单引号（'）或双引号（"）。SQL Server 中有以下四种常用字符数据类型。

- CHAR 数据类型：CHAR 数据类型的定义形式为 CHAR[(n)]。以 CHAR 类型存储的每个字符和符号占一个字节的存储空间。n 表示所有字符所占的存储空间，n 的取值为 1～8000。若不指定 n 值，则系统默认值为 1。若输入数据的字符数小于 n，则系统自动在其后添加空格来填满设定好的空间。若输入的数据过长，将会截掉其超出部分。
- NCHAR 数据类型：NCHAR 数据类型的定义形式为 NCHAR[(n)]。它与 CHAR 类型相似，不同的是，NCHAR 数据类型 n 的取值为 1～4000。NCHAR 类型采用 UNICODE 字符集，UNICODE 标准规定每个字符占用两个字节的存储空间。
- VARCHAR 数据类型：VARCHAR 数据类型的定义形式为 VARCHAR(n)。它与 CHAR 类型相似，n 的取值也为 1～8000，若输入的数据过长，将会截掉其超出部分。不同的是，VARCHAR 数据类型具有变动长度的特性，因为 VARCHAR 数据类型的存储长度为实际数值长度，若输入数据的字符数小于 n，则系统不会在其后添加空格来填满设定好的空间。
- NVARCHAR 数据类型：NVARCHAR 数据类型的定义形式为 NVARCHAR[(n)]。它与 VARCHAR 类型相似。不同的是，NVARCHAR 数据类型采用 UNICODE 字符集，n 的取值为 1～4000。

例如下面两条语句：

姓名　VARCHAR(20)

和

姓名　CHAR(20)

都声明了"姓名"是一个字符类型的字段，其后括号内的 20 代表了该字段中能够输入的最大长度。

> **说明**
>
> VARCHAR 和 CHAR 的区别是，假设当"姓名"字段中最长的值为"孛尔吉济特"时，前者会自动调整"姓名"字段的长度为 10（一个汉字占两个字节的位置），而后者则仍旧保持字段长度为 20，在没有达到 20 长度的字段值后会自动添加空格。例如，因为姓名"张三"没有达到 20 长度，因此，在其后添加 16 个空格。

> **技巧**
>
> 虽然 VARCHAR 能够自动调整字段长度，以此达到节省空间的目的，但是，在查询检索方面，查询 CHAR 类型的数据会比查询 VARCHAR 类型的数据更快。因此，应当将经常查询的字符字段设置为 CHAR 类型。当然，如果更注重节省空间的话，应当使用 VARCHAR 类型。

5. 文本和图形数据类型

SQL Server 中常用的文本和图形数据类型是 TEXT 和 IMAGE 类型。

↳ TEXT 数据类型：用于存放大量的文本数据。

↳ IMAGE 数据类型：用于存放大量的二进制数据，通常用来存储图像。

6. 日期和时间数据类型

↳ DATETIME 数据类型：用于存放日期时间数据，是日期和时间的组合。其数据格式为"YYYY-MM-DD HH:MM:SS"。该类型数据的日期时间范围是公元 1753 年 1 月 1 日 0 时～公元 9999 年 12 月 31 日 23 时 59 分 59 秒，其精度为百分之三秒。

↳ SMALLDATETIME 数据类型：与 DATETIME 数据类型相似，但是精度只能精确到分钟。其日期时间范围是 1900 年 1 月 1 日～2079 年 6 月 6 日。

7. 货币数据类型

↳ MONEY 数据类型：实际上，该类型的数据是一种特殊的 DECIMAL 数据，它有 4 位小数。该类型的范围是，−922337203685477.5808～+922337203685477.5807，数据精度为万分之一货币单位。

↳ SMALLMONEY 数据类型：与 MONEY 类型相似，但是其取值范围是从−214748.3648～+214748.3647。

3.1.4 Oracle 中的数据类型

Oracle 中有多种数据类型，主要分为字符数据类型、数字数据类型、日期时间类型、LOB、RAW 五大类型。

1. 字符数据类型

↳ CHAR 类型：用于存放字符串数据，定义形式为 CHAR[(n)]。以 CHAR 类型存放的字符串中的每个字符和符号占用一个字节的存储空间。n 表示所有字符所占的存储空间，n 的取值范围为 1～2000，即最多可容纳 2000 个字符。若不指定 n 值，则系统默认值为 1。如果所输入的字符串的字符个数小于 n，则系统自动在实际字符串后添加空格来填满设定好的空间，但在取出来时末尾的空格将自动去掉。若输入的数据过长，将会截掉其超出部分。

- VARCHAR2 类型：用于存放可变长的字符串，具体定义时指明最大长度 n，这种数据类型可以放数字、字母以及 ASCII 码字符集（或者 EBCDIC 等数据库系统接受的字符集标准）中的所有符号。如果数据长度没有达到最大值 n，Oracle 会根据数据大小自动调节字段长度，如果数据前后有空格，Oracle 会自动将其删去。
- LONG 类型：用来存放可变长度的字符串数据，最多能存储占用 2GB 空间的文本数据。但需要注意的是在一个表中只能有一字段可以为 LONG 型，并且 LONG 类型的字段不能被定义为主键或唯一约束，也不能使用 LONG 类型的字段建立索引，过程或存储过程不能接受 LONG 数据类型的参数。

2．数字数据类型

NUMBER 类型用于存放可变长的数值，允许正负值和 0 值，格式为 NUMBER(P,S)，其中，P 表示数据的总长度，取值范围为 1～38，S 表示小数的位数，取值范围为-84～127 之间的数字。如 NUMBER (8,2)，则这个字段的总长度是 8，可以有 2 位小数。如果数值超出了位数限制，多余的位数就会被截取。例如，NUMBER (6,3)，输入 45.12378，则保存到字段中的数值是 45.124；又如，NUMBER (4,0)，输入 1565.316，真正保存的数据是 1565。

3．日期时间类型

- DATE 类型：用于存放日期和时间数据，该数据类型的范围是公元前 4712 年 1 月 1 日～公元 9999 年 12 月 31 日。
- TIMESTAMP 类型：与 DATE 基本相同，但不同的是，TIMESTAMP 可以包含小数秒，带小数秒的 TIMESTAMP 在小数点右边最多可以保留 9 位。

4．RAW 数据类型

此类数据类型主要用于存储二进制数据。

- RAW 类型：用于存放基于字节的二进制数据，最多能存放 2000 个字节，没有默认大小，所以在使用时要指定大小，可以建立索引。
- LONG RAW 类型：用于存放可变长度的二进制数据，最多能存放 2GB，受到的限制和 LONG 类型一样。

5．LOB 数据类型

LOB（Large Object）数据类型存储非结构化数据，如二进制文件、图形文件或其他外部文件。LOB 可以存储到 4G 字节大小。数据可以存储到数据库中也可以存储到外部数据文件中。LOB 数据的控制通过 DBMS_LOB 包实现。CLOB、BLOB 和 NCLOB 数据可以存储到不同的表空间中，BFILE 存储在服务器上的外部文件中。

- CLOB 类型（CHARACTER LOB）：用于存放大量字符数据，可以存放非结构化的 XML 文档。
- BLOB 类型（BINARY LOB）：可以存放较大的二进制对象，如图形、音视频剪辑等数据。
- NCLOB 类型：多字节字符集的 CLOB 数据类型，可以存放大量的多字节字符对象。
- BFILE 类型（BINARY FILE）：能够将二进制文件存放在数据库外部的操作系统文件中，BFILE 字段存储一个 BFILE 定位器，指向位于服务器文件系统上的二进制文件。

3.2 数据表基础

数据表又被称为表。在关系型数据库系统中，一个关系就是一个表，表结构指的就是数据库的关系模型。表是若干列（Column）和若干行（Row）的集合，每一行代表一个唯一的记录，每一列代表一个字段。在确定表结构时首先要定义表的字段，即定义字段名、数据类型及其宽度，其次输入行（记录）。

3.2.1 数据表中的记录和字段

关系数据库中的数据表其实很像人们生活中的二维表格，甚至有人会说它就是二维表格。数据表由行和列组成，通常人们将行称为记录，而将列称为字段，如图 3.1 所示。

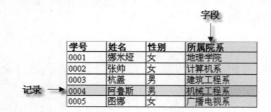

图 3.1 数据表

每个字段中的数据必须具有相同的数据类型，且每个字段都有字段名，如图 3.1 中的"学号""姓名"等就是字段名。关系数据库中规定，在同一个表内不能有重复的字段。实际上，表内也不应该有重复的记录，只是多数数据库管理系统不会强制这点而已。

说明

有些专家认为数据表的行和列，不应该被称为记录和字段，而就应当被称为行（Row）和列（Column）。

3.2.2 表结构

一个非空数据表实际上是由两部分组成，分别是表结构和其内的数据。可以认为，表结构由表中所有字段的字段信息组成，这些信息包括字段名、字段类型、字段大小和字段约束、表约束等。创建一个数据表，其实就是在创建其表结构。因此，在创建表时必须告诉 DBMS，表包括哪些字段，每个字段的数据类型和大小等。例如，观察下面创建表的 SQL 语句，就会发现这一点。

```
CREATE TABLE test
(
    id    char(4),
    name    char(20),
);
```

该 SQL 语句创建一个有两个字段的数据表 test，两个字段的字段名分别为 id 和 name，数据类型都是字符型，长度分别为 4 和 20。

3.3　表逻辑设计

数据表的设计是数据库设计的主要部分。表逻辑设计的好坏将会影响数据库系统最终的运行效果、数据安全以及完整性等问题。对于数据库系统开发人员来说，必须将表的逻辑结构设计得尽量完美，因为开发人员与最终用户看待数据的方式不一样。表的逻辑结构设计必须满足用户的需求，使用户准确理解数据的本质和容易掌握，并且没有二义性。E-R 模型将帮助系统开发人员很好地完成表逻辑设计。

3.3.1　E-R 模型图

E-R 是 Entity-Relationship 的缩写，即实体—关系。E-R 模型是一种自上而下的数据库设计方法。一个完整的数据库系统的 E-R 模型图是由若干局部 E-R 模型图组合而成的。

1．局部 E-R 模式设计

在 E-R 方法中将局部概念结构图称为局部 E-R 模型图。局部 E-R 模式的设计过程如图 3.2 所示。

例如，学校的综合数据库中的教师管理部分与课程管理的局部 E-R 模型图，如图 3.3 与图 3.4 所示。

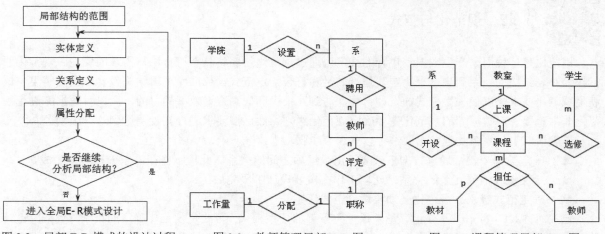

图 3.2　局部 E-R 模式的设计过程　　图 3.3　教师管理局部 E-R 图　　图 3.4　课程管理局部 E-R 图

2．合并局部 E-R 模型图

合并方法有两种：一种是一次合并多个局部 E-R 模型图；另一种是逐步合并局部 E-R 模型图，如图 3.5 与图 3.6 所示。由于一次合并法方法复杂而难度大，所以常用的合并法是逐步合并法。

无论采用哪种方法，合并局部 E-R 模型图的准则是先解决局部 E-R 模型图的冲突，合并成初步 E-R 模型图，然后进行初步 E-R 模型图的优化与修改，最终得到全局 E-R 模型图。

例如，合并教师管理与课程管理局部 E-R 模型图后，得到的 E-R 模型图如图 3.7 所示。

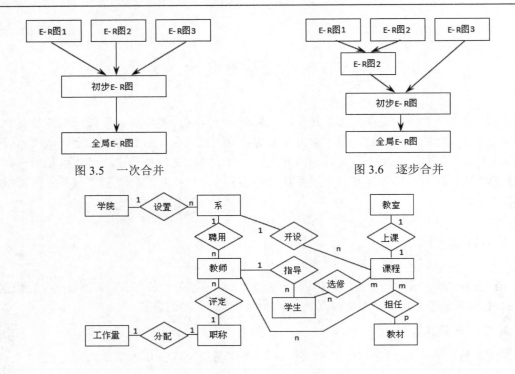

图 3.5　一次合并　　　　　　　　　　图 3.6　逐步合并

图 3.7　合并后的 E-R 图

3.3.2　规范化与范式

　　规范化是一种用来产生数据表集合的技术，通过规范化，表将具有符合用户需求的属性。规范化通常作为对表结构的一系列测试来决定其是否满足和符合给定范式。数据库逻辑结构设计产生的结果应该满足规范化要求，以使关系模式的设计合理，达到冗余少和提高查询效率的目的，所以对数据库进行规范化非常重要。对数据库的规范化先要确定规范化级别，然后按要求进行并且要达到这一级别。

　　一般情况下，规范化处理主要进行以下 3 个步骤。

- ➥ 确定数据依赖：通过数据依赖表示出数据项之间的关系。此项工作在需求分析阶段完成。
- ➥ 定义键并消除冗余的关系：此项工作在概要设计阶段完成。
- ➥ 确定范式级别：规范化必须要达到范式级别。

　　范式简称 NF（Normal Form），是满足一定条件的关系模式。范式是规范化确定的级别，数据库设计的范式有多种，常用的有第一范式（1NF）、第二范式（2NF）和第三范式（3NF）。所有范式都基于数据表中的字段之间的关系。

- ➥ 第一范式：若关系模式 P 的所有属性的值域中每个值都是不可再分解的值，则称 P 为第一范式。第一范式是最低的规范化要求，数据表不能存在相同的记录，需设定一个关键字，并且要求每个字段都不可再分解。
- ➥ 第二范式：若关系模式 P 是第一范式，P 的表以及每个非主键字段都可以由构成主键的全部的字段得到，则称 P 为第二范式。第二范式可以消除大量的冗余数据，并对数据表可以进行异常的插入和删除。
- ➥ 第三范式：若关系模式 P 是第二范式，且每个非主属性都不传递依赖于 P 的候选键，则称 P 是第三范式。第三范式的关系不具有多义性，其属性值唯一，且每个非主属性必须依赖于整个主键而不能依赖于其他关系中的属性。

3.4　表的创建（CREATE TABLE）

SQL 语言中创建表将用 CREATE TABLE 语句来实现。CREATE TABLE 语句可以定义各种表的结构、约束以及继承等内容。

3.4.1　使用 CREATE TABLE 语句创建表

CREATE TABLE 将在当前数据库中创建一个新的数据表，该表将由发出此命令的用户所有。下面是 CREATE TABLE 语句的基本语法格式。

```
CREATE TABLE <表名>
(
    <字段名 1> <数据类型>    [NOT NULL] [DEFAULT <默认值>],
    <字段名 2> <数据类型>    [NOT NULL] [DEFAULT <默认值>],
    …
    <字段名 n> <数据类型>…
);
```

说明如下。
- ↘ NOT NULL：为可选项，如果在某字段后加上该项，则向表添加数据时，必须给该字段输入内容，即不能为空。
- ↘ DEFAULT<默认值>：为可选项，如果在某字段后加上该项，则向表添加数据时，如果不向该字段添加数据，系统就会自动用默认值填充该字段。

下面通过一个例题介绍 CREATE TABLE 语句的使用方法。

【例 3.1】创建一个 Student 表，设置其学号、姓名和性别三个字段不能为空，并且给性别字段指定默认值为"男"。

（1）运行环境为 SQL Server 或 MySQL 时，其创建语句如下。

```
CREATE TABLE student
(
    ID              char(4) NOT NULL ,          -- 学号
    name            char(20) NOT NULL,          -- 姓名
    sex             char(2) NOT NULL DEFAULT '男',  -- 性别
    birthday        datetime,                   -- 出生日期
    origin          varchar(50),                -- 来源地
    contact1        char(12),                   -- 联系方式 1
    contact2        char(12),                   -- 联系方式 2
    institute       char(20)                    -- 所属学院
);
```

（2）运行环境为 Oracle 时，其创建语句如下。

```
CREATE TABLE student
```

```
(
    ID              char(4) NOT NULL ,              -- 学号
    name            char(20) NOT NULL,             -- 姓名
    sex             char(2) NOT NULL,              -- 性别
    birthday        date,                          -- 出生日期
    origin          varchar2(50),                  -- 来源地
    contact1        char(12),                      -- 联系方式 1
    contact2        char(12),                      -- 联系方式 2
    institute       char(20)                       -- 所属学院
);
```

> **注意**
>
> Oracle 中有些数据类型名称和 SQL Server、MySQL 的数据类型名称不同，如上面语句中的日期时间型，在 Oracle 中是 date，而在 SQL Server、MySQL 中是 datetime，又如变长字符型在 Oracle 中使用的是 varchar2，而在 SQL Server、MySQL 中是 varchar。因此，在创建数据表时应当注意所使用的数据库管理系统中的数据类型名称。

3.4.2 创建带有主键的表

在数据表中能够唯一识别记录的字段，都会被人们设置为主键，如"学号"字段。当某个字段被设置为主键后，该字段中就不能再有重复值，也不能有空值，数据库管理系统将强制执行这一规则，这就是主键约束。在创建数据表时，设置主键的方法有两种，下面通过例题介绍具体的方法。

【例 3.2】设 SQL 运行环境为 MySQL，创建以"学号"字段作为主键的 student 表。

方法一：

```
CREATE TABLE student (
    ID              char(4) PRIMARY KEY NOT NULL,  -- 学号
    name            char(20) NOT NULL ,            -- 姓名
    sex             char(2) NOT NULL,              -- 性别
    birthday        datetime,                      -- 出生日期
    origin          char(50),                      -- 来源地
    contact1        char(12),                      -- 联系方式 1
    contact2        char(12),                      -- 联系方式 2
    institute       char(20)                       -- 所属学院
);
```

方法二：

```
CREATE TABLE student (
    ID              char(4) NOT NULL,              -- 学号
    name            char(20) NOT NULL,             -- 姓名
    sex             char(2) NOT NULL,              -- 性别
    birthday        datetime,                      -- 出生日期
    origin          char(50),                      -- 来源地
    contact1        char(12),                      -- 联系方式 1
    contact2        char(12),                      -- 联系方式 2
    institute       char(20),                      -- 所属学院
    CONSTRAINT xh PRIMARY KEY(ID)
);
```

如果想设置多个字段为主键，则必须使用上例的方法二。例如，要创建一个存放学生多门成绩的 score 表，其主键应该是"学号"和"课号"两个字段的联合，因为只有学号和课号联合起来，才能识别唯一记录。

【例 3.3】创建 score 表，并设置"学号"和"课号"两个字段为联合主键。

```
CREATE TABLE score
(
    ID              char(4), NOT NULL,              -- 学号
    course_ID       char(3), NOT NULL,              -- 课号
    result1         decimal(6, 2),                  -- 考试成绩
    result2         decimal(6, 2),                  -- 平时成绩
    CONSTRAINT xh_kh PRIMARY KEY(ID,course_ID)
);
```

3.5 表结构的修改（ALTER TABLE）

在数据库操作时，可能需要更改表结构，如修改某字段的数据类型、添加新字段、删除指定字段等。ALTER TABLE 语句可以完成这些要求。本节将介绍该语句的详细用法。

3.5.1 ALTER TABLE 语句格式

使用 ALTER TABLE 语句可以修改字段的类型和长度，可以添加新字段，还可以删除不需要的字段等。下面分别介绍使用 ALTER TABLE 修改字段、添加字段和删除字段的语法格式。

1. 修改字段的语法格式

（1）MySQL 与 Oracle 修改字段名的语法格式如下。

```
ALTER TABLE  表名
MODIFY
字段名   数据类型[(长度)];
```

说明如下。

❱ 字段名：需要修改的字段名称。

❱ 数据类型：需要修改字段的新数据类型。

⇲　长度：需要修改字段的长度。该项为可选项，当需要修改的字段类型为带长度的数据类型时必须定义其长度，如字符类型。

（2）SQL Server 修改字段名的语法格式如下。

```
ALTER TABLE  表名
ALTER COLUMN
字段名　数据类型[(长度)];
```

2. 添加字段的语法格式

```
ALTER TABLE 表名
ADD
字段名　数据类型[(长度)];
```

说明如下。

⇲　字段名：需要添加的字段名称。

⇲　数据类型：需要添加字段的数据类型。

⇲　长度：需要添加字段的长度。其余说明与上面的相同。

3. 删除字段的语法格式

```
ALTER TABLE 表名
DROP COLUMN
字段名;
```

其中，字段名为要删除的字段名。

> **注意**
>
> 使用 ALTER COLUMN 时要更改的字段不能是：数据类型为 text、image、ntext 或 timestamp 的字段、表的 ROWGUIDCOL 字段、计算字段或用于计算字段中的字段、被复制字段、用在索引中的字段。

3.5.2　增加新字段

前面介绍了使用 ALTER TABLE 语句增加新字段的语法格式，下面通过例题说明其具体用法。

【例 3.4】在 SQL Server 的 student 表中，增加新字段政治面貌 political，该字段的类型为字符型，长度为 10。其 SQL 语句如下。

```
ALTER TABLE student
ADD
political    char(10) ;
```

运行上面的语句后，通过 SQL Server 的管理工具，查看 student 表结构。可以看到 political 字段已经被添加到 student 表内，如图 3.8 所示。

【例 3.5】在 MySQL 的 student 表中，增加新字段政治面貌 political。

```
ALTER TABLE student
ADD
political    char(10) ;
```

运行上面的语句后，通过 MySQL Workbench 查看 student 表结构，可以看到 political 字段已经被添加到 student 表内，如图 3.9 所示。

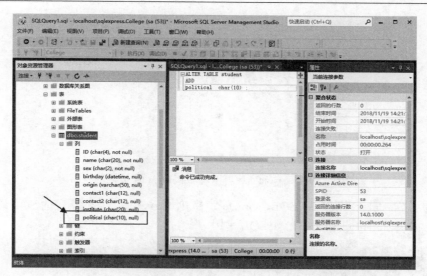

图 3.8　在 SQL Server 环境下添加 political 字段后的表结构

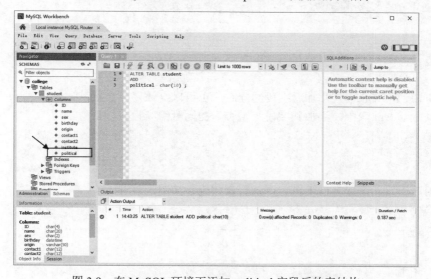

图 3.9　在 MySQL 环境下添加 political 字段后的表结构

【例 3.6】在 Oracle 的 student 表中，增加新字段政治面貌 political。

```
ALTER TABLE student
ADD
political    char(10) ;
```

使用下面的语句查看 student 的表结构。

```
DESC student
```

 说明

DESCRIBE 命令用于查看表定义。使用全称 DESCRIBE 或缩写 DESC 均可。

运行结果如图 3.10 所示。

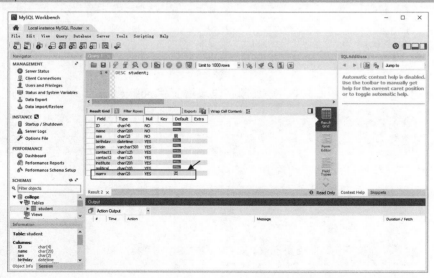

图 3.10 在 Qracle 环境下添加 political 字段后的表结构

观察上面的三个例题会发现，MySQL、Oracle 和 SQL Server 的添加新字段的 SQL 语句是相同的，因此，本书约定如果语句相同，则只用 MySQL 举例。

 注意

在 Oracle 中，必须在语句末尾添加分号（;），而在 MySQL Workbench 和 SQL Server 管理工具中分号是可有可无的，在 MySQL 的命令窗口输入 SQL 语句时也需要添加分号。

3.5.3 增加带有默认值的新字段

在使用 ALTER TABLE 语句添加新字段的同时，也可以给该字段设置默认值。

【例 3.7】在 student 表中，添加新字段"婚否"的同时给其设置默认值"否"。

```
ALTER TABLE student
ADD
marry    char(2)    DEFAULT '否';
```

运行上面的语句后，再运行以下语句可查看表结构，如图 3.11 所示。

```
DESC student;
```

图 3.11 添加婚否字段 marry 后的表结构

3.5.4 修改字段的类型和宽度

ALTER TABLE 语句形式可以改变字段的数据类型和宽度。但满足以下情况的字段是不可以更改其数据类型的。

- ➡ 数据类型为 TEXT、IMAGE、NTEXT 或 TIMESTAMP 字段。
- ➡ 有 UNIQUE 约束的字段。
- ➡ 设置默认值的字段。
- ➡ 重复的字段。
- ➡ 计算的或用在计算的字段中。
- ➡ 用于 CHECK 约束的字段。

【例 3.8】将 student 表的政治面貌字段 political 的数据类型改为变长字符型，宽度为 6。

（1）如果运行环境为 SQL Server，则其语句如下。

```
ALTER TABLE Student
ALTER COLUMN
political    varchar(6);
```

运行上面的语句后，在 SQL Server 管理工具中查看 student 的表结构，如图 3.12 所示。

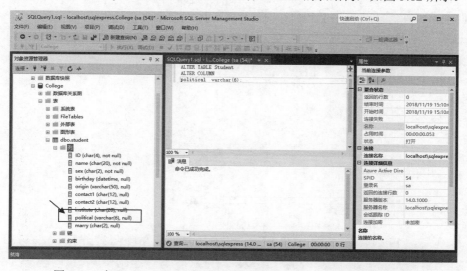

图 3.12 在 SQL Server 环境下修改政治面貌 political 字段后的表结构

（2）如果运行环境为 MySQL，则其语句如下。

```
ALTER TABLE Student
MODIFY
political varchar(6);
```

使用下面的语句查看 student 的表结构。

```
DESC student
```

运行结果如图 3.13 所示。

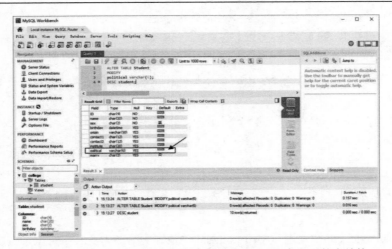

图 3.13　在 MySQL 环境下修改政治面貌 political 字段后的表结构

（3）如果运行环境为 Oracle，则其语句如下。

```
ALTER TABLE Student
MODIFY
political varchar2(6);
```

使用下面的语句查看 student 的表结构。

```
DESC student
```

运行结果如图 3.14 所示。

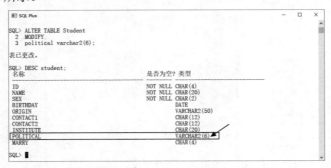

图 3.14　在 Oracle 环境下修改政治面貌 political 字段后的表结构

 注意

将字段的当前数据类型转换为另一种数据类型时，字段中当前已有的数据必须与新数据类型相互兼容。

3.5.5　删除字段

SQL 语句为 ALTER TABLE 语句提供了 DROP COLUMN 子句来完成删除数据表中的字段。

【例 3.9】从 student 表中删除政治面貌字段 political。

```
ALTER TABLE student
DROP COLUMN   political;
```

运行上面的语句后，使用 MySQL Workbench 查看表结构，这时政治面貌字段 political 已不存在，如图 3.15 所示。

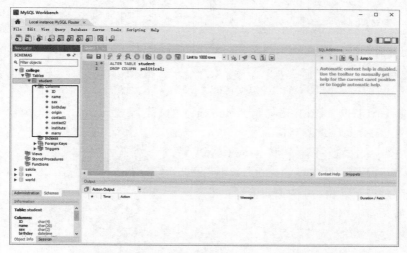

图 3.15　删除政治面貌字段 political 后的表结构

3.5.6　删除带有默认值的字段

在 SQL Server 中，使用上一小节的 ALTER TABLE…DROP COLUMN 语句形式不能删除数据表中有主键约束和默认值的字段。

【例 3.10】使用 ALTER TABLE …DROP COLUMN 语句直接删除 student 表的婚否字段 marry。

```
ALTER TABLE student
DROP COLUMN   marry;
```

运行结果如图 3.16 所示。运行出错的原因是婚否字段 marry 被设置了默认值。

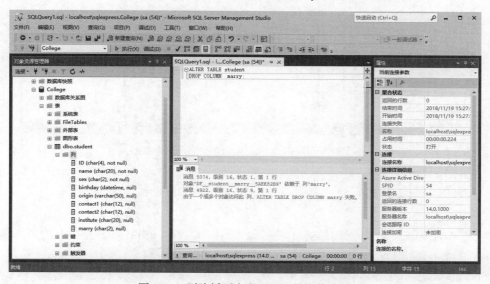

图 3.16　删除婚否字段 marry 的操作失败

注意

在图 3.16 中的对象'DF__student__marry__5AEE82B9'是字段 marry 的默认值名称。实际上，这个名称并不是在例 3.7 中生成的，是系统自动为字段 marry 的默认值生成的。

为了删除带有约束和默认值的字段，必须先删除约束和取消默认值。其语法格式如下。

```
ALTER TABLE 表名
DROP  CONSTRAINT 约束名|默认值名
```

【例 3.11】使用 ALTER TABLE 语句删除 student 表的婚否字段 marry。具体步骤如下。

（1）删除婚否字段 marry 的默认值。

```
ALTER TABLE student
DROP  CONSTRAINT DF__student__marry__5AEE82B9;
```

（2）执行删除婚否字段 marry 的语句。

```
ALTER TABLE student
DROP COLUMN  marry;
```

运行结果如图 3.17 所示。

 提示

在 MySQL 与 Oracle 中，可直接删除设置有默认值的字段。

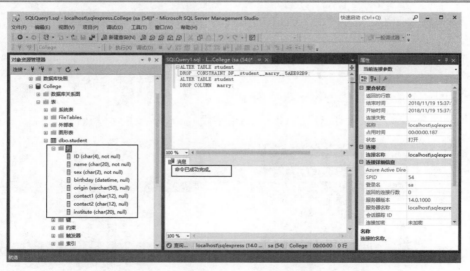

图 3.17　删除婚否字段 marry 的语句成功执行

3.5.7　更改主键

使用 ALTER TABLE…ADD 语句形式可以给数据表添加主键（PRIMARY KEY）约束。添加主键约束的语法格式如下。

```
ALTER TABLE 表名
```

```
ADD CONSTRAINT  主键约束名
PRIMARY KEY (<字段名 1>
  [,<字段名 2>,...])
```

其中，主键约束名由用户指定，PRIMARY KEY 子句可以设置联合主键约束。

【例 3.12】为 student 表中的"学号"字段添加主键约束。

```
ALTER TABLE student
ADD CONSTRAINT xh_1
PRIMARY KEY(ID);
```

如果需要改变数据表当前的主键约束时，则应当先删除其当前的主键约束，然后再使用上述方法添加新的主键约束。

【例 3.13】将上例中设置的 student 表中的学号字段 ID 的主键约束改变为学号字段 ID 与姓名字段 name 的联合主键约束。具体步骤如下。

（1）删除当前主键约束。

```
ALTER TABLE student
DROP   CONSTRAINT   xh_1;
```

（2）添加字段联合主键约束。

```
ALTER TABLE student
ADD CONSTRAINT xh_xm
PRIMARY KEY(ID, name)
```

 注意

被设置主键约束的字段必须设置 NOT NULL 约束。

3.6 表的删除、截断与重命名

对表可进行删除与重命名操作，SQL 语言提供了 DROP TABLE 语句进行表删除操作，RENAME TABLE 语句进行表重命名操作。

3.6.1 删除表

当不再需要数据库中的某表时，就应当删除该表，释放该表所占有的资源。在 SQL 语言中，删除数据表使用 DROP TABLE 语句。例如，下面的语句用于删除 student 表。

```
DROP TABLE student;
```

 说明

有时在使用 DROP TABLE 语句删除数据表时会出现删除失败的情况。导致删除失败的绝大多数原因是该表可能与数据库中的其他表存在联系。此时，应当先解除表之间的联系，然后再使用 DROP TABLE 语句删除表。

3.6.2 截断表

使用 DROP TABLE 语句会将表彻底删除掉，包括表内的数据和表本身。但用户可能希望只删除表中的数据，而不删除表本身。这时可以使用 TRUNCATE 语句将表截断，即删除表内的所有数据。例如，下面的语句将截断 student 表。

```
TRUNCATE TABLE student;
```

> **注意**
> 使用 SQL 语言中的 DELETE 语句也能删除表中的所有数据，但是使用 TRUNCATE 语句会得到更快的速度，而且在 Oracle 中 TRUNCATE 语句会重置表的存储空间。关于 DELETE 语句和 TRUNCATE 语句的具体内容与差别，可以查看本书第 14 章的内容。

3.6.3 重命名表

表的名称在创建时便被赋予了，但是，后期可能会因为各种原因需要重命名表。重命名表在 MySQL 与 Oracle 中可以使用 RENAME 语句完成。而在 SQL Server 中则要使用 SP_RENAME 完成。例如，要将表 student 重命名为 stu_info，则在 Oracle 和 SQL Server 中使用的语句分别如下。

（1）MySQL 与 Oracle 修改表名的语法格式如下。

```
ALTER TABLE  表名
RENAME TO  新表名;
```

MySQL 中重命名 student 表为 stu_info 的语句如下。

```
ALTER TABLE student
RENAME TO stu_info;
```

（2）SQL Server 修改表名的语法格式如下。

在 SQL Server 中需要使用以下方式调用存储过程 SP_RENAME 来修改表名。

```
EXEC SP_RENAME  原表, 新表名;
```

SQL Server 中重命名 student 表为 stu_info 的语句如下。

```
EXEC   SP_RENAME   student , stu_info
```

3.7   创建与删除数据库

在创建数据库对象之前，必须先创建数据库。数据库中包含数据表、视图、索引、查询、规则、默认值等数据库对象，并且对这些对象进行统一管理。

3.7.1 创建数据库

在面向对象的关系型数据库管理系统中，一般情况下用户使用 DBMS 环境中的工具创建数据库，如

SQL Server2017 中可以使用 SQL Server 管理工具新建一个数据库，其操作方法简单且方便。用户也可以使用 SQL 语言中的 CREATE DATABASE 语句创建数据库，其基本语法格式如下。

```
CREATE DATABASE   <datebasename>;
```

【例 3.14】在 MySQL Workbench 中，使用 CREATE DATABASE 语句创建一个 test 数据库。

```
CREATE DATABASE test;
```

运行结果如图 3.18 所示。

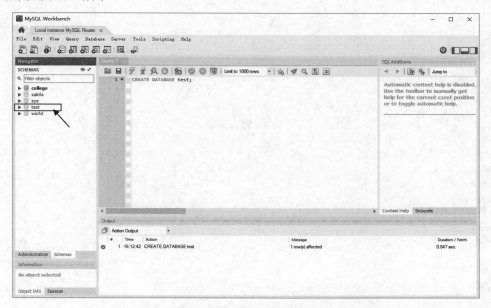

图 3.18　创建 test 数据库

3.7.2　删除数据库

删除数据库可以使用 DROP DATABASE 语句。其简单语法格式如下。

```
DROP DATABASE <datebasename>;
```

【例 3.15】在 MySQL Workbench 中，使用 DROP DATABASE 语句删除 test 数据库。

```
DROP DATABASE test;
```

3.7.3　创建本书使用的数据表

本书后面的大多数实例都使用了 College 数据库的 student、teacher、course 和 score 等数据表。下面列出创建这些数据表的 SQL 语句，供读者参考。

1．创建 student 表的 SQL 语句

（1）MySQL 环境

```
CREATE TABLE student
```

```
(
    ID              char(4) NOT NULL ,              -- 学号
    name            char(20) NOT NULL,             -- 姓名
    sex             char(2) NOT NULL,              -- 性别
    birthday        datetime,                      -- 出生日期
    origin          varchar(50),                   -- 来源地
    contact1        char(12),                      -- 联系方式 1
    contact2        char(12),                      -- 联系方式 2
    institute       char(20),                      -- 所属院系
    PRIMARY KEY(ID)
);
```

（2）SQL Server 环境

```
CREATE TABLE    student
(
    ID              char(4) NOT NULL ,              -- 学号
    name            char(20) NOT NULL,             -- 姓名
    sex             char(2) NOT NULL,              -- 性别
    birthday        smalldatetime,                 -- 出生日期
    origin          varchar(50),                   -- 来源地
    contact1        char(12),                      -- 联系方式 1
    contact2        char(12),                      -- 联系方式 2
    institute       char(20),                      -- 所属院系
    PRIMARY KEY(ID)
);
```

（3）Oracle 环境

```
CREATE TABLE    student
(
    ID              char(4)   NOT NULL ,            -- 学号
    name            char(20) NOT NULL,             -- 姓名
    sex             char(2)   NOT NULL,            -- 性别
    birthday        date,                          -- 出生日期
    origin          varchar2(50),                  -- 来源地
    contact1        char(12),                      -- 联系方式 1
    contact2        char(12),                      -- 联系方式 2
    institute       char(20),                      -- 所属院系
    PRIMARY KEY(ID)
);
```

2. 创建 teacher 表的 SQL 语句

（1）MySQL 环境

```
CREATE TABLE    teacher (
    ID              char(6)   NOT NULL ,            -- 教工号
    name            char(20) NOT NULL,             -- 姓名
    sex             char(2)   NOT NULL,            -- 性别
    age             integer,                       -- 年龄
    title           char(8),                       -- 职称
    PRIMARY KEY(ID)
);
```

（2）SQL Server 环境

```
CREATE TABLE    teacher (
    ID              char(6)  NOT NULL ,          -- 教工号
    name            char(20) NOT NULL,           -- 姓名
    sex             char(2)  NOT NULL,           -- 性别
    age             integer,                     -- 年龄
    title           char(8),                     -- 职称
    PRIMARY KEY(ID)
);
```

（3）Oracle 环境

```
CREATE TABLE teacher
(
    ID              char(6)  NOT NULL ,          -- 教工号
    name            char(20) NOT NULL,           -- 姓名
    sex             char(2)  NOT NULL,           -- 性别
    age             number,                      -- 年龄
    title           char(8),                     -- 职称
    PRIMARY KEY(id)
);
```

3. 创建 course 表的 SQL 语句

（1）MySQL 环境

```
CREATE TABLE    course
(
    ID              char(3)  NOT NULL,           -- 课号
    course          char(30) NOT NULL,           -- 课名
    type            char(10) NOT NULL,           -- 类型
    credit          integer  NOT NULL,           -- 学分
    PRIMARY KEY(ID)
);
```

（2）SQL Server 环境

```
CREATE TABLE    course
(
    ID              char(3)  NOT NULL,           -- 课号
    course          char(30) NOT NULL,           -- 课名
    type            char(10) NOT NULL,           -- 类型
    credit          integer  NOT NULL,           -- 学分
    PRIMARY KEY(ID)
);
```

（3）Oracle 环境

```
CREATE TABLE    course
(
    ID              char(3)  NOT NULL,           -- 课号
    course          char(30) NOT NULL,           -- 课名
    type            char(10) NOT NULL,           -- 类型
    credit          number   NOT NULL,           -- 学分
```

```
    PRIMARY KEY(ID)
);
```

4. 创建 score 表的 SQL 语句

（1）MySQL 环境

```
CREATE TABLE   score
(
    s_id            char(4) ,                                       -- 学号
    c_id            char(3),                                        -- 课号
    result1         decimal(9 ,2),                                  -- 考试成绩
    result2         decimal(9 ,2),                                  -- 平时成绩
    CONSTRAINT fk_score_student FOREIGN KEY(s_id) REFERENCES student(ID),
    CONSTRAINT fk_score_course FOREIGN KEY(c_id) REFERENCES course(ID)
);
```

（2）SQL Server 环境

```
CREATE TABLE   score
(
    s_id            char(4) REFERENCES student (ID) NOT NULL,       -- 学号
    c_id            char(3) REFERENCES course (ID) NOT NULL,        -- 课号
    result1         decimal(9 ,2),                                  -- 考试成绩
    result2         decimal(9 ,2),                                  -- 平时成绩
);
```

（3）Oracle 环境

```
CREATE TABLE score
(
    s_id            char(4) REFERENCES student (ID) NOT NULL,       -- 学号
    c_id            char(3) REFERENCES course (ID) NOT NULL,        -- 课号
    result1         number(9 ,2),                                   -- 考试成绩
    result2         number(9 ,2)                                    -- 平时成绩
);
```

第4章 索 引

除表以外，索引可能就是大型数据库系统中最重要的对象了。索引是一种树型结构，如果使用正确的话，可以减少定位和查询数据所需的 I/O 操作。另一种说法就是索引可以加快表中查找数据记录的速度。

4.1 索 引 基 础

索引是一种数据库对象。在有大量记录的数据表中查询数据时，如果有索引的帮忙，就会很快查到想要的数据。索引还有另外一种用途，那就是强制数据的唯一性。

4.1.1 使用索引的原因

对于大部分数据库用户来说，索引是一个非常陌生的概念。因为普通用户很少特意去使用索引，只有那些管理着海量数据的 DBA 才会去特意地创建索引和使用索引。使用索引有以下两个主要原因。

- 提供唯一的码值。
- 提高查询性能。

当用户创建带有 PRIMARY KEY 或 UNIQUE 约束的数据表时，MySQL、SQL Server 或 Oracle 早已经在后台为该表自动创建了唯一索引，并以此强制数据的唯一性。

使用索引能够提高性能的原因其实也很好理解。例如，要查询本书中关于 Oracle 的 DECODE 函数的内容，可以使用两种方法，一种是从第 1 页开始一页一页地向后找；另一种是在目录中先找到 DECODE 函数所在的页数，然后直接翻到该页上。可想而知，在书比较厚的情况下，采用第二种方法会很快就能找到需要的内容。这里索引就好比本书的目录，因此使用索引会提高查询性能。

当然，假设本书只有 3 页，则使用第一种方法会更实惠。这就表明数据表中的记录越多，使用索引可能就会得到越大的效益；反之，使用索引就没有什么价值了。

4.1.2 索引的种类

MySQL、SQL Server 和 Oracle 等大型数据库系统，按存储结构的不同将索引分为两类，即聚簇索引和非聚簇索引。

1. 聚簇索引

一个聚簇索引就是一个在物理上与表融合在一起的视图。表和视图共享相同的存储区域。聚簇索引在物理上以索引顺序重新整理了数据的行。这种体系结构中的一个表只允许有一个聚簇索引。

MySQL 中不同的数据存储引擎对聚簇索引有不同的支持。MyISAM 存储引擎使用的是非聚簇索引，InnoDB 存储引擎使用的是聚簇索引。

在 SQL Server 中，删除和重建一个聚簇索引对于改造一个表来说是一个常用的技术。这是一种保证数据页在磁盘上邻近的方便途径。同时，也是重建表中一些空闲空间的很好的方法。

SQL Server 的聚簇索引和 Oracle 的聚簇索引完全不同。Oracle 聚簇索引在一个 Oracle 块中同时存储两个或多个表中的数据。在建立聚簇索引时，先创建一个聚簇，然后在该聚簇上创建一个索引，最后在 CREATE TABLE 语句中指定该表存储在这个聚簇上。聚簇码通常是用来连接这两个或多个表的连接字段。也就是说，如果用户需要使用两个表中的数据，那么只需要存取这一个 Oracle 块就可以，而并不需要先访问一个表，然后再访问另一个表。在 SQL Server 中没有与 Oracle 相似的结构。

2. 非聚簇索引

在非聚簇索引中，索引数据和表数据在物理上是分离的，表中的记录并不按照索引中的顺序存储。非聚簇索引的查询效率相对于聚簇索引来说比较低，但由于一个数据表只能创建一个聚簇索引，所以当用户需要使用多个索引时就只能创建非聚簇索引了。

4.2 索引的创建和使用

本节将介绍创建索引前应当注意的内容，以及创建索引的标准语法和 MySQL、SQL Server、Oracle 中的扩展语法。此外，还介绍创建和使用非聚簇索引和唯一索引的内容。

4.2.1 创建索引前应当注意的内容

实际上，使用索引会提高查询性能这句话是有前提的，就是说并不是所有情况下使用索引都能提高查询性能。所以在创建并使用索引前应当注意下面的几点内容。

- 对于只有少量数据记录的表或在 Oracle 中占有小于 10 个 Oracle 块的表来说，使用索引查询数据没有任何好处。应当省掉存取和使用索引块的开销，直接执行全表扫描得到表中的所有数据，这样会更快一些。
- 如果索引字段中有很多不同的数据值和空值时，使用索引会极大的提高性能。
- 如果执行查询后，返回的数据记录很少，则索引可以优化该查询。比较好的情况是返回记录数少于全部数据的 25%（根据 DBMS 的不同配置，该数字有所不同）。如果返回的数据记录很多，则使用索引不会得到太多的好处。
- 索引可以提高查询数据的速度，但它也降低了数据的更新速度。因此，如果要进行大量的更新操作，在执行更新操作前应该删除一些不必要的索引，在更新完毕后再重新创建索引，这样会提高效率。
- 索引也会占用数据库空间，所以在设计数据库的可用空间时应当考虑索引所占用的空间。
- 在某字段上创建索引时，应当考虑是否经常使用该字段筛选记录。如果不是，则不应该创建索引，因为该索引不会起什么作用，反而在修改数据时会影响性能。

➡ 尽量不要对经常需要更新或修改的字段创建索引，更新索引的开销会降低期望获得的性能。

➡ 尽量不要将索引与表存储在同一个驱动器上，分开存储会避免访问冲突，从而提高性能。

4.2.2 创建索引的 SQL 语句

在不同的 DBMS 中，创建索引通常都可以使用两种方式，一是 GUI 方式，二是 SQL 命令方式。本小节要介绍的是使用 SQL 命令方式建立索引的方法。使用 SQL 语句创建索引的语法如下。

```
CREATE   INDEX index_name
ON   table_name ( column [ ,...n ] )
```

说明如下。

➡ index_name：索引的名称。在 MySQL 和 SQL Server 中，索引的名称在表内必须唯一，但在数据库中不必唯一。而在 Oracle 中，索引的名称在用户内必须唯一。

➡ table_name：包含将要在其上创建索引的字段的表。

➡ column：将要在其上创建索引的字段。这个位置可以放置多个字段，此时，创建的索引被称为复合索引。

MySQL、SQL Server 和 Oracle 对上面创建索引的语句有不同的扩展。例如，在 MySQL 中，创建索引用语法格式如下。

```
CREATE [UNIQUE|FULLTEXT|SPATIAL] INDEX index_name
[USING index_type]
ON tbl_name (index_col_name,...)
```

在 SQL Server 中，创建索引的语法格式如下。

```
CREATE [ UNIQUE ] [ CLUSTERED | NONCLUSTERED ] INDEX index_name
ON { table | view } ( column [ ASC | DESC ] [ ,...n ] )
[ WITH { PAD_INDEX | FILLFACTOR = fillfactor | IGNORE_DUP_KEY | DROP_EXISTING |
STATISTICS_NORECOMPUTE |   SORT_IN_TEMPDB  } [ ,...n] ]
[ ON filegroup ]
```

而在 Oracle 中，创建索引的语法格式如下。

```
CREATE [ UNIQUE ] INDEX index_name
ON table_name ( column [ ASC | DESC ] [ ,...n ] )
[INITRANS integer]
[MAXTRANS integer]
[TABLESPACE tablespace_name]
[STORAGE storage_clause]
[PCTFREE integer]
[NOSORT]
[RECOVERABLE | UNRECOVERABLE]
[PARALLEL parallel_clause]
```

关于 MySQL、SQL Server 和 Oracle 中创建索引的详细语法说明，请读者参考对应数据库管理系统的参考手册，在此不作详细说明。

4.2.3 创建和使用非聚簇索引

在前面的内容中曾经提到，非聚簇索引的性能不如聚簇索引的性能好，但由于一个表只能创建一个聚簇索引，因此还得需要使用非聚簇索引。实际上，从大量的数据中查询数据时，使用非聚簇索引总要比不使用索引要好得多。下面通过例题说明创建和使用非聚簇索引的方法，以及使用索引后查询性能的改变。首先，创建例题中将要使用的 testindex 表，其创建语句如下。

```
CREATE TABLE    testindex
(
    c1 char(1),
    c2 int
);
```

将上述语句输入 SQL Server 的管理工具中运行，其运行结果如图 4.1 所示。

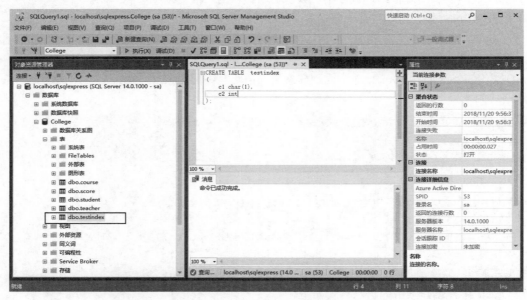

图 4.1　创建 testindex 表的运行结果

然后，使用下面的 SQL 语句向表 testindex 中插入 100000（十万）条随机数据记录。

```
/*声明整数变量@x*/
DECLARE @x int

/*给变量@x 赋初值 1*/
SELECT @x=1
/*循环十万次*/
WHILE @x<=100000
BEGIN
    /*向数据表 testindex 插入随机数*/
    INSERT INTO testindex
    VALUES(CHAR(65+ROUND(RAND()*24,0)),ROUND(RAND()*100,0))
```

```
/*给变量@x 重新赋值*/
    SELECT @x=@x+1
END
```

说明

SQL Server 中，在 "/*" 和 "*/" 之间的所有语句都是注释语句，也可以使用 "--" 注释语句。

运行结果如图 4.2 所示。

图 4.2　向 testindex 表插入十万条记录的运行结果

【例 4.1】比较在字段 c2 上创建非聚簇索引之前和创建索引之后的查询性能。试验步骤如下。

（1）在字段 c2 上创建非聚簇索引之前，运行下面的语句。

```
/*声明日期时间型变量@x*/
DECLARE @x datetime

/*赋给变量@x 当前系统时间*/
SELECT @x=GETDATE()

/*执行查询语句，查找 c2 等于 10 的所有数据记录*/
SELECT c2
FROM   testindex
WHERE c2=10

/*显示查询语句所花费的时间*/
SELECT GETDATE()-@x
```

运行结果如图 4.3 所示。

说明

图 4.3 的结果为多次运行结果中，查询花费时间最短的一次。

（2）在字段 c2 上创建非聚簇索引，其创建语句如下。

```
CREATE INDEX idx_testindex_c2
ON testindex(c2)
```

运行结果如图 4.4 所示。

	（无列名）
1	1900-01-01 00:00:00.017

图 4.3　创建索引前查询花费的时间　　　　图 4.4　创建非聚簇索引的运行结果

（3）再次运行下面的语句。

```
/*声明日期时间型变量@x*/
DECLARE @x datetime

/*赋给变量@x 当前系统时间*/
SELECT @x=GETDATE()

/*执行查询语句，查找 c2 等于 10 的所有数据记录*/
SELECT c2
FROM    testindex
WHERE c2=10

/*显示查询语句所花费的时间*/
SELECT GETDATE()-@x
```

运行结果如图 4.5 所示。

	（无列名）
1	1900-01-01 00:00:00.000

图 4.5　创建索引后查询花费的时间

比较图 4.3 和图 4.5 中的运行结果可以发现，使用了非聚簇索引后，大大地提高了查询性能。

4.2.4　创建和使用唯一索引

前面提到过，使用索引的主要原因之一就是提供唯一的字段值。唯一索引强制表中任意两条记录的索引值互不相同。创建唯一索引需要使用 UNIQUE 关键字。下面通过例题说明创建和使用唯一索引的方法。首先，在 MySQL Workbench 中创建例题中将要使用的 testuni 表，其创建语句如下。

```
CREATE TABLE   testuni
(
    c1 int,
    c2 int
);
```

【例 4.2】在 testuni 表的 c1 字段上创建一个唯一索引，并试验其效果。

（1）创建唯一索引 idx_testuni_c1。

```
CREATE UNIQUE INDEX idx_testuni_c1
ON   testuni(c1)
```

运行结果如下。

```
命令已成功完成。
```

（2）执行如下插入语句，向表 testuni 插入两条记录。

```
INSERT INTO testuni
VALUES (10,20);
INSERT INTO testuni
VALUES (20,20)
```

运行结果如图 4.6 所示，正常完成两条记录的插入操作。

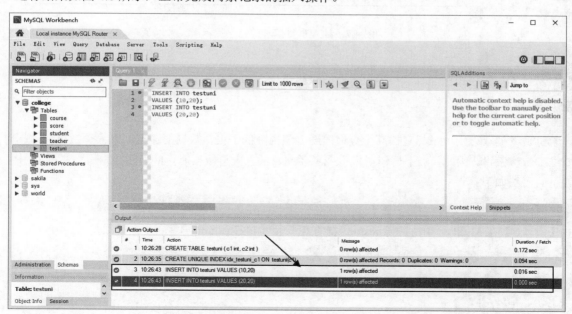

图 4.6　正常插入两条记录的结果

（3）执行下面的插入语句，准备向表 testuni 插入一条记录。

```
INSERT INTO testuni
VALUES (10,50);
```

运行结果如图 4.7 所示。出错信息如下。

Error Code: 1062. Duplicate entry '10' for key 'idx_testuni_c1'

通过本例可以知道，当向有唯一索引的表中字段 c1 插入非唯一值时，便会出现错误。这就很好地保持了数据完整性。

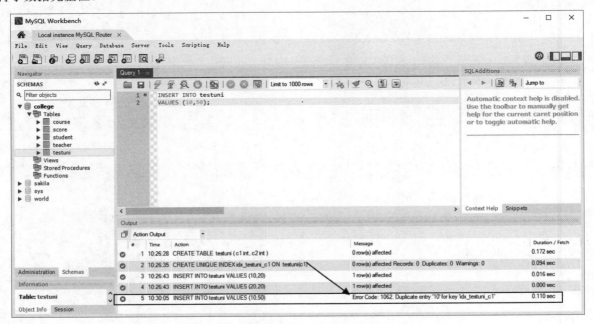

图 4.7　插入重复值时的错误提示

4.3　索引的删除

索引是一把双刃剑，虽然它提高了查询速度，但也降低了更新数据的速度，因为每当更新数据时，都要维护一次索引。因此，当不再使用索引或者要向表插入大量数据时，应当删除索引。在 SQL 中，删除索引的语法如下。

```
DROP INDEX index_name ON table_name
```

【例 4.3】在 MySQL 中，删除 testuni 表的唯一索引 idx_testuni_c1。

```
DROP INDEX idx_testuni_c1 ON testuni
```

删除了唯一索引后再向表 testuni 插入前面的数据。

```
INSERT INTO testuni
VALUES (10,50);
```

运行下面的语句，查看 testuni 表的内容。

```
SELECT    *
FROM      testuni
```

运行结果如图 4.8 所示。

从结果中可以看出，删除了唯一索引后，就可以向表中过去的索引字段 c1 内插入相同值了。

SQL Server 中删除索引的语法格式如下。

```
DROP INDEX   table_name.index_name
```

Oracle 中删除索引的语法格式如下。

```
DROP INDEX   index_name
```

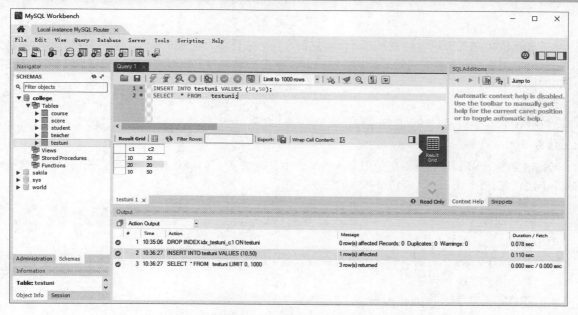

图 4.8　testuni 表内容

第 5 章　查询数据——SELECT 语句

查询数据是数据库操作中最重要的操作之一，实现查询操作要使用 SQL 语言中的 SELECT 语句。从本章开始将详细介绍 SELECT 语句的用法。

5.1　SELECT 语句的组成结构

一条 SELECT 语句可以很简单，也可以很复杂。一个较复杂的查询操作可以使用多种方法完成，即 SELECT 语句的编写方法也是灵活多样的，这就好比一道数学题有多种解法一样，所以 SELECT 语句没有绝对的固定格式。

5.1.1　最基本的语法格式

SQL 语言中的 SELECT 查询语句用来从数据表中查询数据。其完整的语法格式由一系列的可选子句组成。下面首先介绍 SELECT 语句最基本的语法格式。

```
SELECT    *
FROM      table_source
```

说明如下。

- ➥ SELECT 关键字后的 "*"，代表查询数据表中的所有（字段）的内容。在这个位置也可以指定要查询的字段名列表。
- ➥ FROM 关键字后的 table_source，指明要从哪个表查询数据。

所有 SELECT 语句必须有 SELECT 子句和 FROM 子句，书写时可以将两个子句写在一行中。

【例 5.1】查询 student 数据表中的所有内容。

```
SELECT   *   FROM    student
```

在 MySQL Workbench 的查询选项卡中输入上面的语句，执行后其结果如图 5.1 所示。

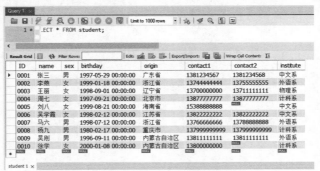

图 5.1　例 5.1 运行结果

5.1.2 带有主要子句的语法格式

前面介绍了 SELECT 语句最基本的语法格式,实际上 SELECT 语句的完整语法格式要比其复杂得多。下面将经常用到的带有主要子句的语法格式归纳如下。

```
SELECT      [DISTINCT | ALL] select_list
FROM        table_source
[WHERE      search_condition ]
[GROUP BY   group_by_expression ]
[HAVING     search_condition ]
[ORDER BY   order_expression [ ASC | DESC ] ]
```

说明如下。

- ↘ SELECT 子句:必选子句。可选关键字 DISTINCT 用于去除查询结果集中的重复值所在的记录。关键字 ALL 用于返回查询结果集中的全部记录,它是默认的关键字,即当没有任何关键字时返回全部记录。select_list 为星号(*),或者用逗号分隔的字段名列表,或者引用字段名的表达式,或者其他表达式(常量或函数)。该子句决定了结果集中应该有什么字段。

- ↘ FROM 子句:必选子句。其中 table_source 可以是一个基本表名称,或者一个视图名称,或者是用逗号分隔的基本表名称列表,或者视图名列表,或者基本表名和视图名混合列表。该子句决定了要从哪个(哪些)数据源查询数据。

- ↘ WHERE 子句:可选子句。其中 search_condition 为条件表达式。该子句用于指定查询条件,DBMS 将满足条件的行显示出来(或者添加到结果集中)。

- ↘ GROUP BY 子句:可选子句。其中 group_by_expression 为一个字段名,或者用逗号分隔的字段名列表。该子句用于按 group_by_expression 分组(分类)查询到的数据。

- ↘ HAVING 子句:可选子句。其用法类似 WHERE 子句,它指定了组或集合的搜索条件。HAVING 子句通常与 GROUP BY 子句一起使用。

- ↘ ORDER BY 子句:可选子句。该子句用于按 order_expression 排序查询结果。如果其后有 ASC(默认值),则按升序排序结果;如果其后有 DESC,则按降序排序结果。如果没有该子句,查询结果将以添加记录时的顺序显示。

 注意

如果 SELECT 语句中有 ORDER BY 子句,则必须将其放在所有子句的后面。

5.1.3 SELECT 各子句的执行顺序

上一节介绍了 SELECT 语句的主要子句。当 SELECT 语句被 DBMS 执行时,其子句会按照固定的先后顺序执行,了解这一顺序对学习本书后面的内容会有一定的帮助。假设 SELECT 语句带有所有的子句,则其执行顺序如下。

(1) FROM 子句。

(2) WHERE 子句。

(3) GROUP BY 子句。

(4) HAVING 子句。

（5）SELECT 子句。

（6）ORDER BY 子句。

了解了各子句的执行顺序后，来看一下它们的基本工作原理。SELECT 语句的各子句中 FROM 子句是首先被执行的，通过 FROM 子句首先获得一个虚拟表，然后通过 WHERE 子句从刚才的虚拟表中获取满足条件的记录，生成新的虚拟表。将新虚拟表中的记录通过 GROUP BY 子句分组后得到更新的虚拟表，而后 HAVING 子句在最新的虚拟表中筛选出满足条件的记录组成另一个虚拟表。从上一步得到的虚拟表中，SELECT 子句根据 select_list，将指定的列提取出来组成更新的虚拟表，最后 ORDER BY 子句对其进行排序得出最终的虚拟表。通常人们将最终的虚拟表称为查询结果集。

5.1.4　关于 SELECT 语句的一些说明

编写 SELECT 语句比较自由，因为它没有太多固定格式的要求，但还是需要对编写语句进行一些说明。下面列出编写 SELECT 语句时需要了解的一些说明。

➥　SELECT 语句与其他 SQL 语句一样，不区分大小写，例如 select 和 SELECT 是相同的。大多数开发人员遵循一种规则——对 SQL 关键字全部使用大写，而对字段名和表名全部使用小写（假设字段名和表名为英文单词），这样会使得代码更易于阅读和维护。

> **注意**
>
> 虽然 SQL 关键字不区分大小写，但是字段名、表名或者值可能需要区分大小写，这由具体的 DBMS 或者具体的操作系统要求决定。

➥　SQL 语句可以在一行上写出全部语句内容，也可以分成多行编写，SELECT 语句也是如此。许多开发人员认为将 SQL 语句分成多行更容易阅读和调试。

➥　多数 DBMS 不需要在单条 SQL 语句后加分号，但是有些 DBMS 要求必须加分号，例如 Oracle 数据库系统。

5.2　查　询　数　据

本节将介绍使用 SELECT 的基本格式查询基本表中的单字段、多字段和全部字段的方法。此外，还有使用 DISTINCT 关键字去除重复信息的用法，以及根据当前字段值计算出新字段值和命名新字段的方法。

5.2.1　查询单字段的方法

有些时候，用户只希望查询表中某一个字段的内容，而不是全部。下面通过一个例题说明使用 SELECT 语句查询单字段的方法。

【例 5.2】查询 student 表中，有哪些院系的学生。

本题只要查询出 student 表中所属院系字段 institute 的值，即可知道有哪些院系的学生，这就应当使用单字段 SELECT 语句，语句如下。

```
SELECT   institute
```

```
FROM      student
```

运行结果如图 5.2 所示。

图 5.2　查询 institute 的结果

通过本例引出查询单字段的语法格式，其语法格式如下。

```
SELECT    字段名
FROM      table_source
```

上例的运行结果，其实并不很理想，因为结果中有很多的重复值影响了查看效果。下一节将介绍去除这些重复信息的方法。

5.2.2　去除重复信息——DISTINCT

上一小节讲到查询中如果有过多的重复值会影响查看效果，下面介绍去掉重复值的方法。去除重复值，需要使用 DISTINCT 关键字。

【例 5.3】将例题 5.2 运行结果中的重复值去掉。

```
SELECT    DISTINCT institute
FROM      student
```

运行结果如图 5.3 所示。本例题在 institute 字段名前加了 DISTINCT 关键字后，便去除了该字段的重复值。如果只想查看某字段的不同值，则应当在该字段名前加上 DISTINCT 关键字。

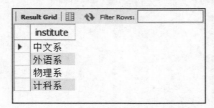

图 5.3　查询中去掉重复值的结果

DISTINCT 关键字不仅可以去除重复值，也有排序数据的功能。例如，图 5.3 中的查询结果就是按 institute 字段降序排列的。其原理是先将字段排序，然后再去掉重复的值。但是 DISTINCT 关键字的排序功能是不可靠的，如果需要排序查询结果，则应当使用 ORDER BY 子句，明确指出排序的根据和方式。

> **注意**
>
> 使用 DISTINCT 关键字会使查询效率下降,因此尽量避免使用它,在需要去除重复信息时可以使用 GROUP BY 子句。关于 GROUP BY 子句的详细内容请参看本书后面章节的内容。
>
> 使用 DISTINCT 关键字会使查询效率下降的原因是:在去除重复值之前,首先要对查询结果集进行排序操作,将相同值的记录放在一起分为很多组,然后再删除每组第一条记录以外的其他记录,以此达到去掉重复值的目的。因此排序操作是降低查询效率的主要原因。

5.2.3 查询多字段

在实际应用中，除了查询单字段数据以外，更需要查询的是多字段数据，如要查询学号、姓名和所属院系三个字段的数据。查询多字段数据的语法格式如下。

```
SELECT    字段名 1, 字段名 2, 字段名 3, ...
FROM      table_source
```

在 SELECT 关键字后列出需要查询的所有字段的名称，并使用逗号（,）将这些字段名隔开。字段名列表中字段名的顺序可以和表中字段名的顺序不一致。

> **注意**
>
> 字段名之间的逗号（,）必须是英文输入法下的逗号。在 SQL 语句中使用的其他符号也都必须是英文输入法状态下的符号。

【例 5.4】查询 student 表中所有学生的"姓名""性别""来源地"三个字段。

```
SELECT    name, sex, origin
FROM      student
```

运行结果如图 5.4 所示。

图 5.4　例 5.4 查询结果

SELECT 子句中的字段名列表决定了查询结果集中要包含哪些字段，其顺序决定了查询结果集中的字段顺序。

上例只查询了 student 表中 3 个指定字段，如果想要查询该表中所有字段，难道需要列出表中所有字段名吗？如果这样会给用户带来很大的麻烦，下一节将介绍查询所有字段的方法。

5.2.4　查询所有字段

查询表中所有字段时，在 SELECT 子句中使用通配符——星号（*），用其代替字段名列表即可。其语法格式如下。

```
SELECT    *
FROM      table_name
```

【例 5.5】查询 score 表中所有字段的数据。

```
SELECT    *
FROM      score
```

运行结果如图 5.5 所示。

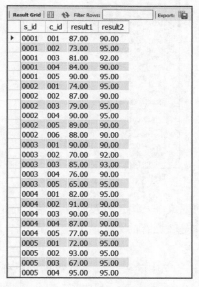

图 5.5　例 5.5 查询结果

> **说明**
>
> 除非确实需要表中的每个列，否则尽量避免使用星号（*）通配符。因为查询太多的字段通常会降低查询和应用程序的性能。本书中多处使用星号（*）是为了让读者清楚地查看表中的所有数据，以便更好地理解各种语句。

5.2.5　根据现有字段值计算新字段值

有时表中没有存储用户需要的数据，但这些数据又可以通过对现有数据的计算获得。例如，score 表中没有课程的总成绩，但是可以通过考试成绩 result1 和平时成绩 result2 两个字段计算得出总成绩。获得总成绩的公式如下。

总成绩=result1*0.7+result2*0.3

> **说明**
> 在计算机表达式中，使用星号（*）代表数学表达式中的乘号（×）；使用斜杠（/）代表数学表达式中的除号（÷）。

【例 5.6】查询每个学生每门课程的总成绩。

```
SELECT   s_id, c_id, result1*0.7+result2*0.3
FROM     score
```

运行结果如图 5.6 所示。

s_id	c_id	result1*0.7+result2*0.3
0001	001	87.900
0001	002	79.600
0001	003	84.300
0001	004	85.800
0001	005	91.500
0002	001	80.300
0002	002	87.900
0002	003	83.800
0002	004	91.500
0002	005	89.300
0002	006	88.600
0003	001	90.000
0003	002	76.600
0003	003	87.400
0003	004	80.200
0003	005	74.000
0004	001	85.900
0004	002	90.700
0004	003	90.000
0004	004	87.900
0004	004	80.900
0005	001	78.900
0005	002	93.600
0005	003	75.400
0005	004	95.000

图 5.6　例 5.6 查询结果

从图 5.6 中可以看到一个奇怪的现象——第三列没有字段名，而是以一个表达式来代替，这是因为第三列是通过计算得出的新列，而并非是表原有的列，所以没有字段名。没有字段名的列会给用户带来很多不便，如无法引用该列等。

通过本例还应该知道，SELECT 子句中除了可以放置数据表原有的字段外，还可以放置表达式，后面还会学习字段列表中放置常量。

5.2.6　命名新列（别名）——AS

上例中，计算得出的第三列没有字段名，如果不做相应处理，这会给以后的使用带来很多的麻烦。所以本小节将介绍如何命名新得到的列。下面通过一个例题说明命名新列的方法。

【例 5.7】查询每个学生每门课程的总成绩。

```
SELECT   s_id, c_id, result1*0.7+result2*0.3 AS  总成绩
FROM     score
```

运行结果如图 5.7 所示。

从运行结果中可以看到，新列有了字段名。在 SQL 中命名新列时可以使用 AS 关键字。上面语句中的 AS 后的字符串"总成绩"就是新列的字段名。关键字 AS 不仅可以命名新列，而且还可以给现有字

段取别名。

【**例 5.8**】查询 student 表中所有学生的 name、sex、origin 三个字段，由于字段名为英文，查询结果也显示为英文，不太直观。这时可用 AS 将结果集中的 name 字段改为"姓名"，其他字段也修改为对应的中文。

```
SELECT  name AS  姓名, sex AS  性别, origin AS  来源地
FROM    student
```

运行结果如图 5.8 所示。本例中，使用 AS 关键字将现有字段 name 取别名为"姓名"，这种设置别名操作不会改变 student 表中原来的字段名，它只对查询结果集有作用。

设置别名时，需要注意的一点是，如果别名是以数字或者特殊符号开头，例如以等号（=）开头，则应当将别名放入双引号中。

图 5.7　例 5.7 查询结果　　　　图 5.8　例 5.8 查询结果

> **说明**
>
> Oracle 不使用 AS 关键字设置别名。在 Oracle 中设置别名时不使用 AS，而是简单地将别名使用空格与字段名分开。如在 Oracle 中，例 5.8 的 SELECT 语句应当被编写为如下形式。
>
> ```
> SELECT  name  姓名, sex  性别, origin  来源地
> FROM    student
> ```
>
> 实际上，在 SQL Server 中给字段取别名时也可以省略 AS 关键字。

5.2.7　将查询结果保存为新表

有时为了以后使用方便，需要将查询结果保存起来。例如，为了方便查询总成绩，可以将例 5.7 的查询结果保存起来。但需要注意的是，在 MySQL、SQL Server 和 Oracle 三种环境中，将查询结果保存为新表的语法格式不一样。

下面是 SQL Server 的语法格式，在 SELECT 子句的后面、FROM 子句的前面加了一个 INTO 关键字，关键字的后面紧跟用于保存查询结果的新表的名字。

```
SELECT  * (或字段列表)
INTO    新表名
FROM    table_source
...
```

下面是 MySQL、Oracle 的语法格式，在 SELECT 语句前加上 CREATE TABLE 语句用于创建新表。这种语法格式是 SQL 标准的语法格式。

```
CREATE   TABLE 新表名
AS
SELECT    *(或字段列表)
FROM     table_source
...
```

下面看一道具体的例题，并假设运行环境为 MySQL。

【例 5.9】在 MySQL 环境中，从 score 表中查询每个学生每门课程的总成绩，并将查询结果保存为 totalscore 表。

```
CREATE TABLE totalscore
AS
SELECT s_id AS 学号, c_id AS 课号, result1*0.7+result2*0.3 AS 总成绩
FROM   score
```

在 MySQL Workbench 中输入以下 SQL 语句并运行。然后使用下面的查询语句查看 totalscore 表中的内容。

```
SELECT   *
FROM     totalscore
```

运行结果如图 5.9 所示。

学号	课号	总成绩
0001	001	87.900
0001	002	79.600
0001	003	84.300
0001	004	85.800
0001	005	91.500
0002	001	80.300
0002	002	87.900
0002	003	83.800
0002	004	91.500
0002	005	89.300
0002	006	88.600
0003	001	90.000
0003	002	76.600
0003	003	87.400
0003	004	80.200
0003	005	74.000
0004	001	85.900
0004	002	90.700
0004	003	90.000
0004	004	87.900
0004	005	80.900
0005	001	78.900
0005	002	93.600
0005	003	75.400
0005	004	95.000

图 5.9　例 5.9 查询结果

该例题在 SELECT 子句中使用了 AS 关键字对查询结果字段重命名，最后将查询结果保存到了指定的 totalscore 表内，使用这种方法也可以对表进行备份。

在 Oracle 环境中，也可使用上面的 SQL 语句。如果是在 SQL Server 环境中，则需要使用下面的 SQL 语句来完成相同的功能。

```
SELECT s_id AS 学号, c_id AS 课号, result1*0.7+result2*0.3 AS 总成绩
INTO    totalscore
FROM    score
```

注意

将查询结果保存为表时应当考虑到修改、添加和删除等问题。例如，当修改了某学生 score 表中的考试成绩字段 "result1" 的值时，还应当修改 totalscore 表中的总成绩等。

5.2.8 连接字段

在数据库应用中，有时需要将多个字段连接（拼接）为一个字段（单值）。例如，报表中只有一个位置，而又希望将多个字段的信息显示出来，此时便需要连接字段。

对于多字段信息连接为一个输出信息，其实质是将几个字段的内容拼接起来形成一个字符串。对于字符串的拼接，在 MySQL、SQL Server、Oracle 中实现的方法有一些区别。

下面首先来看 MySQL 中的实现方法。

【例 5.10】在 MySQL 环境中，从 student 表中查询所有学生的姓名和来源地，并且将这两个字段连接为一个字段。

```
SELECT    CONCAT(name, origin)
FROM      student
```

运行结果如图 5.10 所示。可以看出，在 SELECT 中使用了 CONCAT 函数将两个字段的值拼接起来形成一个字段。但是还有以下两个问题需要解决。

（1）需要给新字段设置字段名。

（2）姓名和来源地之间连接在一起，没有相应的分隔符，应当将来源地放进括号内，与姓名隔开。

第一个问题可以使用 AS 关键字解决，例如下面的语句。

```
SELECT    CONCAT(name, origin)   AS   姓名及来源地
FROM      student
```

第二个问题的解决方法是将括号当作字符串连接进去，例如下面的语句。

```
SELECT    CONCAT(name, '(', origin,')' )   AS   姓名及来源地
FROM      student
```

运行结果如图 5.11 所示。在上面 CONCAT 函数中使用多个参数，CONCAT 函数将多个字段和常量（字符串括号为常量）连接到了一起。

图 5.10 连接字段后的结果   图 5.11 给连接字段设置了别名后的结果

在 MySQL 环境中字符串的拼接是使用 CONCAT 函数来实现，而在 SQL Server 中，字符串的拼接使用更直观的加号（+）运算符。下面看具体的例子。

【例 5.11】在 SQL Server 环境中，从 student 表中查询所有学生的姓名和来源地，并且将这两个字段连接为一个字段。

```
SELECT    name+origin AS 姓名及来源地
FROM      student
```

运行结果如图 5.12 所示，从执行的结果中看出，两个字段通过加号（+）已经连接成一个字段了。但是姓名和来源地之间的距离太大，应当缩小距离。与上例相似，还应当将来源地放进括号内，与姓名隔开。

导致姓名和来源地之间的距离太大的问题是由字段值尾随的空格引起，所以需要使用 RTRIM 函数去除字段值右侧的空格，最后修改为下面的语句。

```
SELECT    RTRIM(name)+'('+RTRIM(origin)+')'  AS  姓名及来源地
FROM      student
```

执行以上语句的结果如图 5.13 所示。

图 5.12 连接字段后的结果　　　图 5.13 给连接字段设置了别名后的结果

在 Oracle 环境中，字符串拼接的方法有以下两种。

第一种方法就是使用类似 SQL Server 中的运算符拼接，不过 Oracle 中不是使用加号（+）运算符，而是使用（||）运算符进行拼接，其使用方式和 SQL Server 中的加号（+）一样。

第二种方法是使用 CONCAT 函数进行字符串拼接，比如执行下面的 SQL 语句。

```
SELECT    CONCAT(name, origin)    姓名及来源地
FROM      student
```

与 MYSQL 的 CONCAT 函数不同，Oracle 的 CONCAT 函数只支持两个参数，不支持两个以上字符串的拼接。例如，以下 SQL 语句在 Oracle 中运行会报错。

```
SELECT    CONCAT(name, '(', origin,')' )  姓名及来源地
FROM      student
```

如果要进行多个字符串拼接的话，可以使用多个 CONCAT 函数嵌套使用，上面的 SQL 可以改写为如下方式。

```
SELECT    CONCAT( CONCAT( CONCAT(name, '(' ), origin ) ,')' )   姓名及来源地
FROM      student
```

5.3　排　序　数　据

在数据库应用中，为了方便查看，有时需要将查询结果按某种规律排序。例如，按出生日期排序查询结果，以便查看学生年龄大小；按总成绩排序查询结果，以便得到学生名次等。下面介绍怎样在 SELECT 语句中使用 ORDER BY 子句排序查询结果。

5.3.1　按单字段排序

在 SQL 语言中，ORDER BY 子句用来排序数据。下面从单字段排序介绍排序的方法。单字段排序即按某一个字段排序查询结果。例如，按学号排序、按出生日期排序等。下面通过一个例题介绍按单字段排序查询结果的方法。

【例 5.12】从 student 表中，查询所有学生的学号、姓名、来源地和出生日期，并将结果按出生日期排序。

```
SELECT      ID AS 学号, name AS 姓名, origin AS 来源地, birthday AS 出生日期
FROM        student
ORDER BY    birthday
```

运行结果如图 5.14 所示。

学号	姓名	来源地	出生日期
0009	吴刚	内蒙古自治区	1996-09-11 00:00:00
0001	张三	广东省	1997-05-29 00:00:00
0004	周七	北京市	1997-09-21 00:00:00
0006	吴学霞	江苏省	1998-02-12 00:00:00
0008	杨九	重庆市	1998-02-17 00:00:00
0007	马六	浙江省	1998-07-12 00:00:00
0003	王丽	辽宁省	1998-09-01 00:00:00
0002	李燕	浙江省	1999-01-18 00:00:00
0005	刘八	海南省	1999-08-21 00:00:00
0010	徐学	内蒙古自治区	2000-01-08 00:00:00

图 5.14　例 5.12 查询结果

观察图 5.14，查询结果已经按出生日期排序，而且是按照从小到大的顺序排列。按单字段排序时，需要用哪个字段排序就将其字段名写在 ORDER BY 子句后即可。ORDER BY 子句后的字段名，可以不在 SELECT 子句的字段名列表中，如下面的语句。

```
SELECT      name AS 姓名, birthday AS 出生日期
FROM        student
ORDER BY    origin
```

该语句将查询结果集按来源地字段"origin"进行了排序，而"origin"字段并不在字段名列表内。

5.3.2　设置排序方向

排序数据有两种方式，第一种是将数据按从小到大的顺序排列，这叫升序；第二种是将数据按从大到小的顺序排列，这叫降序。在 ORDER BY 子句中使用 ASC 关键字指定升序，使用 DESC 关键字指定降序。

如果没有使用关键字，则默认排序方式是升序。下面介绍一个使用 DESC 关键字设置排序方向的例题。

【例 5.13】从 course 表中查询所有内容。要求将查询结果按照学分降序排序。

```
SELECT      *
FROM        course
ORDER BY    credit   DESC
```

运行结果如图 5.15 所示。

图 5.15　例 5.13 查询结果

观察图 5.15，结果集已经按学分降序排序。如果想得到降序排序，则应当在 ORDER BY 子句中的字段名后加上关键字 DESC。

在此，需要说明一点，如果排序字段中有 NULL 值，则 NULL 值为最小值，当升序排序时它会在最前面，而降序排序时它会在最后面。不过，这是对 MySQL 和 SQL Server 而言的，如果是 Oracle 系统则正好与此相反。Oracle 在升序排序时将 NULL 值放在最后面，而降序时则放在最前面。

5.3.3　按多字段排序

有时按单字段排序，不能满足人们的需求，原因是单字段排序不能解决相同值问题。例如，Course 表中有很多课程的学分是相同的，此时单用学分排序不会得到满意的结果。如果用学分和课号两个字段排序，则会将学分相同的记录用课号字段排序，这就解决了相同值问题。

【例 5.14】从 course 表中查询所有内容。要求将查询结果按照学分降序排序，当学分相同时按照课号升序排序。

```
SELECT      *
FROM        course
ORDER BY    credit DESC, ID
```

运行结果如图 5.16 所示。

上面的语句中，学分 credit 后有关键字 DESC，因此结果集先按学分降序排序。当遇到学分相同的记录时，便用课号 ID 进行排序，因为课号后没有任何关键字，所以按课号升序排序。例如，"邓小平理论""心理学""教育学"的学分相同，此时按课号对这三门课程进行了升序排序。

图 5.16　例 5.14 查询结果

5.3.4　按字段位置排序

在实际应用中，有时也需要按字段位置排序。因为 SELECT 关键字后并非都是字段名，也可能是表达式。如果希望按表达式的值排序，而又没有给表达式取别名，则可以按字段位置排序。

【例 5.15】在 MySQL 环境中，从 student 表中查询学生的学号 ID、姓名 name 和年龄 age，并按年龄降序排序记录。

```
SELECT        ID AS 学号, name AS 姓名, TIMESTAMPDIFF(YEAR, birthday, CURDATE())
FROM          student
ORDER BY   3   DESC
```

运行结果如图 5.17 所示。

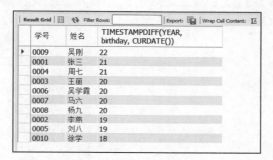

图 5.17　例 5.15 查询结果

 说明

表达式 TIMESTAMPDIFF(YEAR, birthday, CURDATE())的作用是返回"出生日期"字段值和当前系统时间的年份差值。CURDATE 函数的返回值是当前系统时间。TIMESTAMPDIFF 函数和 CURDATEE 函数均为 MySQL 的函数。

上面的语句中，因为表达式 TIMESTAMPDIFF(YEAR, birthday, CURDATE())在字段名列表中的位置是 3，所以 ORDER BY 子句中的 3 DESC，表示了使用表达式 TIMESTAMPDIFF(YEAR, birthday, CURDATE())的值降序排序记录。

技巧

当字段名比较冗长或者拼写比较复杂时，在 ORDER BY 子句中使用字段位置会节省拼写时间和减少拼写出错的概率。

注意

有些 DBMS 可能不支持按字段位置排序，因此在使用前应当仔细阅读具体 DBMS 的说明文档。

其实，本例除了使用位置排序以外，在 ORDER BY 子句后可以直接放置表达式来排序。例如下面的语句。

```
SELECT        ID AS 学号, name AS 姓名, TIMESTAMPDIFF(YEAR, birthday, CURDATE())
FROM          student
ORDER BY  TIMESTAMPDIFF(YEAR, birthday, CURDATE())   DESC
```

运行结果与按位置排序的运行结果相同。当然，也可以使用 AS 对表达式重命名，然后使用重命名的名称设置排序。

```
SELECT        ID AS 学号, name AS 姓名, TIMESTAMPDIFF(YEAR, birthday, CURDATE())      AS 年龄
FROM          student
ORDER BY   年龄   DESC
```

提示

（1）在 SQL Server 环境中，计算年龄时使用的函数又不相同，需使用表达式 DATEDIFF(year, birthday, GETDATE( ))来求出年龄。DATEDIFF 函数和 GETDATE 函数均为 SQL Server 的函数

（2）在 Oracle 环境中，计算年龄的表达式为 TRUNC(months_between(sysdate, birthday)/12)。TRUNC 和 sysdate 均为 Oracle 的函数。

第6章 条件查询

在日常工作中，数据库的查询并非只是简单地查询所有记录，多数情况下是按指定的搜索条件查询需要的数据。例如，查找计科系的所有学生；查找 4 学分的所有课程等。在查询语句中，指定条件需要使用WHERE 子句，本章将介绍编写条件表达式的方法和使用 WHERE 子句查询所需数据的一些简单方法。

6.1　条件表达式

条件表达式是使用条件运算符将常量、字段值、函数以及字段名连接起来的表达式。条件表达式的值只有两种，分别是真（True）和假（False）。因为只要用到条件查询就要编写条件表达式，所以了解条件表达式的组成，掌握其编写方法非常重要。本节将介绍条件表达式的相关内容。

6.1.1　指针与字段变量的概念

为了后面很好地说明 WHERE 子句中条件表达式的工作原理，首先介绍两个概念——指针与字段变量。指针是人们虚拟出来的一个箭头（或者标记），实际上它并不存在。指针可以指向数据表中的任何一条记录，当指针指向某条记录时该记录就被称为当前记录。例如，指针指向了第 3 条记录时，当前记录为第 3 条记录（学号为 0003 的记录），如图 6.1 所示。

	学号	姓名	性别	出生日期	来源地	联系方式1	联系方式2	所属院系
	0001	张三	男	1997-05-29 00:00:00	广东省	1381234567	1381234568	中文系
	0002	李燕	女	1999-01-18 00:00:00	浙江省	13744444444	13755555555	外语系
▶	0003	王丽	女	1998-09-01 00:00:00	辽宁省	13700000000	13711111111	物理系
	0004	周七	女	1997-09-21 00:00:00	北京市	13877777777	13877777777	计科系
	0005	刘八	女	1999-08-21 00:00:00	海南省	15388888888	NULL	中文系
	0006	吴学霞	女	1998-02-12 00:00:00	江苏省	13822222222	13822222222	外语系
	0007	马六	男	1998-07-12 00:00:00	浙江省	13766666666	13788888888	外语系
	0008	杨九	男	1998-02-17 00:00:00	重庆市	137999999999	137999999999	计科系
	0009	吴刚	男	1996-09-11 00:00:00	内蒙古自治区	13811111111	13811111111	外语系
	0010	徐学	女	2000-01-08 00:00:00	内蒙古自治区	13800000000	NULL	计科系

图 6.1　指针示意图

了解了指针和当前记录后，下面介绍字段变量。在表达式中出现的字段名其实就是字段变量，称其为字段变量的原因是字段名的值会随着指针的移动而变化。例如，图 6.1 中，姓名字段的当前值为"王丽"，如果指针移动到了第 4 条记录上，姓名字段的当前值就会变为"周七"。所以表达式中将字段名作为变量来使用。

6.1.2　条件表达式

如果要使用 WHERE 子句，则必须学会编写条件表达式。条件表达式其实是关系表达式、逻辑（布尔）表达式和几个 SQL 特殊条件表达式的统称。条件表达式只有真（True）和假（False）两种值。在学习编写条件表达式之前，首先应当了解条件运算符。表 6.1 列出了 SQL 语言中使用的条件运算符。

表 6.1　条件运算符

	运 算 符	说 明	举 例
关系运算符	=	等于	姓名='王五'，学分=4，出生日期='05/29/1973'
	<	小于	考试成绩<90
	<=	小于等于	出生日期<='01/01/1974'
	>	大于	平时成绩>90
	>=	大于等于	平时成绩>=80
	<>或!=	不等于	所属院系<>'中文系'
逻辑（布尔）运算符	NOT	非	NOT 考试成绩<90
	AND	与（而且）	考试成绩>80 AND 平时成绩>=90
	OR	或	平时成绩=100 OR 考试成绩>95
SQL 特殊条件运算符	IN	在某个集合中	学分 IN (2,3,4)
	NOT IN	不在某个集合中	所属院系 NOT IN('中文系', '外语系')
	BETWEEN	在某个范围内	学分 BETWEEN 2 AND 3
	NOT BETWEEN	不在某个范围内	学号 NOT BETWEEN '0001' AND '0005'
	LIKE	与某种模式匹配	姓名 LIKE '%三%'
	NOT LIKE	不与某种模式匹配	课名 NOT LIKE '%基础%'
	IS NULL	是 NULL 值	联系方式 2 IS NULL
	IS NOT NULL	不是 NULL 值	联系方式 2 IS NOT NULL

1. 关系运算符

使用关系运算符编写条件表达式时，需要注意字段的类型。例如，如果是字符类型的字段，则必须与字符型常量相比较。比如：

```
name ='王丽'
```

因为姓名是字符型字段，所以一定要注意将"王丽"放进单引号中，将其变为字符串。该表达式在指针指向 student 表，第 3 条记录时为真（True），其他情况下均为假（False）。因为只有在指针指向第 3 条记录时，字段变量"姓名"的值才会为"王丽"，此时表达式便成为：

```
'王丽'='王丽'
```

因此，表达式的结果为真（True）。

如果是数值类型的字段，则必须与数值型常量比较。比如：

```
credit=4
```

在此，绝对不可以将数值 4 放进单引号内，因为学分是数值型常量。

使用关系运算符编写条件表达式时，对于日期型字段的比较量，只需要直接使用字符串形式表述日期即可，DBMS 能够识别日期格式的字符串。例如，在 MySQL 中编写 1998 年 1 月 1 日之前出生的条件表达式为：

```
birthday<'1998/01/01'
```

或者

```
birthday<'1998-01-01'
```

在条件表达式中如果使用了日期型字段，则应当查看具体 DBMS 对日期型字段如何处理的说明。

2. 逻辑（布尔）运算符

逻辑（布尔）运算符在条件表达式中也是举足轻重的，多条件复合查询、多表连接等都需要用到逻辑运算符。三个逻辑运算符中，NOT 的优先级最高，其次是 AND，最后是 OR 运算符。如果表达式中，既有逻辑运算符又有关系运算符，则所有关系运算符的优先级都比逻辑运算符的高。

（1）NOT 运算符

NOT 运算符用于求反，其运算规则如下。

```
NOT True=False
NOT False = True
```

例如，想要查询非计算机系的所有学生，这时条件表达式可以写为如下形式。

```
NOT institute='计科系'
```

（2）AND 运算符

条件表达式中的 AND 表示"与"，或者可以说是表示"而且"。其运算规则如下。

```
True    AND    True   = True
True    AND    False = False
False   AND    True   = False
False   AND    False = False
```

从上面可以看出，使用 AND 运算符的表达式，只有在两边都是真（True）时，结果才会为真（True）。AND 运算符可以表示"而且"，如想要查询平时成绩 result2 大于等于 90 分，而且考试成绩 result1 大于等于 80 分的记录，条件表达式可以写为如下形式。

```
result2>=90 AND result1>=80
```

（3）OR 运算符

条件表达式中的 OR 运算符表示"或"。其运算规则如下。

```
True    OR    True   = True
True    OR    False = True
False   OR    True   = True
False   OR    False = False
```

从上面可以看出，使用 OR 运算符的表达式，只要一边为真（True），则结果就会为真（True）。OR 运算符表示"或者"，如想要查询来源地是北京市或者所属院系为物理系的学生，条件表达式可以写为如下形式。

```
origin='北京市' OR institute='物理系'
```

上面简单介绍了 NOT、AND、OR 三个逻辑运算符，关于逻辑运算符的详细用法请读者查看本书下一章节的内容。

3. SQL 特殊条件运算符

关于特殊条件运算符的详细内容请查看本书后面的内容。

6.2 使用 WHERE 关键字设置查询条件

本节将介绍 WHERE 子句的用法，并通过几个实例带领读者学习使用 WHERE 子句设定查询条件、查询数值数据、字符数据、日期数据和空值等方法。

6.2.1 WHERE 子句用法

WHERE 子句用来设置搜索条件，如想要从数据表中查找来自内蒙古自治区的所有学生，则可以编写如下带有 WHERE 子句的 SELECT 语句。

```
SELECT     *
FROM       student
WHERE      origin='内蒙古自治区'
```

该语句运行结果如图 6.2 所示。

图 6.2　来源地为内蒙古的所有学生

从图 6.2 中可以看出，查询结果集中只有来源地是内蒙古自治区的学生，其他非内蒙古自治区的学生全部被筛选掉了，这与 WHERE 子句的执行原理有关系。下面通过刚才的例子，说明 WHERE 子句的执行原理。为了方便参考，在表 6.2 中列出了 student 表的部分内容。

表 6.2　student 表部分内容

学　号	姓　名	性　别	出生日期	来　源　地	……	所属院系
0001	张三	男	1997-05-29	广东省	……	中文系
0003	王丽	女	1998-09-01	辽宁省	……	物理系
0002	李燕	女	1999-01-18	浙江省	……	外语系
0007	马六	男	1998-07-12	浙江省	……	外语系
0004	周七	女	1997-09-21	北京市	……	计科系
0005	刘八	女	1999-08-21	海南省	……	中文系
0008	杨九	男	1998-02-17	重庆市	……	计科系
0009	吴刚	男	1996-09-11	内蒙古自治区	……	外语系
0006	吴学霞	女	1998-02-12	江苏省	……	中文系
0010	徐学	女	2000-01-08	内蒙古自治区	……	计科系

本例中 WHERE 子句按照如下步骤执行。

（1）指针指向 student 表的第 1 条记录，字段变量"来源地"的值为"广东省"，此时条件表达式变为：

'广东省'='内蒙古自治区'

因为该条件表达式的值为 False，所以这条记录被筛选掉，没有进入查询结果集中。

（2）指针向下移动指向第 2 条记录，与上面的原因相同，这条记录也被过滤掉。

（3）指针不断向下移动，将条件表达式的值为 False 的记录全部筛选掉。

（4）当指针移到第 8 条记录时，字段变量"来源地"的值为"内蒙古自治区"，此时条件表达式变为：

'内蒙古自治区'='内蒙古自治区'

因为条件表达式的值为 True，所以这条记录没有被筛选掉，成为进入查询结果集的第 1 条记录。

（5）指针继续向下移动，将第 9 条记录筛选掉，又将第 10 条记录添加到查询结果集中。

（6）指针再次向下移动时，遇到了数据表结束标记，WHERE 子句结束执行。

综上所述，WHERE 子句的工作原理为：从表中的第 1 条记录开始向下搜索直到遇见结束标记为止。在此过程中，将条件表达式的值为 False 的当前记录筛选掉，而将条件表达式的值为 True 的当前记录添加到查询结果集中。

下面是带有 WHERE 子句的 SELECT 语句的语法格式。

```
SELECT      [DISTINCT | ALL] select_list
FROM        table_source
WHERE       条件表达式
```

其中，WHERE 后的"条件表达式"就是 6.1 节介绍的条件表达式。

6.2.2　查询数值数据

本小节将通过几个例题说明使用 WHERE 子句查询数值数据的方法。

【例 6.1】从 course 表中，查询所有 3 学分的课程信息。

```
SELECT      *
FROM        course
WHERE       credit=3
```

运行结果如图 6.3 所示。结果集中有 3 条记录，这 3 条记录的学分都是 3，满足 WHERE 子句中的条件。而其他不是 3 学分的课程信息都被筛选掉了。

> **说明**
>
> 因为学分字段"credit"是数值型字段，因此必须与数值常量比较，所以表达式 credit=3 不能写为 credit='3' 或者其他形式。

【例 6.2】从 course 表中，查询所有学分不小于 3 的课程的课名和课号。

```
SELECT      course AS 课名, ID AS 课号
FROM        course
WHERE       credit>=3
```

运行结果如图 6.4 所示。结果集中的字段顺序（课名,课号）是根据 SELECT 子句后的字段列表顺序产生的，而并不是按照源表的字段顺序（ID,course,…）排列。结果集中的 5 条记录都满足了条件：学分不小于 3。其他不满足条件的记录都被筛选掉了。

图 6.3　例 6.1 查询结果 　　　　　　图 6.4　例 6.2 查询结果

【例 6.3】从 score 表中，查询总成绩大于等于 90 的学生学号和这门课的课号。计算总成绩的公式为：总成绩=result1*0.7+result2*0.3。

```
SELECT   s_id AS 学号, c_id AS 课号, result1*0.7+result2*0.3 AS 总成绩
FROM     score
WHERE    result1*0.7+result2*0.3>=90
```

运行结果如图 6.5 所示。

学号	课号	总成绩
0001	005	91.500
0002	004	91.500
0003	001	90.000
0004	002	90.700
0004	003	90.000
0005	002	93.600
0005	004	95.000
0006	005	91.500
0007	004	91.500
0008	001	90.000
0009	002	90.700
0009	003	90.000
0010	002	93.600
0010	004	95.000

图 6.5　例 6.3 查询结果

 注意

上面 WHERE 子句中的条件表达式不可以写为如下形式。

总成绩>=90

因为 WHERE 子句在 SELECT 子句之前执行，所以在 WHERE 子句执行时还并没有执行给计算字段（result1*0.7+result2*0.3）取别名的操作。

6.2.3　查询字符型数据

前面介绍了如何查询数值型数据的方法，下面仍旧通过几个例题介绍怎样查询字符型数据的方法。

【例 6.4】从 student 表中，查询名叫"张三"的学生。

```
SELECT   *
FROM     student
WHERE    name='张三'
```

运行结果如图 6.6 所示。

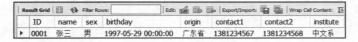

图 6.6　例 6.4 查询结果

 说明

因为姓名字段 name 是字符型字段，因此必须与字符常量比较，所以必须用单引号（"）括住"张三"。

【例 6.5】从 student 表中，查询非计科系的所有学生。

```
SELECT    *
FROM      student
WHERE     institute<>'计科系'
```

运行结果如图 6.7 所示。

上面 WHERE 子句的条件表达式中使用了不等于（<>）符号。有些 DBMS 中不等于也可以用一个感叹号加一个等于号（!=）表示。

【例 6.6】从 course 表中，查询课号 ID 大于 "003" 的课程信息。

```
SELECT    *
FROM      course
WHERE     ID>'003'
```

运行结果如图 6.8 所示。

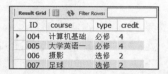

ID	name	sex	birthday	origin	contact1	contact2	institute
0001	张三	男	1997-05-29 00:00:00	广东省	1381234567	1381234568	中文系
0002	李燕	女	1999-01-18 00:00:00	浙江省	13744444444	13755555555	外语系
0003	王丽	女	1998-09-01 00:00:00	辽宁省	13700000000	13711111111	物理系
0005	刘八	女	1999-08-21 00:00:00	海南省	15388888888	NULL	中文系
0006	吴学霞	女	1998-02-12 00:00:00	江苏省	13822222222	13822222222	中文系
0007	马六	男	1998-07-12 00:00:00	浙江省	13766666666	13788888888	外语系
0009	吴刚	男	1996-09-11 00:00:00	内蒙古自治区	13811111111	13811111111	外语系

图 6.7　例 6.5 查询结果

ID	course	type	credit
004	计算机基础	必修	4
005	大学英语一	必修	4
006	摄影	选修	2
007	足球	选修	2

图 6.8　例 6.6 查询结果

字符串比较大小，其实是在比较每个字符的 ASCII 码值，ASCII 码大的字符为大。人们经常使用的字符里数字字符 "0" 的 ASCII 码是 48，"1" 的 ASCII 码是 49，以此类推向后递增；大写英文字母 "A" 的 ASCII 码是 65，"B" 的 ASCII 码是 66，以此类推向后递增；小写英文字母 "a" 的 ASCII 码是 97，"b" 的 ASCII 码是 98，以此类推向后递增。因此，每个排列在后面的字符都比前面的要大。汉字比较大小时比较的是拼音，如 "张" 比 "王" 大，因为 "z" 大于 "w"。下面看一个汉字比较的例子。

【例 6.7】从 student 表中，查询姓名按拼音排在 "马六" 后的所有学生的姓名、来源地和所属院系。

```
SELECT    name AS 姓名, origin AS 来源地, institute AS 所属院系
FROM      student
WHERE     name>'马六'
```

运行以上语句得到的结果为空，但是实际上，按拼音排序排在 "马六" 后面的学生有 7 位。这是由于 MySQL 数据表采用 UTF8 编码时不能直接按照拼音排序。这时可使用 CONVERT 函数将比较的内容转码为 GBK 编码，就可按拼音排序了。修改为以下形式：

```
SELECT    name AS 姓名, origin AS 来源地, institute AS 所属院系
FROM      student
WHERE     CONVERT(name USING GBK)>CONVERT('马六' USING GBK)
```

运行结果如图 6.9 所示。

在 SQL Server 中按拼音排序即可直接使用比较运算符进行操作，不用进行转码。

6.2.4　查询日期数据

使用 WHERE 子句也能查询日期型数据。但需要注意的是：在不同的 DBMS 中编写查询日期型数据的条件表达式也不同。

【例 6.8】从 student 表中，查询 1998 年 1 月 1 日之后出生的学生姓名、联系方式和所属院系。

（1）如果运行环境为 MySQL 或 SQL Server，则 SELECT 语句编写如下。

```
SELECT    name AS 姓名, contact1 AS 联系方式 1, contact2 AS 联系方式 2, institute AS 所属院系
FROM      student
WHERE     birthday>'1998-1-1';
```

运行结果如图 6.10 所示。

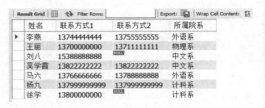

图 6.9　例 6.7 查询结果　　　　　　图 6.10　例 6.8 查询结果

（2）如果运行环境为 Oracle，则 SELECT 语句编写如下。

```
SELECT    name   姓名, contact1 联系方式 1, contact2 联系方式 2, institute  所属院系
FROM      student
WHERE     birthday>'01-JAN-1998'
```

> **说明**
>
> 在 Oracle 中，日期型数据必须被包含在单引号（"）中。日期的默认格式为 DD-MON-YY，其中 DD 代表日；MON 代表月，而且必须是英文月份名的简写；YY 代表用两位数字表示的年份，在此建议读者使用四位数字的年份。

还需要提醒读者一个问题，有些 DBMS 的日期型数据中包含时间，例如 Oracle 和 SQL Server，因此在使用等值（＝）查询日期时应当注意。例如，下面的 SELECT 语句只能查询 1998 年 1 月 8 日 0 点 0 分 0 秒出生的人。

```
SELECT    *
FROM      student
WHERE     birthday='1998/01/08'
```

而如果想查询 1998 年 1 月 8 日内出生的所有人，则需要使用其他方法。下面列出一种比较通用的方法。

```
SELECT    *
FROM      student
WHERE     birthday>='1998/01/08' AND   birthday<'1998/01/09'
```

SELECT 语句中，AND 运算符的详细使用方法将在本书后面的内容中介绍。

6.2.5　按范围查询数据（BETWEEN）

有时需要查询某个范围内的数据，此时可以在 WHERE 子句中使用 BETWEEN 运算符，该运算符需要两个值，即范围的开始值和结束值。下面通过两个例题说明按范围查询数据的方法。

【例 6.9】从 score 表中，查询考试成绩 result1 字段在 70～80 分之间的所有学生的学号和这门课程的课号和考试成绩。

```
SELECT     s_id AS 学号, c_id AS 课号, result1 AS 考试成绩
FROM       score
WHERE      result1   BETWEEN 70 AND 80
```

运行结果如图 6.11 所示。

说明

BETWEEN 运算符包含开始值和结束值。

【例 6.10】从 student 表中，查询 1997 年 1 月 1 日～1999 年 1 月 1 日之间出生的学生姓名、出生日期和所属院系。假设执行 SQL 的运行环境为 MySQL。

```
SELECT     name AS 姓名, birthday AS 出生日期, institute AS 所属院系
FROM       student
WHERE      birthday BETWEEN '1997/01/01'   AND   '1999/01/01'
```

运行结果如图 6.12 所示。

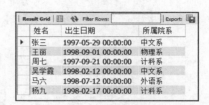

图 6.11　例 6.9 查询结果　　　　　　图 6.12　例 6.10 查询结果

6.2.6　查询空值

数据库操作中，有时需要查询表中的空值或者非空值，此时可以使用 IS NULL（IS NOT NULL）运算符。

【例 6.11】从 student 表中，查询联系方式 2 字段 contact2 为空的所有学生的信息。

```
SELECT     *
FROM       student
WHERE      contact2   IS NULL
```

运行结果如图 6.13 所示。

图 6.13　例 6.11 查询结果

注意

查询空值不能写为：字段名=NULL。

【例 6.12】从 student 表中，查询联系方式 2 字段 contact2 不空的学生姓名、所有联系方式和所属院系。

```
SELECT    name AS 姓名, contact1 AS 联系方式 1, contact2 AS 联系方式 2, institute AS 所属院系
FROM      student
WHERE     contact2    IS NOT NULL
```

运行结果如图 6.14 所示。

图 6.14　例 6.12 查询结果

6.3　排序条件查询的结果

在第 5 章介绍了排序查询结果的方法，其实排序带有 WHERE 子句的查询结果与其大同小异。只是应当牢记一点——ORDER BY 子句必须放在 WHERE 子句的后面。下面通过一个例题说明排序条件查询结果的方法。

【例 6.13】从 student 表中，查询联系方式 2 字段 contact2 不为空的学生学号、姓名、所有联系方式和所属院系，并且按学号升序进行排序。

```
SELECT    ID AS 学号, name AS 姓名, contact1 AS 联系方式 1, contact2 AS 联系方式 2, institute AS 所属院系
FROM      student
WHERE     contact2    IS NOT NULL
ORDER BY  ID
```

运行结果如图 6.15 所示。

图 6.15　例 6.13 查询结果

 注意

如果 SELECT 语句中有 ORDER BY 子句，则必须将其放在 WHERE 子句之后。

6.4　查询前 n 条记录

在数据库操作中，有时需要限制查询返回的记录个数。在不同的数据库环境中实现这个功能的语法

也有所不同，如 MySQL 中使用 LIMIT 关键字，SQL Server 中使用 TOP 关键字，Oracle 中使用 ROWNUM 关键字。

1. MySQL 中的 LIMIT

MySQL 中的 LIMIT 关键字可以限制返回到结果集中的记录个数。下面通过例题介绍 LIMIT 关键字的用法。

【例 6.14】从 student 表中，查询年龄最大的前 5 名学生的姓名和联系方式 1。

```
SELECT      name AS 姓名, contact1 AS 联系方式 1, birthday AS 出生日期
FROM        student
ORDER BY  birthday
LIMIT 5;
```

运行结果如图 6.16 所示。

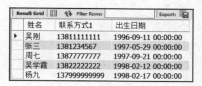

图 6.16   例 6.14 查询结果

2. SQL Server 中的 TOP

SQL Server 中的 TOP 关键字可以限制返回到结果集中的记录个数。下面通过例题介绍 TOP 关键字的用法。

【例 6.15】从 student 表中，查询年龄最大的前 5 名学生的姓名和联系方式 1。

```
SELECT      TOP 5 name AS 姓名, contact1 AS 联系方式 1, birthday AS 出生日期
FROM        student
ORDER BY  birthday
```

运行结果与图 6.16 相同。

TOP 关键字除了上述用法以外，还有一种用法：

```
TOP n PERCENT
```

其含义为从顶部开始获取结果集的百分之 N。例如，下面的语句查询 Student 表中以出生日期排序后，前 30%的学生信息。

```
SELECT      TOP 30 PERCENT   name AS 姓名, contact1 AS 联系方式 1, birthday AS 出生日期
FROM        student
ORDER BY  birthday
```

3. Oracle 中的 ROWNUM

在 Oracle 中使用 ROWNUM 关键字可以限制返回的记录个数。例如，下面的语句用于返回 student 表中的前 5 条记录。

```
SELECT      *
FROM        student
WHERE      ROWNUM<6;
```

第7章 高级条件查询

本章将介绍如何使用 WHERE 子句设置更高级的查询条件。例如，查询计算机系的所有女生，查询中文系或者外语系的所有男生。此外，还将介绍使用 IN、NOT、LIKE 三个运算符和使用通配符进行模糊查询的方法。

7.1 组合 WHERE 子句

本节将教会读者使用 AND 和 OR 运算符设置高级查询条件的具体方法。AND 和 OR 两个运算符可以将单独的条件表达式组合在一起，形成复杂、强大的搜索条件表达式。这种表达式将会满足人们很多的查询需求。

7.1.1 AND 运算符

如前所述，AND 运算符只有当两边操作数均为 True 时，最后结果才为 True。根据 AND 的这种运算规则，人们使用 AND 描述"与"（而且）的关系，即当满足第一个条件而且还要满足第二个条件时才会通过审核。下面介绍的几个例题，使用 AND 完成了一些复杂的查询任务。

【例 7.1】从 student 表中，查询计科系的所有女生，并将结果按学号升序排序。

分析：使用前面所学的知识，只能完成查询计科系的所有学生或者查询所有女生，不能完成查询既是计科系的学生而且还是女生的任务。这就需要组合这两个条件，又因为这两个条件是"而且"的关系，所以使用 AND 运算符连接。具体 SELECT 语句如下。

```
SELECT      *
FROM        student
WHERE       institute='计科系'
AND         sex='女'
ORDER BY    ID
```

运行结果如图 7.1 所示。查找到两条记录，这两条记录既满足了是计科系的学生，又满足了是女生的条件。

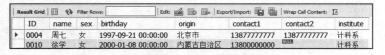

图 7.1 例 7.1 运行结果

【例 7.2】从 student 表中，查询 1997 年出生的所有学生，并将结果按出生日期升序排序。

（1）如果 SQL 运行环境为 MySQL 或 SQL Server，则因为日期型数据中有时间，所以应当使用如下 SELECT 语句查询。

```
SELECT      *
FROM        student
WHERE       birthday>='1997/01/01'
AND         birthday<'1998/01/01'
ORDER BY    birthday
```

（2）如果 SQL 运行环境为 Oracle，也因为日期型数据中有时间，所以应当使用如下 SELECT 语句查询。

```
SELECT      *
FROM        student
WHERE       birthday>='01/JAN/1997'
AND         birthday<'01/JAN/1998'
ORDER BY    birthday
```

本例运行结果如图 7.2 所示。

ID	name	sex	birthday	origin	contact1	contact2	institute
0001	张三	男	1997-05-29 00:00:00	广东省	1381234567	1381234568	中文系
0004	周七	女	1997-09-21 00:00:00	北京市	13877777777	13877777777	计科系

图 7.2　例 7.2 运行结果

上面两个例题的搜索条件中只用了一个 AND 运算符，实际上根据需要可以使用多个 AND 组合条件。

【例 7.3】从 student 表中，查询 1997 年出生的所有女生，并将结果按出生日期升序排序。假设 SQL 运行环境为 MySQL。

```
SELECT      *
FROM        student
WHERE       birthday>='1997/01/01'
AND         birthday<'1998/01/01'
AND         sex='女'
ORDER BY    birthday
```

运行结果如图 7.3 所示。

ID	name	sex	birthday	origin	contact1	contact2	institute
0004	周七	女	1997-09-21 00:00:00	北京市	13877777777	13877777777	计科系

图 7.3　例 7.3 运行结果

7.1.2　OR 运算符

OR 运算符只有当两边操作数均为 False 时，最后结果才为 False，只要一边是 True 则最后结果为 True。根据 OR 的这种运算规则，使用 OR 描述"或"（或者）的关系，即当满足任何一个条件就可以通过审核。下面介绍的几个例题，使用 OR 完成了一些复杂的查询任务。

【例 7.4】从 student 表中，查询中文系的所有学生和外语系的所有学生，并将结果按学号升序排序。

分析：本题两个条件的关系其实是"或"，因为满足任何一个条件就可以通过审核。

```
SELECT      *
FROM        student
```

```
WHERE        institute='中文系'
OR           institute='外语系'
ORDER BY  ID
```

运行结果如图 7.4 所示。

	ID	name	sex	birthday	origin	contact1	contact2	institute
▶		张三	男	1997-05-29 00:00:00	广东省	1381234567	1381234568	中文系
	0002	李燕	女	1999-01-18 00:00:00	浙江省	13744444444	13755555555	外语系
	0005	刘八	女	1999-08-21 00:00:00	海南省	15388888888	NULL	中文系
	0006	吴学霞	女	1998-02-12 00:00:00	江苏省	13822222222	13822222222	中文系
	0007	马六	男	1998-07-12 00:00:00	浙江省	13766666666	13788888888	外语系
	0009	吴刚	男	1996-09-11 00:00:00	内蒙古自治区	13811111111	13811111111	外语系

图 7.4　例 7.4 运行结果

查询结果中既包含了中文系的所有学生，又包含了外语系的所有学生。这是因为中文系的学生满足表达式：

```
institute='中文系'
```

即为 True，所以整个条件表达式：

```
institute='中文系'    OR    institute='外语系'
```

变成了

```
True OR False
```

根据 OR 的运算规则，最终条件表达式的值为 True，所以所有中文系的学生都进入了查询结果集中。类似的，所有外语系的学生也都进入了查询结果集，而其他院系的学生都被筛选掉了。

7.1.3　AND 与 OR 的优先顺序问题

WHERE 子句中可以包含任意数量的 AND 和 OR 运算符，并且允许两者结合使用。下面的例题组合了 AND 和 OR 两个运算符，解决了一个查询任务。

【例 7.5】从 student 表中，查询中文系和外语系的所有女生。

分析：前面已经介绍了查询中文系和外语系的学生，需要使用 OR 运算符；又因为要查询这两个系的女生，所以还得需要使用 AND 运算符。编写如下 SELECT 语句。

```
SELECT      *
FROM        student
WHERE       institute='中文系'
OR          institute='外语系'
AND         sex='女'
ORDER BY ID
```

运行结果如图 7.5 所示。

	ID	name	sex	birthday	origin	contact1	contact2	institute
▶	0001	张三	男	1997-05-29 00:00:00	广东省	1381234567	1381234568	中文系
	0002	李燕	女	1999-01-18 00:00:00	浙江省	13744444444	13755555555	外语系
	0005	刘八	女	1999-08-21 00:00:00	海南省	15388888888	NULL	中文系
	0006	吴学霞	女	1998-02-12 00:00:00	江苏省	13822222222	13822222222	中文系

图 7.5　例 7.5 运行结果 1

查看运行结果后会发现一个男生进入了查询结果集中。导致这一错误的根源是运算符的优先级问题。在表达式中，如果同时出现了 AND 和 OR 两种运算符，则并非从左到右按顺序运算，而是优先执行 AND 运算符，然后执行 OR 运算符。

　　了解了运算符的优先级后，上面错误的原因就很容易被找到了。因为上面的条件表达式与下面的表达式等价。

```
institute='中文系' OR (institute='外语系'  AND 性别='女')
```

　　而该表达式的意思是：中文系的所有学生和外语系的所有女生，因此，查询结果集中出现了中文系的男生。为了让 OR 运算符优先执行，可以使用括号，下面的 SELECT 语句是正确的查询语句。

```
SELECT      *
FROM        student
WHERE       (institute='中文系' OR institute='外语系')
AND         sex='女'
ORDER BY ID
```

技巧

　　在有多种运算符的组合条件表达式中尽量使用括号，即使计算机可能不需要这些括号，但如此一来会方便人们阅读和理解复杂的条件表达式，同时也会减小出错的概率。

　　运行结果如图 7.6 所示。

ID	name	sex	birthday	origin	contact1	contact2	institute
0002	李燕	女	1999-01-18 00:00:00	浙江省	13744444444	13755555555	外语系
0005	刘八	女	1999-08-21 00:00:00	海南省	15388888888	NULL	中文系
0006	吴学霞	女	1998-02-12 00:00:00	江苏省	13822222222	13822222222	中文系

图 7.6　例 7.5 运行结果 2

7.2　使用 IN 运算符

　　在查询中，有时会遇到这样一种查询任务——指定的字段值只要属于某个集合，就将该记录查询出来。此时，会用到 IN 运算符。

7.2.1　使用 IN 运算符

　　IN 运算符的运算规则是：当 X 在集合 {Value1, Value2,···,ValueN} 中时，表达式：

```
X   IN   (Value1, Value2,···,ValueN)
```

为 True，而 X 不在集合 {Value1, Value2,···,ValueN} 中时，上面的表达式为 False。例如：

```
8 IN (2,5,8,13)
```

　　因为 8 在集合 {2,5,8,13} 中，所以表达式的值为 True。而

```
7 IN (2,5,8,13)
```

　　因为 7 不在集合 {2,5,8,13} 中，所以表达式的值为 False。下面通过一个例题感受一下使用 IN 运算符

查询数据的方法。

【例 7.6】从 course 表中，查询学分为 2、3、4 的课程的信息，并按学分降序、课号升序排序。

```
SELECT      *
FROM        course
WHERE       credit IN (2,3,4)
ORDER BY    credit    DESC, ID
```

运行结果如图 7.7 所示。

图 7.7　例 7.6 运行结果

 说明

在 IN 运算符表达式中，集合必须用圆括号括住，并且各元素之间用逗号（,）分隔。

本例演示了使用 IN 运算符查询数值型数据的方法，下面再看一个使用 IN 运算符查询字符型数据的例题。

【例 7.7】从 student 表中，查询中文系、外语系和计科系的所有学生，并按院系降序排列。

```
SELECT      *
FROM        student
WHERE       institute IN ('中文系','外语系','计科系')
ORDER BY    CONVERT(institute USING GBK) DESC
```

运行结果如图 7.8 所示。

ID	name	sex	birthday	origin	contact1	contact2	institute
0001	张三	男	1997-05-29 00:00:00	广东省	1381234567	1381234568	中文系
0005	刘八	女	1999-08-21 00:00:00	海南省	15388888888	NULL	中文系
0006	吴学霞	女	1998-02-12 00:00:00	江苏省	13822222222	13822222222	中文系
0002	李燕	女	1999-01-18 00:00:00	浙江省	13744444444	13755555555	外语系
0007	马六	男	1997-07-12 00:00:00	浙江省	13766666666	13788888888	外语系
0009	吴刚	男	1996-09-11 00:00:00	内蒙古自治区	13811111111	13811111111	外语系
0004	周七	女	1997-09-21 00:00:00	北京市	13877777777	13877777777	计科系
0008	杨九	男	1998-02-17 00:00:00	重庆市	137999999999	137999999999	计科系
0010	徐学	女	2000-01-08 00:00:00	内蒙古自治区	13800000000	NULL	计科系

图 7.8　例 7.7 运行结果

IN 运算符还有一个反向运算符——NOT IN。下面的例题使用 NOT IN 运算符解决了一个查询任务。

【例 7.8】从 student 表中，查询除中文系、外语系和计科系以外其他系的学生，并按院系降序排列。

```
SELECT      *
FROM        student
WHERE       institute    NOT IN ('中文系','外语系','计科系')
```

```
ORDER BY CONVERT(institute USING GBK) DESC
```

运行结果如图 7.9 所示。

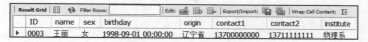

图 7.9 例 7.8 运行结果

7.2.2 使用 IN 运算符的优点

通过前面几个例题的学习，读者一定会感觉到 IN 运算符和 OR 运算符实现的功能是相同的。那为什么使用 IN 运算符呢？因为 IN 运算符有如下优点。

➥ 当条件很多时，使用 IN 运算符会使语句更加简洁、清楚。例如，如果将例 7.8 改写使用 OR 运算符，则其语句为：

```
SELECT      *
FROM        student
WHERE       institute='中文系'
OR          institute='外语系'
OR          institute='计科系'
ORDER BY    CONVERT(institute USING GBK) DESC
```

很明显，使用 IN 运算符会比 OR 运算符简洁、清楚得多。

➥ IN 运算符的执行速度要比 OR 运算符的更快。

➥ IN 运算符最大的优点是：其后条件列表集合中，可以放置其他 SELECT 语句，即子查询。下面通过一个例题演示该优点。

【例 7.9】从 score 表中，查询所有学生的"心理学"的考试成绩和平时成绩，并按考试成绩降序排列，当考试成绩相同时按平时成绩降序排列。

分析：因为 score 表中没有课名只有课号，因此，必须从 course 表中找到"心理学"的课号，然后根据这一课号，从 score 表中查询考试成绩和平时成绩。

```
SELECT    s_id AS 学号, result1 AS 考试成绩, result2 AS 平时成绩
FROM      score
WHERE     c_id IN (SELECT ID
                   FROM course
                   WHERE course='心理学')
ORDER BY result1 DESC, result2 DESC
```

运行结果如图 7.10 所示。

SELECT 语句中，子查询：

```
SELECT    ID
FROM      course
WHERE     course='心理学'
```

查询结果是"心理学"的课号，如果将其单独运行，则结果如图 7.11 所示。

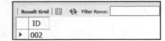

	学号	考试成绩	平时成绩
▶	0005	93.00	95.00
	0010	93.00	95.00
	0009	91.00	90.00
	0004	91.00	90.00
	0007	87.00	90.00
	0002	87.00	90.00
	0006	73.00	95.00
	0001	73.00	95.00
	0008	70.00	92.00
	0003	70.00	92.00

图 7.10 例 7.9 运行结果

	ID
▶	002

图 7.11 子查询运行结果

因此，整个 SELECT 语句就会变成如下形式。

```
SELECT     s_id AS  学号, result1 AS  考试成绩, result2 AS  平时成绩
FROM       score
WHERE      c_id IN ('002')
ORDER BY result1 DESC, result2 DESC
```

所以，本例的 SELECT 语句查出了所有学生的"心理学"的考试成绩和平时成绩。关于子查询的详细内容请查看本书后面的内容。

7.3 NOT 运算符

NOT 运算符的作用是对其后的表达式求反。下面通过两个例题介绍 NOT 运算符的使用方法。

【例 7.10】从 student 表中，查询来源地不是北京市和广东省的所有学生。

```
SELECT     *
FROM       student
WHERE      NOT (origin='北京市' OR origin='广东省')
```

运行结果如图 7.12 所示。

	ID	name	sex	birthday	origin	contact1	contact2	institute
▶	0002	李燕	女	1999-01-18 00:00:00	浙江省	13744444444	13755555555	外语系
	0003	王丽	女	1998-09-01 00:00:00	辽宁省	13700000000	13711111111	物理系
	0004	周七	女	1997-09-21 00:00:00	北京市	13877777777	13877777777	计科系
	0005	刘八	女	1999-08-21 00:00:00	海南省	15388888888		中文系
	0006	吴学霞	女	1998-02-12 00:00:00	江苏省	13822222222	13822222222	中文系
	0007	马六	男	1998-07-12 00:00:00	浙江省	13766666666	13788888888	外语系
	0008	杨九	男	1998-02-17 00:00:00	重庆市	13799999999	13799999999	计科系
	0009	吴刚	男	1996-09-11 00:00:00	内蒙古自治区	13811111111	13811111111	外语系
	0010	徐学	女	2000-01-08 00:00:00	内蒙古自治区	13800000000	NULL	计科系

图 7.12 例 7.10 运行结果

如果本例中不使用 NOT 运算符，而采用不等于（<>）运算符，则大多数初学者可能会编写如下的 SELECT 语句。

```
SELECT     *
FROM       student
WHERE      origin<>'北京市'
OR         origin<>'广东省'
```

运行结果如图 7.13 所示。

图 7.13　使用不等于（<>）运算符得到的运行结果 1

从图 7.13 中看到，结果集中包含了北京市和广东省的学生。因为，当指针指向广东省的学生时，表达式 origin<>'北京市'的值为 True，根据 OR 运算符的规则，整个表达式的值也为 True，所以广东省的学生被包含进了结果集；由于类似的原因，北京市的学生也被包含进了结果集中。所以，上面使用不等于运算符的 SELECT 语句是错误的，下面的语句才是正确语句。

```
SELECT      *
FROM        student
WHERE       origin<>'北京市'
AND         origin<>'广东省'
```

运行结果如图 7.14 所示。

图 7.14　使用不等于（<>）运算符得到的运行结果 2

NOT 运算符不仅可以对表达式求反，还可以和一些特殊运算符结合使用，如前面介绍的 IS NOT NULL、NOT BETWEEN 和 NOT IN 就是结合使用的例子。下面的例题演示了 NOT BETWEEN 的用法。

【例 7.11】从 student 表中，查询出生日期不在 1997～1998 之间（包含 1997 和 1998）的所有学生。

（1）假设 SQL 运行环境为 MySQL 或 SQL Server，则其 SELECT 语句如下。

```
SELECT      *
FROM        student
WHERE       birthday NOT BETWEEN    '1997/01/01' AND '1998/12/31'
```

运行结果如图 7.15 所示。

图 7.15　例 7.11 运行结果

> **说明**
>
> 本书中，因为出生日期的时间部分都为 0，所以上面的查询能够正确运行。如果时间部分不为 0，则应当编写另外的语句查询。下面列出一种具体的方法，其中，YEAR 函数的相关内容请查看本书函数部分的内容。

```
SELECT      *
FROM        student
WHERE       YEAR(birthday) NOT BETWEEN    1997 AND 1998
```

（2）假设 SQL 运行环境为 Oracle，则其 SELECT 语句如下。

```
SELECT      *
FROM        student
WHERE       birthday NOT BETWEEN    '01/JAN/1997'    AND    '31/DEC/1998'
```

注意

在设置查询条件时，应尽量避免使用否定条件，如 NOT BETWEEN、NOT IN 等，因为有些 DBMS 不能优化这些条件查询。

7.4 实现模糊查询

有时只知道需要查询内容的一部分，如只知道某学生姓名中含有"三"字，而并不清楚完整姓名是什么，如果想要查询该学生的信息，用前面所学的内容是很难做到的。使用通配符和 LIKE 运算符可以解决这类问题，本节将介绍 LIKE 运算符和几种通配符的使用方法。

7.4.1 LIKE 运算符

结合使用 LIKE 运算符和通配符可以对表进行模糊查询，即仅使用查询内容的一部分查询数据库中存储的数据。当然 LIKE 运算符也可以单独使用，单独使用时其功能与等于（=）运算符相同。需要注意的是 LIKE 运算符只支持字符型数据。下面的例题演示了 LIKE 运算符的使用方法，因为没有使用通配符，实际上没有什么太大意义，只是演示了使用方法而已。

【例 7.12】从 student 表中，查询中文系所有学生的信息，并按学号升序排序。

```
SELECT      *
FROM        student
WHERE       institute LIKE    '中文系'
ORDER BY    ID
```

运行结果如图 7.16 所示。

ID	name	sex	birthday	origin	contact1	contact2	institute
0001	张三	男	1997-05-29 00:00:00	广东省	1381234567	1381234568	中文系
0005	刘八	女	1999-08-21 00:00:00	海南省	15388888888	NULL	中文系
0006	吴学霞	女	1998-02-12 00:00:00	江苏省	13822222222	13822222222	中文系

图 7.16　例 7.12 运行结果

LIKE 运算符也可以和 NOT 结合使用，如下面的例题演示了 NOT LIKE 的用法。

【例 7.13】从 student 表中，查询不是中文系的学生的信息，并按所属院系升序排序。

```
SELECT      *
FROM        student
```

```
WHERE    institute   NOT LIKE    '中文系'
ORDER BY    CONVERT(institute USING GBK)
```

运行结果如图 7.17 所示。

图 7.17　例 7.13 运行结果

本例中，NOT LIKE 的功能和不等于（<>）运算符相同。

7.4.2　"%" 通配符

在 SQL 语言中，使用百分号（%）通配符代表 0 个或多个字符。表 7.1 中列出了几个典型的例子供读者参考。

表 7.1　百分号（%）通配符举例

百分号（%）通配符举例	说　　明	匹配字符串举例
a%	代表头字母为 "a" 的所有字符串	"a""abc""amer mend uu?" 等
%NBA%	代表含有 "NBA" 的所有字符串	"NBA 篮球明星""你喜欢看 NBA 还是 CBA 比赛" 等
%nm	代表最后两个字母为 "nm" 的所有字符串	"nm""123nm" 等
A%Z	代表头字母为 "A"，最后一个字母为 "Z" 的所有字符串	"AZ""ABCDZ""A1212DFAFZ" 等
%1983%	代表含有 1983 的字符串或者日期时间型数据	"生于 1983 年"、03/20/1983

> **说明**
>
> 如果 SQL 运行环境为 Access，则使用星号（*）通配符代替百分号（%）通配符。

下面的例题演示了结合使用 "%" 和 LIKE 运算符，实现模糊查询功能的具体方法。

【例 7.14】从 student 表中，查询所有姓名中包含 "三" 字的学生信息。

```
SELECT    *
FROM    student
WHERE    name LIKE '%三%'
```

运行结果如图 7.18 所示。

图 7.18　例 7.14 运行结果 1

为了更好地体现本例，下面在数据表中插入两条新记录，插入语句如下。

```
INSERT INTO student(ID,
```

```
                  name,
                  sex,
                  birthday)
VALUES ('0011',
        '周三丰',
        '男',
        '1999/12/20');

INSERT INTO student(ID,
                  name,
                  sex,
                  birthday)
VALUES('0012',
       '三宝',
       '男',
       '1998/05/15');
```

执行下面的查询，查看插入结果。

```
SELECT    *
FROM      student
```

运行结果如图 7.19 所示。

ID	name	sex	birthday	origin	contact1	contact2	institute
0001	张三	男	1997-05-29 00:00:00	广东省	1381234567	1381234568	中文系
0002	李燕	女	1999-01-18 00:00:00	浙江省	13744444444	13755555555	外语系
0003	王丽	女	1998-09-01 00:00:00	辽宁省	13700000000	13711111111	物理系
0004	周七	女	1997-09-21 00:00:00	北京市	13877777777	13877777777	计科系
0005	刘八	女	1999-08-21 00:00:00	海南省	15388888888	NULL	中文系
0006	吴学霞	女	1998-02-12 00:00:00	江苏省	13822222222	13822222222	中文系
0007	马六	男	1998-07-12 00:00:00	浙江省	13766666666	13788888888	外语系
0008	杨九	男	1998-02-17 00:00:00	重庆市	137999999999	137999999999	计科系
0009	吴刚	男	1996-09-11 00:00:00	内蒙古自治区	13811111111	13811111111	外语系
0010	徐学	女	2000-01-08 00:00:00	内蒙古自治区	13800000000	NULL	计科系
0011	周三丰	男	1999-12-20 00:00:00	NULL	NULL	NULL	NULL
0012	三宝	男	1998-05-15 00:00:00	NULL	NULL	NULL	NULL

图 7.19   插入新记录后的 student 表

再次运行下面的查询语句。

```
SELECT    *
FROM      student
WHERE     name LIKE '%三%'
```

运行结果如图 7.20 所示。

ID	name	sex	birthday	origin	contact1	contact2	institute
0001	张三	男	1997-05-29 00:00:00	广东省	1381234567	1381234568	中文系
0011	周三丰	男	1999-12-20 00:00:00	NULL	NULL	NULL	NULL
0012	三宝	男	1998-05-15 00:00:00	NULL	NULL	NULL	NULL

图 7.20   例 7.14 运行结果 2

可以看到结果集中包含了所有姓名中含有"三"字的学生。如果将"%三%"中的第一个"%"去掉，则查询结果会是什么呢？下面做一个实验，将上面的查询语句改为如下的语句并运行。

```
SELECT    *
FROM      student
```

```
WHERE    name  LIKE  '三%'
```

运行结果如图 7.21 所示。

图 7.21　例 7.14 运行结果 3

这次运行结果中只包含了一条记录，因为字符串"三%"只代表第一个字为"三"的所有字符串。而如果将查询语句改为下面的语句

```
SELECT    *
FROM      student
WHERE     name LIKE  '%三'
```

则只能查询最后一个字为"三"的所有学生。其运行结果如图 7.22 所示。

图 7.22　例 7.14 运行结果 4

7.4.3　使用"%"通配符查询日期型数据

有时使用"%"通配符查询日期时间型数据会很方便。例如，查询 1983 年出生的所有学生，查询 9 月份出生的所有学生等。下面通过几个例题介绍查询日期时间型数据的具体方法。

【例 7.15】从 student 表中，查询出生于 1998 年的所有学生。

```
SELECT    *
FROM      student
WHERE     birthday LIKE '%1998%'
```

运行结果如图 7.23 所示。

ID	name	sex	birthday	origin	contact1	contact2	institute
0003	王丽	女	1998-09-01 00:00:00	辽宁省	13700000000	13711111111	物理系
0006	吴学霞	女	1998-02-12 00:00:00	江苏省	13822222222	13822222222	中文系
0007	马六	男	1998-07-12 00:00:00	浙江省	13766666666	13788888888	外语系
0008	杨九	男	1998-02-17 00:00:00	重庆市	137999999999	137999999999	计科系
0012	三宝	男	1998-05-15 00:00:00	NULL	NULL		NULL

图 7.23　例 7.15 运行结果

> **注意**
>
> 在 MySQL 中，本例中的"%1998%"不可以写为"%1998"，可写为"1998%"。但在 SQL Server 和 Oracle 中，"%1998%"既不可写为"%1998"，又不可写为"1998%"

【例 7.16】从 student 表中，查询出生于 9 月份的所有学生。

```
SELECT    *
FROM      student
WHERE     birthday  LIKE  '%-09-%'
```

运行结果如图 7.24 所示。

图 7.24　例 7.16 运行结果

在 MySQL 中，日期保存的格式为 yyyy-mm-dd 形式，所以用上面的形式可查询月份数据。但这种方式在 SQL Server 中却不行，要达到要求的结果，需使用以下语句。

```
SELECT      *
FROM        student
WHERE       birthday   LIKE   '09%'
```

【例 7.17】在 MySQL 环境下，从 student 表中查询 1997 年 9 月份出生的所有学生。

```
SELECT      *
FROM        student
WHERE       birthday   LIKE   '1997%09%'
```

运行结果如图 7.25 所示。

图 7.25　例 7.17 运行结果

 注意

使用 "%" 通配符查询日期值中的某一部分时，DBMS 是将日期值转换为字符串进行匹配的。在不同 DBMS 及不同时区中，日期的表示有所不同，有的年份在前面（如 1997-01-01），有的是月日在前面（如 01-01-1998）。在不同 DBMS 及不同时区环境下，查询的字符串不同，使用 "%" 通配符则不会得到想要的结果。因此，不建议用上面的两种方式，而应该使用相应的函数从日期值中提取月份，然后进行判断。

7.4.4　"_" 通配符

"%" 通配符可以代表 0 个或多个字符，但是它不能代表指定个数的字符。例如，需要查询姓 "周"，且名字由两个字组成的所有学生。如果使用 "%"，则只能查询所有姓 "周" 的学生，而并不能确定名字只有两个字。例如，下面的 SELECT 语句。

```
SELECT      *
FROM        student
WHERE       name   LIKE   '周%'
```

运行结果如图 7.26 所示。

ID	name	sex	birthday	origin	contact1	contact2	institute
0004	周七	女	1997-09-21 00:00:00	北京市	13877777777	13877777777	计科系
0011	周三丰	男	1999-12-20 00:00:00				

图 7.26　所有姓 "周" 的学生

由于上述的原因出现了下划线 "_" 通配符，它只代表任意一个字符（在 SQL Server 中包括 0 个字符）。例如，"周_" 代表以 "周" 字开头的，最多由两个汉字组成的字符串。

【例 7.18】从 student 表中，查询姓"周"，而且名字由三个字组成的学生。

```
SELECT    *
FROM      student
WHERE     name  LIKE  '周__'
```

注意

"周"后有两个"_"通配符。

运行结果如图 7.27 所示。

在 SQL Server 环境下，运行上面的语句，将得到如图 7.28 所示的结果，包含了以"周"开头的两个字和三个字的姓名。

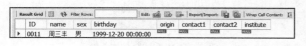

图 7.27　例 7.18 运行结果

图 7.28　SQL Server 环境下运行结果

【例 7.19】在 SQL Server 环境下，从 student 表中查询姓"周"，而且名字必须是三个字的学生，则需要使用以下语句。

```
SELECT    *
FROM      student
WHERE     name LIKE  '周__'
AND       name NOT LIKE  '周_'
```

注意

第一个"周"后有两个"_"通配符，第二个"周"后有一个"_"通配符。

运行结果如图 7.27 所示。

"_"通配符也可以不与字符组合，而单独使用。

【例 7.20】从 student 表中，查询名字最多由两个字组成的所有学生。

```
SELECT    *
FROM      student
WHERE     姓名  LIKE  '__'
```

注意

LIKE 后有两个"_"通配符。

运行结果如图 7.29 所示。

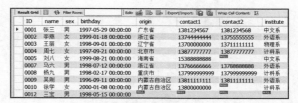

图 7.29　例 7.20 运行结果

7.4.5　正则表达式

在 WHERE 子句的条件中，还可以使用正则表达式。不同数据库环境中使用正则表达式的方式不同：在 SQL Server 环境下，可以直接用方括号（[]）括起来放在 LIKE 后面的条件表达式中。而 MySQL 则需要使用关键字 REGEXP；Oracle 则需要使用 REGEXP_LIKE 正则表达式函数来实现。具体的语法格式参见本小节下面的例题。

表 7.2 列出了常用通配符的一些例子和说明。

表 7.2　方括号通配符举例

举　　例	说　　明
[NR]%	代表以"N"或"R"字母开头的所有字符串
[a-d]%ing	代表以"a""b""c""d"字母开头、以"ing"结尾的所有字符串
[c-emn]%	代表以"c""d""e""m"和"n"字母开头的所有字符串
N[^B]%	代表以"N"字母开头，并且第二个字母不是"B"的所有字符串
%197[5-9]%	代表 1975～1979 五个数字
[1][012]%	代表 10、11、12 三个数字

下面看两个使用正则表达式通配符查询数据的例题。

【例 7.21】从 student 表中，查询姓张、李或周的所有学生，并按姓名升序排序。

在 MySQL 环境中，执行以下语句。

```
SELECT      *
FROM        student
WHERE       name REGEXP '^[张李周]'
ORDER BY CONVERT(name USING GBK)
```

运行结果如图 7.30 所示。

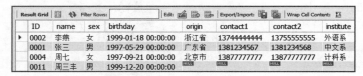

图 7.30　例 7.21 运行结果

查询结果集中包含了所有的姓张、李、周的学生。

在 SQL Server 环境中，执行以下语句。

```
SELECT      *
FROM        student
WHERE       name LIKE    '[张李周]%'
ORDER BY name
```

在 Oracle 环境中，执行以下语句。

```
SELECT      *
FROM        student
```

```
WHERE      REGEXP_LIKE(name, '^[张李周]')
ORDER BY name
```

【例 7.22】从 student 表中，查询除姓张、李或周以外的所有学生，并按姓名升序排序。

在 MySQL 环境中，执行以下语句。

```
SELECT     *
FROM       student
WHERE      name REGEXP '^[^张李周]'
ORDER BY CONVERT(name USING GBK)
```

运行结果如图 7.31 所示。

ID	name	sex	birthday	origin	contact1	contact2	institute
▶ 0005	刘八	女	1999-08-21 00:00:00	海南省	15388888888	NULL	中文系
0007	马六	男	1998-07-12 00:00:00	浙江省	13766666666	13788888888	外语系
0012	三宝	男	1998-05-15 00:00:00	NULL	NULL		
0003	王丽	女	1998-09-01 00:00:00	辽宁省	13700000000	13711111111	物理系
0009	吴刚	男	1996-09-11 00:00:00	内蒙古自治区	13811111111	13811111111	外语系
0006	吴学霞	女	1998-02-12 00:00:00	江苏省	13822222222	13822222222	中文系
0010	徐学	女	2000-01-08 00:00:00	内蒙古自治区	13800000000	NULL	计科系
0008	杨九	男	1998-02-17 00:00:00	重庆市	137999999999	137999999999	计科系

图 7.31　例 7.22 运行结果

在 SQL Server 环境中，执行以下语句。

```
SELECT     *
FROM       student
WHERE      姓名  LIKE    '[^张李周]%'
ORDER BY  姓名
```

在 Oracle 环境中，执行以下语句。

```
SELECT     *
FROM       student
WHERE      REGEXP_LIKE(name, '^[^张李周]')
ORDER BY name
```

7.4.6　定义转义字符

前面学习了几种通配符的使用方法，知道了"%5%"代表包含 5 的所有字符串。那如果想要查询最后两个字符为百分之五的所有字符串呢？即将"%5%"中，第二个"%"看作是普通字符，而不是通配符，此时便需要使用定义转义字符。在不同的环境下，定义转义字符的方法也不同。下面学习定义转义字符具体的方法。

1．SQL Server 环境

如果运行环境为 SQL Server，则使用 ESCAPE 关键字定义转义字符。例如，要查询最后两个字符为百分之五（5%）的所有字符串，其 LIKE 语句如下。

```
LIKE    '%5#%'  ESCAPE   '#'
```

其中，ESCAPE '#'定义了转义字符"#"，它表示紧跟着"#"后的"%"为普通字符，而并非是通配符。

注意

只有紧跟在转义字符后面的通配符才被看作转义字符，例如，如果上面的 LIKE 语句：

```
LIKE  '%5#%%'  ESCAPE  '#'
```

表示要查询的是包含百分之五（5%）的所有字符串。这里最后一个"%"仍当做通配符来使用，只有紧跟着"#"的"%"（第二个）才被当作普通字符。

2．MySQL、Oracle 环境

如果运行环境为 MySQL 或 Oracle 时，则使用反斜杠（\）作为转义字符。仍旧要查询最后两个字符为百分之五（5%）的所有字符串，在 Oracle 中，编写其 LIKE 语句如下。

```
LIKE  '%5\%'
```

此时，需要注意，反斜杠作为转义字符时应当先将其激活。激活的方法为在 SQL Plus 中使用如下命令。

```
set  escape  \;
```

定义了转义字符后，再看一个例子，如要查询所有包含"SQBT_999"的字符串，则其 LIKE 语句如下。

```
LIKE  '%SQBT\_999%'
```

第8章　SQL 函数的使用

除了在 SQL 查询中使用正常的表达式外，在具体的数据库管理系统中，还可以使用任意的内置函数或者用户编写的存储数据库函数。用户可以使用函数来执行计算或基于输入参数的其他操作，也可以将某种数据转换成其他数据类型或显示格式。本章将通过具体的例子介绍如何使用这些函数。

8.1　SQL 函数的说明

在介绍函数的使用之前，首先应当说明一点，即 SQL 函数是不通用的。与前面所讲的 SQL 语句不同，SQL 函数在不同的数据库管理系统中不能通用，因为每一个数据库管理系统都有一套自己的 SQL 函数，只有很少的函数在大多数 DBMS 中都能使用。为了让读者感受这一点，表 8.1 列出了一些例子。

表 8.1　不同 DBMS 的函数差异

功　　能	SQL Server 函数	Oracle 函数或语句	MySQL 函数
获取字符串的某部分	SUBSTRING()	SUBSTR()	SUBSTRING()
获取当前日期	GETDATE()	SYSDATE	CURDATE()
转换数据类型	CONVERT()	有多个具体函数，如 TO_DATE()将字符串转换为日期，TO_CHAR()将数字或日期转换为字符串	CONVERT()

由于 SQL 函数不通用，如果在数据库应用程序的开发中使用了数据库函数，则其通用性和移植性就会变得很差。因此，在软件开发时，应当尽量采用程序设计语言中的函数，而避免使用数据库函数。

8.2　SQL Server 的函数

本节将介绍 SQL Server 中的类型转换函数、日期函数、数值函数和字符函数，并对常用的函数举例说明。

8.2.1　类型转换函数

转换函数用于将具体 DBMS 的数值转换成其他数据类型或对其进行格式化。经常用到的转换是将日期和数字转换成指定的字符串格式，或者将字符串转换成有效的日期或数值。

在 SQL Server 中，使用 CONVERT()和 CAST()两个函数转换数据类型。下面分别介绍这两个函数的详细内容。

1. CONVERT()函数

CONVERT()函数的语法格式如下。

```
CONVERT( datatype[(length)],expression,[style])
```

其中，datatype 为数据类型，如果是 CHAR、VARCHAR、BINARY 或 VARBINARY 数据类型，则可以选择 length 参数设置长度；expression 为表达式，如果要将日期型数据转换为字符型数据，则还可以使用 style 参数设置日期显示格式。style 参数的取值与日期显示格式如表 8.2 所示。

表 8.2 style 参数取值及对应日期格式

style 值（返回 yy）	style 值（返回 yyyy）	标　　准	显　示　格　式
-	0（或者 100）	默认标准	mon dd yy hh:mi AM(或 PM)
1	101	美国	mm/dd/yy
2	102	ANSI	yy.mm.dd
3	103	英国/法国	dd/mm/yy
4	104	德国	dd.mm.yy
5	105	意大利	dd-mm-yy
6	106	-	dd mon yy
7	107	-	mon dd,yy
8	108	-	hh:mi:ss
-	9（或者 109）	默认标准+毫秒	mon dd,yyyy hh:mi:ss:ms AM(或 PM)
10	110	美国	mm-dd-yy
11	111	日本	yy/mm/dd
12	112	ISO	yymmdd
-	13（或者 113）	欧洲默认+毫秒	dd mon yyyy hh: mi:ss:ms(24 小时)
14	114	-	hh: mi:ss:ms(24 小时)

 说明

style 参数可以取两类值，如果从第一类取值，则返回日期的年份为 2 位；如果从第二类取值，则返回日期的年份为 4 位。

当把一个日期转换为字符串时，CONVERT()函数默认的输出格式是"mon dd yy hh:mi AM(或 PM)"，即省略 style 参数。从表 8.2 中可见，CONVERT()函数将日期转换为字符串时提供了大量的日期时间显示格式，这给用户提供了很大的方便。

表 8.3 列出了几个使用 CONVERT()函数转换数据类型的例子，供读者参考。

表 8.3 CONVERT()函数的例子

功　　能	函 数 实 现
字符到数字	CONVERT(numeric,'15')
数字到字符	CONVERT(char,12)
字符到日期	CONVERT(datetime,'15-09-1977')，CONVERT(datetime,'SEP 15,1977')
日期到字符	CONVERT(char,GETDATE())，CONVERT(char,GETDATE(),102)
十六进制到二进制	CONVERT(binary,'3C'))
二进制到十六进制	CONVERT(char,二进制字段)
获取当前系统时间	CONVERT(char,GETDATE(),8)

下面来看一个使用 CONVERT() 函数转换并格式化日期的具体实例。

【例 8.1】从 student 表中查询所有学生的姓名、出生日期，并将日期转换为德国标准日期格式的字符串显示，其中返回日期的年份为 4 位。要求查询结果按出生日期升序排序。

分析：将出生日期转换为字符串，应当使用 CONVERT() 函数；因为需要按照德国日期格式显示，所以从表 8.2 中查找设置德国标准的 style 值；又因为年份要求是 4 位，所以选择 style 参数的值为 104。下面是具体的 SELECT 语句。

```
SELECT      name AS 姓名,CONVERT(CHAR,birthday,104) AS 生日
FROM        student
ORDER BY birthday
```

运行结果如图 8.1 所示。

提示
如果 SQL 运行环境为 Oracle，则设置别名时不能使用 AS 关键字。将 SELECT 中的 AS 去掉即可。

2. CAST() 函数

CAST() 函数是 SQL92 标准函数。使用 CAST() 函数也可以转换数据类型，但是在格式化日期时间数据方面不如 CONVERT() 函数方便。CAST() 函数的语法格式如下。

```
CAST (expression AS datatype[(length)])
```

其中，expression 为表达式；datatype 为数据类型，如果是 CHAR、VARCHAR、BINARY 或 VARBINARY 数据类型，则可以选择 length 参数设置长度。

【例 8.2】从 student 表中查询所有学生的姓名、出生日期，并将日期转换为字符串显示。要求查询结果按出生日期升序排序。

```
SELECT      name AS 姓名,CAST(birthday as char) AS 生日
FROM        student
ORDER BY  birthday
```

运行结果如图 8.2（a）所示。

可以看出，出生日期已经被转换为字符串，但是日期后面的时间会让人很不舒服。如果只想要日期部分，而不想要时间，则可以在类型后设置长度。上面的 SELECT 语句可以写为如下形式。

```
SELECT      name AS 姓名,CAST(birthday as char(11)) AS 生日
FROM        student
ORDER BY  birthday
```

运行结果如图 8.2（b）所示。

本例中，因为只给"出生日期"分配了 11 个字节的长度，所以只把前面的日期部分留下，后面的时间部分就被自动截掉了。

注意
CAST() 函数不能改变原表字段的数据类型。

	姓名	生日
1	吴刚	11.09.1996
2	张三	29.05.1997
3	周七	21.09.1997
4	吴学霞	12.02.1998
5	杨九	17.02.1998
6	三宝	15.05.1998
7	马六	12.07.1998
8	王丽	01.09.1998
9	李燕	18.01.1999
10	刘八	21.08.1999
11	周三丰	20.12.1999
12	徐学	08.01.2000

图 8.1　例 8.1 运行结果

	姓名	生日
1	吴刚	Sep 11 1996 12:00AM
2	张三	May 29 1997 12:00AM
3	周七	Sep 21 1997 12:00AM
4	吴学霞	Feb 12 1998 12:00AM
5	杨九	Feb 17 1998 12:00AM
6	三宝	May 15 1998 12:00AM
7	马六	Jul 12 1998 12:00AM
8	王丽	Sep 1 1998 12:00AM
9	李燕	Jan 18 1999 12:00AM
10	刘八	Aug 21 1999 12:00AM
11	周三丰	Dec 20 1999 12:00AM
12	徐学	Jan 8 2000 12:00AM

（a）

	姓名	生日
1	吴刚	Sep 11 1996
2	张三	May 29 1997
3	周七	Sep 21 1997
4	吴学霞	Feb 12 1998
5	杨九	Feb 17 1998
6	三宝	May 15 1998
7	马六	Jul 12 1998
8	王丽	Sep 1 1998
9	李燕	Jan 18 1999
10	刘八	Aug 21 1999
11	周三丰	Dec 20 1999
12	徐学	Jan 8 2000

（b）

图 8.2　例 8.2 运行结果

8.2.2　日期函数

日期函数允许操作日期时间值。SQL Server 支持的日期函数有 GETDATE()函数、DATEADD()函数、DATEDIFF()函数、DATENAME()函数和 DATEPART()函数等。

1．GETDATE()函数

GETDATE()函数用于获取当前系统时间。其语法格式如下。

GETDATE ()

例如，在查询分析器中输入如下 SELECT 语句，运行后即可获得当前系统时间。

SELECT GETDATE()

运行结果如图 8.3 所示。

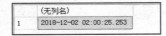

图 8.3　使用 GETDATE()函数获取当前时间

2．DATEADD()函数

DATEADD()函数用于在指定日期上增加年、月、日或者时间等，其返回值为日期型数据。其语法格式如下。

DATEADD(datepart,number,date)

其中，datepart 参数规定在日期的哪个部分（如年份、月份等）增加（减小）数值。表 8.4 列出了 datepart 参数的可用值。

表 8.4　datepart 参数的可用值

datepart 参数值	参数值可用缩写	参数值范围
year	yy, yyyy	1753～9999
quarter	qq, q	1～4
month	mm, m	1～12

续表

datepart 参数值	参数值可用缩写	参数值范围
day of year	dy, y	1～366
day	dd, d	1～31
week	wk, ww	0～51
weekday	dw	1～7（1 为星期日）
hour	hh	0～23
minute	mi, n	0～59
second	ss, s	0～59
millisecond	ms	0～999

了解了 datepart 参数的可用值后，就可以控制在日期的哪个部分上增加值。例如：

```
DATEADD(year,10,GETDATE())
```

是在当前时间的"年"上增加了 10 年，并返回 10 年后的日期。而

```
DATEADD(month,10,GETDATE())
```

是在当前时间的"月"上增加了 10 个月，并返回 10 个月后的日期。

 说明

datepart 参数值也可以使用缩写。例如，DATEADD(mm,10,GETDATE())也是在当前时间上增加 10 个月。

下面看一个在查询语句中使用 DATEADD()函数的具体实例。

【例 8.3】从 student 表中查询所有学生的姓名、出生日期、出生后的第 10000 天和出生后的第 800 个月。要求查询结果按出生日期升序排序。

```
SELECT    name AS 姓名,
          birthday AS 出生日期,
          DATEADD(DAY,10000,birthday) AS 出生后第 10000 天,
          DATEADD(MONTH,800,birthday) AS 出生后第 800 月
FROM      student
ORDER BY birthday
```

运行结果如图 8.4 所示。

	姓名	出生日期	出生后第10000天	出生后第800月
1	吴刚	1996-09-11 00:00:00.000	2024-01-28 00:00:00.000	2063-05-11 00:00:00.000
2	张三	1997-05-29 00:00:00.000	2024-10-14 00:00:00.000	2064-01-29 00:00:00.000
3	周七	1997-09-21 00:00:00.000	2025-02-06 00:00:00.000	2064-05-21 00:00:00.000
4	吴学霞	1998-02-12 00:00:00.000	2025-06-30 00:00:00.000	2064-10-12 00:00:00.000
5	杨九	1998-02-17 00:00:00.000	2025-07-05 00:00:00.000	2064-10-17 00:00:00.000
6	三宝	1998-05-15 00:00:00.000	2025-09-30 00:00:00.000	2065-01-15 00:00:00.000
7	马六	1998-07-12 00:00:00.000	2025-11-27 00:00:00.000	2065-03-12 00:00:00.000
8	王丽	1998-09-01 00:00:00.000	2026-01-17 00:00:00.000	2065-05-01 00:00:00.000
9	李燕	1999-01-18 00:00:00.000	2026-06-05 00:00:00.000	2065-09-18 00:00:00.000
10	刘八	1999-08-21 00:00:00.000	2027-01-06 00:00:00.000	2066-04-21 00:00:00.000
11	周三丰	1999-12-20 00:00:00.000	2027-05-07 00:00:00.000	2066-08-20 00:00:00.000
12	徐学	2000-01-08 00:00:00.000	2027-05-26 00:00:00.000	2066-09-08 00:00:00.000

图 8.4　例 8.3 运行结果

3．DATEDIFF()函数

DATEDIFF()函数用于获取两个日期间的差，并返回数值数据。其语法格式如下。

> DATEDIFF(datepart,date1,date2)

其中，datepart 参数的说明同上；date1 和 date2 是日期或者日期格式的字符串。下面通过一个实例介绍 DATEDIFF()函数的用法。

【例 8.4】从 student 表中查询所有学生的姓名、出生日期和年龄。要求查询结果按出生日期降序排序。

```
SELECT   name AS 姓名,
         birthday AS 出生日期,
         DATEDIFF(year,birthday,GETDATE()) AS 年龄
FROM     student
ORDER BY birthday DESC
```

运行结果如图 8.5 所示。

	姓名	出生日期	年龄
1	徐学	2000-01-08 00:00:00.000	18
2	周三丰	1999-12-20 00:00:00.000	19
3	刘八	1999-08-21 00:00:00.000	19
4	李燕	1999-01-18 00:00:00.000	19
5	王丽	1998-09-01 00:00:00.000	20
6	马六	1998-07-12 00:00:00.000	20
7	三宝	1998-05-15 00:00:00.000	20
8	杨九	1998-02-17 00:00:00.000	20
9	吴学霞	1998-02-12 00:00:00.000	20
10	周七	1997-09-21 00:00:00.000	21
11	张三	1997-05-29 00:00:00.000	21
12	吴刚	1996-09-11 00:00:00.000	22

图 8.5　例 8.4 运行结果

查询语句中的 DATEDIFF()函数写成如下形式：

> DATEDIFF(year, birthday, GETDATE())

返回的是当前时间和出生日期之间的年份差，即年龄。如果写成如下形式：

> DATEDIFF(month, birthday, GETDATE())

则返回的是当前时间和出生日期之间的月份差，即返回相差多少个月。

4．DATENAME()函数

DATENAME()函数用于获取日期的一部分，并以字符串形式返回。其语法格式如下。

> DATENAME (datepart,date)

其中，datepart 参数的说明同上；date 是日期或者日期格式的字符串。例如，假设当前日期为 2008 年 3 月 25 日，则 DATENAME (month,GETDATE())的结果为字符串'03'，DATENAME (dd,GETDATE()) 的结果为字符串'25'。

注意

假设当前日期为 2018 年 12 月 5 日，则 DATENAME (dd,GETDATE())返回的结果为字符串'5'，而并非是'05'。

【例 8.5】从 student 表中查询每个月 1 号出生的所有学生。要求查询结果按出生日期降序排序。

```
SELECT      *
FROM        student
WHERE       DATENAME(day, birthday)='1'
ORDER BY birthday DESC
```

 注意

DATENAME()函数返回的是字符串，因此必须与字符串'1'进行比较。

运行结果如图 8.6 所示。

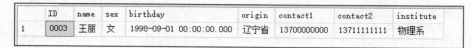

	ID	name	sex	birthday	origin	contact1	contact2	institute
1	0003	王丽	女	1998-09-01 00:00:00.000	辽宁省	13700000000	13711111111	物理系

图 8.6　例 8.5 运行结果

5．DATEPART()函数

DATEPART()函数用于获取日期的一部分，并以整数值返回。其语法格式如下。

```
DATEPART (datepart,date)
```

其中，datepart 参数的说明同上；date 是日期或者日期格式的字符串。例如，假设当前日期为 2008 年 3 月 25 日，则 DATEPART (month,GETDATE())的结果为数值 3，DATEPART (dd,GETDATE())的结果为数值 25。

【例 8.6】从 student 表中查询每个月 1 号出生的所有学生。要求查询结果按出生日期降序排序。

```
SELECT      *
FROM        student
WHERE       DATEPART (day, birthday)=1
ORDER BY birthday DESC
```

 注意

DATEPART()函数返回的是数值，因此必须与数值 1 进行比较。

运行结果如图 8.7 所示。

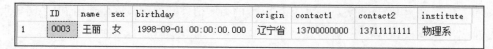

	ID	name	sex	birthday	origin	contact1	contact2	institute
1	0003	王丽	女	1998-09-01 00:00:00.000	辽宁省	13700000000	13711111111	物理系

图 8.7　例 8.6 运行结果

在 SQL Server 中，除上述日期时间函数以外，还有 YEAR()、MONTH()、DAY() 3 个函数，分别用于获取日期数据的年份、月份和日期部分，这 3 个函数的返回值都是数值型。

8.2.3　数学函数

数学函数允许操作数值数据。表 8.5 中列出了一些常用的 SQL Server 数学函数及其说明，供读者参考。

表 8.5　数学函数及其说明

函　数	参　数	说　明
ABS	(numeric_表达式)	绝对值
ACOS	(float_表达式)	返回以弧度表示的角度值，该角度值的余弦为给定的 float 表达式。该函数亦称反余弦函数
ASIN	(float_表达式)	返回以弧度表示的角度值，该角度值的正弦为给定的 float 表达式该函数亦称反正弦函数
ATAN	(float_表达式)	返回以弧度表示的角度值，该角度值的正切为给定的 float 表达式该函数亦称反正切函数
ATN2	(float_表达式，float_表达式)	返回以弧度表示的角度值，该角度值的正切介于两个给定的 float 表达式之间该函数亦称反正切函数
COS	(float_表达式)	返回给定 float 表达式中给定角度（以弧度为单位）的三角余弦值
SIN	(float_表达式)	返回给定 float 表达式的给定角度（以弧度为单位）的三角正弦值（近似值）
COT	(float_表达式)	返回给定 float 表达式中给定角度（以弧度为单位）的三角余切值
TAN	(float_表达式)	返回给定 float 表达式中给定角度（以弧度为单位）的三角正切值
CEILING	(numeric_表达式)	返回大于或等于给定数字表达式的最小整数
DEGREES	(numeric_表达式)	当给出以弧度为单位的角度时，返回相应的以度数为单位的角度
EXP	(float_表达式)	返回给定 float 表达式的指数值
FLOOR	(numeric_表达式)	返回小于或等于给定数字表达式的最大整数
LOG	(float_表达式)	返回给定 float 表达式的自然对数
LOG10	(float_表达式)	返回给定 float 表达式的以 10 为底的对数
PI	()	返回 PI 的常量值
POWER	(numeric_表达式，y)	返回给定数字表达式的 y 次方
RADIANS	(numeric_表达式)	对于在数字表达式中输入的度数值返回弧度值
RAND	([seed])	返回 0~1 之间的随机 float 值
ROUND	(numeric_表达式，length)	返回数字表达式并四舍五入为指定的长度或精度
SIGN	(numeric_表达式)	返回给定表达式的正（+1）、零（0）或负（-1）号
SQRT	(float_表达式)	返回给定表达式的平方根

下面给出一些使用数学函数的简单实例。

【例 8.7】使用数学函数计算 30 度角的正弦值。

分析：首先应当使用 RADIANS()函数计算 30 度的弧度值，其次对弧度值使用 SIN()函数求正弦值，最后应当对结果进行四舍五入的计算。在查询分析器中输入如下 SELECT 语句并运行。

```
SELECT   ROUND(SIN(RADIANS(30.0)),1) AS "30 度的正弦值"
```

 说明

将 AS 后的别名（30 度的正弦值）放入双引号中的原因是别名中有数字。

运行结果如图 8.8 所示。

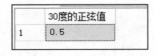

图 8.8　例 8.7 运行结果

8.2.4 字符函数

字符函数允许操作字符数据。表 8.6 中列出了一些常用的 SQL Server 字符函数及其说明，供读者参考。

表 8.6 字符函数及其说明

函　数	参　数	说　明
ASCII	(char_表达式)	返回字符表达式结果最左边字符的 ASCII 码
CHAR	(integer_表达式)	返回 ASCII 码为指定整数的字符
CHARINDEX	(char_表达式 1, char_表达式 2[, start])	返回字符表达式 1 在字符表达式 2 中的起始位置。start 参数指定从字符表达式 2 的哪个位置开始向后寻找
DIFFERENCE	(char_表达式, char_表达式)	比较两个字符串的相似性，返回 0～4 的值，值为 4 时是最好的匹配
LEFT	(char_表达式, integer_表达式)	返回字符串左面指定个数的字符
LOWER	(char_表达式)	将字符串表达式中的所有大写字母全部转换成小写字母
LTRIM	(char_表达式)	删除字符串左边所有的空格
REPLICATE	(char_表达式, integer_表达式)	以指定的次数重复字符表达式
REVERSE	(char_表达式)	返回字符表达式的逆序
RIGHT	(char_表达式, integer_表达式)	返回字符串右面指定个数的字符
RTRIM	(char_表达式)	删除字符串右边所有的空格
SOUNDEX	(char_表达式)	返回由 4 个字符组成的代码（SOUNDEX）以评估两个字符串的相似性
SPACE	(integer_表达式)	返回一个由重复空格组成的字符串。空格数等于<integer_表达式>。若整数表达式为负数，则返回一个空字符串
STR	(float_expression [, length [, decimal]])	由数字转换来的字符数据。length 是总长度，包括小数点、符号、数字或空格，默认值为 10。decimal 是小数点右边的位数
STUFF	(char_表达式, start, length, char_表达式)	删除指定长度的字符并在指定的起始点插入另一组字符
SUBSTRING	(表达式, start, length)	返回表达式中从 start 位置开始的 length 长度的子串，该子串可能是字符串，也可能是二进制字符串
UPPER	(char_表达式)	将字符表达式中的所有小写字母全部转换成大写字母

为了让读者感受使用字符函数查询数据的方便性，下面以一个 foreign_teacher 表（外籍教师表）为例进行说明。foreign_teacher 表的内容如表 8.7 所示。

表 8.7 foreign_teacher 表

tid	tname	sex	country	birth	hiredate	tel	email
0001	Tom Green	m	USA	1967-1-21	2003-8-15	13722112908	tomcat@yahoo.com.cn
0002	Jack White	m	UK	1972-5-1	2006-3-10	13722112903	jack111@sina.com
0003	Marry Yang	f	Canada	1977-12-30	2006-3-10	13722112905	marry_771230@yahoo.com.cn
0004	Siqinbater	m	Mongolia	1981-9-14	2008-2-20	13722112906	brjdsiqin@yahoo.com.cn
0005	Napoleon	m	France	1961-10-12	2005-6-30	13722111840	NULL
0006	Gadameren	m	Germany	1968-4-6	2001-2-10	13722115566	NULL
0007	Wulanqiqige	f	USA	1979-9-30	2007-12-1	13722119999	wulan@163.com

创建 foreign_teacher 表结构的 SQL 语句和插入记录的 SQL 语句如下。

```
CREATE TABLE foreign_teacher
(
    tid            char(6)              NOT NULL,
    tname          char(20)             NOT NULL,
    sex            char(1)              NOT NULL,
    country        varchar(30)          NOT NULL,
    birth          smalldatetime,
    hiredate       smalldatetime,
    tel            char(15),
    email          varchar(80)
)
INSERT INTO    foreign_teacher (tid,
                                tname,
                                sex,
                                country,
                                birth   ,
                                hiredate,
                                tel,
                                email)
VALUES ('0001',
        ' Tom Green ',
        'm',
        'USA',
        '1967-1-21',
        '2003-8-15',
        '13722112908',
        ' tomcat@yahoo.com.cn ')
...
```

下面看一些使用字符函数查询数据的实例。

【例 8.8】从 foreign_teacher 表中查询 "Tom Green" 老师的联系电话（tel）和电子邮件（email）。

分析：有时人们经常会忽视英文字母的大小写，如将 "Tom Green" 写为 "tom green"。此时，如果数据库管理系统没有自动转换匹配的功能，则会将这两个字符串看作是不同人的姓名，从而导致查询出错。为了解决这类问题，应当将数据库中的字符串的所有字母转换为大写（或小写）字母，然后与大写（或小写）字母的字符串进行比较。例如，下面的 SELECT 语句。

```
SELECT    tname,tel,email
FROM      foreign_teacher
WHERE     UPPER(tname)='TOM GREEN'
```

说明

SQL Server2000 可以自动转换大小写字母进行匹配，但是为了保险起见，查询英文字符串时，建议使用上述方法进行查询。

运行结果如图 8.9 所示。

	tname	tel	email
1	Tom Green	13722112908	tomcat@yahoo.com.cn

图 8.9 例 8.8 运行结果

【例 8.9】从 foreign_teacher 表中查询所有教师的姓名（tname）、国家（country）、雇用日期（hiredate）和联系电话（tel），并将姓名和国家合并为一列显示。

```
SELECT    tname+'('+country+')' AS "姓名（国家）",
          hiredate    AS   雇用日期,
          tel         AS   联系电话
FROM      foreign_teacher
```

 说明

将 AS 后的别名（姓名（国家））放入双引号中的原因是别名中含有圆括号。

运行结果如图 8.10 所示。

	姓名（国家）		雇用日期	联系电话
1	Tom Green	(USA)	2003-08-15 00:00:00	13722112908
2	Jack White	(UK)	2006-03-10 00:00:00	13722112903
3	Marry Yang	(Canada)	2006-03-10 00:00:00	13722112905
4	Siqinbater	(Mongolia)	2008-02-20 00:00:00	13722112906
5	Napoleon	(France)	2005-06-30 00:00:00	13722111840
6	Gadameren	(Germany)	2001-02-10 00:00:00	13722115566
7	Wulanqiqige	(USA)	2007-12-01 00:00:00	13722119999

图 8.10 例 8.9 运行结果 1

从图 8.10 中可以看到姓名和国家之间的距离较大。该问题是由姓名（tname）字段后的尾随空格引起的，处理的方法是使用 RTRIM()函数将姓名的尾随空格去掉，然后再拼接，如下面的 SELECT 语句所示。

```
SELECT    RTRIM(tname)+'('+country+')' AS "姓名（国家）",
hiredate      AS 雇用日期,
          tel       AS   联系电话
FROM      foreign_teacher
```

运行结果如图 8.11 所示。

	姓名（国家）	雇用日期	联系电话
1	Tom Green(USA)	2003-08-15 00:00:00	13722112908
2	Jack White(UK)	2006-03-10 00:00:00	13722112903
3	Marry Yang(Canada)	2006-03-10 00:00:00	13722112905
4	Siqinbater(Mongolia)	2008-02-20 00:00:00	13722112906
5	Napoleon(France)	2005-06-30 00:00:00	13722111840
6	Gadameren(Germany)	2001-02-10 00:00:00	13722115566
7	Wulanqiqige(USA)	2007-12-01 00:00:00	13722119999

图 8.11 例 8.9 运行结果 2

在查询数据时，有时会遇到这样的问题——例如，要查询所有德国籍教师时，记错了德国的英文名称，将"Germany"错记为"Germeny"，从而查询出错。如果想要处理这类问题，就要用到 SOUNDEX()

函数，因为该函数能对字符串进行发音比较而不是字母比较，如下面的例题所示。

【例 8.10】从 foreign_teacher 表中查询所有德国籍教师的姓名（tname）、出生日期（birth）和电子邮件（email）。

```
SELECT    tname,birth,email
FROM      foreign_teacher
WHERE     SOUNDEX(country)=SOUNDEX('Germeny')
```

运行结果如图 8.12 所示。

	tname	birth	email
1	Gadameren	1968-04-06 00:00:00	NULL

图 8.12　例 8.10 运行结果

可见，即使拼错了德国的英文名称，使用 SOUNDEX()函数还是能够查到正确的结果。但是，使用 SOUNDEX()函数查找汉字就不太见效了，如下面的例题所示。

【例 8.11】从 student 表中查询名叫"张三"的学生的所有信息。在此将"张三"故意写错为读音相似的"张叁"，以便测试 SOUNDEX()函数对汉字的支持。

```
SELECT    *
FROM      student
WHERE     SOUNDEX(name)= SOUNDEX('张叁')
```

运行结果如图 8.13 所示。

	ID	name	sex	birthday	origin	contact1	contact2	institute
1	0001	张三	男	1997-05-29 00:00:00.000	广东省	1381234567	1381234568	中文系
2	0002	李燕	女	1999-01-18 00:00:00.000	浙江省	13744444444	13755555555	外语系
3	0003	王丽	女	1998-09-01 00:00:00.000	辽宁省	13700000000	13711111111	物理系
4	0004	周七	女	1997-09-21 00:00:00.000	北京市	13877777777	13877777777	计科系
5	0005	刘八	女	1999-08-21 00:00:00.000	海南省	15388888888	NULL	中文系
6	0006	吴学霞	女	1998-02-12 00:00:00.000	江苏省	13822222222	13822222222	中文系
7	0007	马六	男	1998-07-12 00:00:00.000	浙江省	13766666666	13788888888	外语系
8	0008	杨九	男	1998-02-17 00:00:00.000	重庆市	13799999999	137999999999	计科系
9	0009	吴刚	男	1996-09-11 00:00:00.000	内蒙古自治区	13811111111	13811111111	外语系
10	0010	徐学	女	2000-01-08 00:00:00.000	内蒙古自治区	13800000000	NULL	计科系
11	0011	周三丰	男	1999-12-20 00:00:00.000	NULL	NULL	NULL	NULL
12	0012	三宝	男	1998-05-15 00:00:00.000	NULL	NULL	NULL	NULL

图 8.13　例 8.11 运行结果

从运行结果可以看出 SOUNDEX()函数并不支持汉字的读音比较。

8.3　Oracle 的函数

本节将介绍 Oracle 中的类型转换函数、日期函数、数值函数和字符函数，并对常用的函数举例说明。

8.3.1　类型转换函数

Oracle 中的类型转换函数要比 SQL Server 的多一些。表 8.8 列出了 Oracle 的类型转换函数及其简单说明，供读者参考。

表 8.8 Oracle 的类型转换函数

函　数	参　数	说　明
CHARTOROWID	(string)	将一个 AAAAAAAA.BBBB.CCCC 格式的字符串转换为 ROWID 类型
CONVERT	(string, 目标字符集, 源字符集)	将源字符集的字符串转换为目标字符集的字符串
HEXTORAW	(string)	将一个用字符串表示的十六进制数转换成其字节值
RAWTOHEXT	(raw_value)	将一个原始列值转换成十六进制字符串
ROWIDTOCHAR	(rowid)	将 ROWID 伪列的值转换为可显示字符串
TO_CHAR	(number[, format])	将一个数值转换成字符串
TO_CHAR	(date, format)	按照 format 格式，将一个日期转换为字符串
TO_DATE	(string, format)	按照 format 格式，将一个字符串转换为日期
TO_LABEL	(string, format)	将字符串转换成 MLSLABEL 数据类型
TO_MULTI_BYTE	(string)	将一个单字节字符串转换成支持多字节字符集语言中的多字节字符串
TO_NUMBER	(string[, format])	将一个数字字符串转换为相应数值
TO_SINGLE_BYTE	(string)	将多字节字符转换成相应的单字节字符

下面详细介绍常用的 TO_CHAR()和 TO_DATE()函数。

1．TO_CHAR()函数

TO_CHAR()函数可以将一个数值或者日期转换为指定格式的字符串。

（1）将数值转换为字符串

使用 TO_CHAR()函数将数值转换为字符串的语法格式如下。

```
TO_CHAR(number[,format])
```

如果不指定格式（format），Oracle 将会把 number 转换成最简单的字符串形式；如果是负数，则会在前面加一个减号（−）。在多数情况下，用户还是想以特定的格式显示 number，因此需要设置 format 参数。表 8.9 列出了绝大多数 Oracle 可用的数值格式，并举例说明一个给定数字的结果字符串形式。

表 8.9 Oracle 的数值格式模型

元　素	说　明	示　例	值	结　果
9	返回指定位数的数值，前导 0 显示为空格	9999	128 −256 1234567 456.655	'128' '−256' '####' '457'
9	插入小数点	9999.99	128 −256 1234567 456.655	'128.00' '−256.00' '#######' '456.66'
9	在结果字符串的指定位置插入逗号	9,999,999	128 1234567 '0.68'	'　　　128' '1,234,567' '　　　1'
$	返回值前面加一个美元符号	$99,999	128	'$128'
B	结果的整数部分，如果是 0 就显示成空格	B9999.9	128 −256 0.44	'128.0' '−256.0' .4

续表

元　素	说　　明	示　例	值	结　果
MI	返回末尾带减号的负数	9999MI	128 −256	'128' '256−'
S	返回带有正负号的数值	S9999	128 −256	'+128' '−256'
		9999S	128 −256	'128+' '256−'
PR	用尖扩号包围负数	9999PR	128 −256	'128' '<256>'
D	在指定位置插入小数点	9999D99	128 −256 76.238	'128.00' '−256.00' '76.24'
G	在当前位置插入分组符号	9G999	128 −256 −1234	'128' '−256' '−1,234'
C	在指定位置返回 ISO 货币符号	C999	128	USD128
L	在指定位置返回国家货币符号	L9,999	1234	$1,234
EEEE	以科学记数法表示数值	9.9EEEE	27 128 0.078	2.7E+01 1.3E+02 7.8E-02

（2）将日期转换为字符串

使用 TO_CHAR()函数将日期转换为字符串的语法格式如下。

```
TO_CHAR(date,format)
```

TO_CHAR()函数按 format 参数指定的格式将日期转换成相应的字符串形式。表 8.10 列出了 Oracle 的日期格式化元素。

表 8.10　Oracle 的日期格式化元素

元　素	说　　明
AD（或 A.D.）	AD（或 A.D.）指示符
AM（或 A.M.）	AM（或 A.M.）指示符
BC（或 B.C.）	BC（或 B.C.）指示符
CC	日期的世纪部分
D	星期几（1~7）
DAY	星期中每一天的名称
DD	月中的天数（1~31）
DDD	年中的天数（1~365）
DY	星期几的缩写（SUN~SAT）
IW	ISO 标准的年中的星期
IYY,IY I	ISO 年的最后 3、2、1 位
IYYY	ISO 年
HH（或 HH12）	小时（1~12）
HH24	小时（0~23）

续表

元　　素	说　　明
MI	分钟（0～59）
MM	月份（1～12）
MONTH	月份名
MON	月份名的缩写
RM	月份的罗马数字表示（I～XII）
RR	年的最后两位
Q	年的季度
SS	秒（0～59）
SSSSS	从午夜计算的秒数（0～86399）
W	月中的星期数（1～5）
WW	年中的星期数（1～53）
Y	年份的最后 1 位
YY	年份的最后 2 位
YYY	年份的最后 3 位
YYYY	年份的最后 4 位

【例 8.12】从 foreign_teacher 表中查询所有 2007 年以前雇用的外籍教师的编号（tid）、姓名（tname）和国籍（country）。

```
SELECT    tid 教师编号,
          tname    姓名,
          country   国籍
FROM      foreign_teacher
WHERE     TO_NUMBER(TO_CHAR(hiredate,'YYYY'))<2007
```

注意

在 Oracle 中，给字段取别名时，不能使用 AS 关键字，直接用空格隔开即可。

运行结果如下。

```
教师编号        姓名            国籍
-----------------------------------------------
0001          Tom Green       USA
0002          Jack White      UK
0003          Marry Yang      Canada
0005          Napoleon        France
0006          Gadameren       Germany
```

在本例中，首先使用 TO_CHAR()函数提取了 hiredate 的年份并转换为字符串，然后使用 TO_NUMBER()函数将得到的字符串转换为数值与 2007 进行比较。

2．TO_DATE()函数

TO_DATE()函数根据给定的格式将一个字符串转换成日期值，其语法格式如下。

```
TO_DATE(string,format)
```

表 8.10 中的掩码元素同样适合 format 参数。

【例 8.13】从 foreign_teacher 表中查询所有 60 年代出生的教师姓名、出生日期和国籍，并按出生日期升序排序。

```
SELECT    tname      姓名,
          birth      生日,
          country    国籍
FROM      foreign_teacher
WHERE     birth BETWEEN   TO_DATE('1960-1-1', 'yyyy-mm-dd')   AND   TO_DATE('1969-12-31', 'yyyy-mm-dd')
ORDER BY birth
```

运行结果如下。

```
姓名               生日                      国籍
----------------  ----------------------  ----------------
Napoleon          12-10 月-61              France
Tom Green         21-1 月-67               USA
Gadameren         06-4 月-68 00:00:00      Germany
```

本例中使用 TO_DATE()函数将日期格式的字符串转换成日期型数值，并与 birth 进行了比较。

8.3.2 日期函数

Oracle 中有 ADD_MONTHS()、LAST_DAY()、MONTHS_BETWEEN()、NEW_TIME()、NEXT_DAY()、ROUND()、TRUNC()等日期函数，下面详细介绍这些函数的内容。

1. ADD_MONTHS()函数

ADD_MONTHS()函数的语法格式如下。

```
ADD_MONTHS (date,number)
```

该函数用于在参数 date 上加上 number 个月，返回一个新月值。如果 number 为负数，则返回值为 date 之前几个月的日期。下面的例子返回 2008 年 3 月 27 日 6 个月以后的日期。

```
SELECT   ADD_MONTHS (TO_DATE('2008-3-27', 'yyyy-mm-dd '),6)
FROM      dual
```

又如，下面的例子返回 2008 年 3 月 27 日 3 个月以前的日期。

```
SELECT   ADD_MONTHS (TO_DATE('2008-3-27', 'yyyy-mm-dd '),-3)
FROM      dual
```

2. LAST_DAY()函数

LAST_DAY()函数的语法格式如下。

```
LAST_DAY (date)
```

该函数用于获取 date 所在月份最后一天的日期。下面的例子返回 2015 年 2 月最后一天的日期。

```
SELECT   LAST_DAY (TO_DATE('2015-02-01', 'yyyy-mm-dd '))
FROM      dual
```

3. MONTHS_BETWEEN()函数

MONTHS_BETWEEN()函数的语法格式如下。

```
MONTHS_BETWEEN (date1, date2)
```

该函数用于获取两个日期 date1 和 date2 之间的月份数。如果两个日期在月份内的天数相同，如两个都是某月的 20 日，则该函数会返回一个整数；否则返回一个带有小数的数值，就是以每天 1/31 月来计算月中剩余的天数。如果 date2 比 date1 早（date1>date2），则返回负数。

【例 8.14】 从 foreign_teacher 表中查询所有至少工作 3 年的教师姓名、雇用日期和国籍，并按雇用日期升序排序。

```
SELECT   tname      姓名,
         hiredate   雇用日期,
         country    国籍
FROM     foreign_teacher
WHERE    MONTHS_BETWEEN (hiredate,SYSDATE)>=12*3
ORDER BY hiredate
```

说明

Oracle 中使用 SYSDATE()函数获取当前系统时间。

运行结果如下。

```
姓名                   雇用日期               国籍
-------------------- -------------------- ------------
Gadameren            10-2 月-01            Germany
Tom Green            15-8 月-03            USA
```

如果 SQL 运行环境为 SQL Server，则将上面 SELECT 语句的条件表达式：

```
MONTHS_BETWEEN (hiredate,SYSDATE)>=12*3
```

替换为

```
DATEDIFF(month,hiredate,GETDATE())>=12*3
```

即可。

4. NEW_TIME()函数

NEW_TIME()函数的语法格式如下。

```
NEW_TIME (date,zone1,zone2)
```

该函数用于将 zone1 时区的日期时间 date 转换成 zone2 时区的日期时间。表 8.11 列出了 Oracle 所有有效的时区，供读者参考。

表 8.11　Oracle 有效时区

代　码	描　述
ADT	大西洋夏时制时间
AST	大西洋标准时间
BDT	白令海夏时制时间

续表

代　码	描　述
BST	白令海标准时间
CDT	中部夏时制时间
CST	中部标准时间
EDT	东部夏时制时间
EST	东部标准时间
GMT	格林威治标准时间
HDT	阿拉斯加/夏威夷夏时制时间
HST	阿拉斯加/夏威夷标准时间
MDT	山区夏时制时间
MST	山区标准时间
NST	纽芬兰标准时间
PDT	太平洋夏时制时间
PST	太平洋标准时间
YDT	育空夏时制时间
YST	育空标准时间

5. NEXT_DAY()函数

NEXT_DAY()函数的语法格式如下。

```
NEXT_DAY(date,day)
```

该函数返回离指定日期（date）最近的星期几（day）的日期。例如，下面的例子返回离 2010 年 5 月 4 日最近的星期一的日期。

```
SELECT   NEXT_DAY (TO_DATE('2010-05-04', 'yyyy-mm-dd '),2)
FROM     dual
```

运行结果如下。

```
NEXT_DAY(TO_DA
----------------------
03-5 月-10
```

说明

Oracle 中，星期日属于每个星期的第一天，所以星期一为 2。

6. ROUND()函数

ROUND()函数的语法格式如下。

```
ROUND (date,format)
```

该函数能够把 date 四舍五入到最接近格式元素指定的形式。例如，如果想把当前时间（2007-3-27 3:22:32）四舍五入到最近的小时，可以用如下查询语句。

```
SELECT   ROUND (SYSDATE,'HH')
FROM     dual
```

运行结果如下。

```
ROUND (SYSDATE,'HH')
--------------------------------
2007-03-27 3:00:00
```

> **说明**
> Oracle 的日期格式默认为 "DD-MON-YY"，如果想改为 "yyyy-mm-dd hh24:mi:ss"，则应当使用如下语句更改会话。
> ALTER SESSION SET NLS_DATE_FORMAT='yyyy-mm-dd hh24:mi:ss';

8.3.3　数值函数

表 8.12 中列出了常用的 Oracle 数值函数及其说明，供读者参考。

表 8.12　常用 Oracle 数值函数及其说明

函　数	参　数	说　明
ABS	(number)	返回绝对值
CEIL	(number)	返回与给定参数相等或比给定参数大的最小整数
COS、SIN、TAN	(number)	返回给定角度（以弧度为单位）的三角余弦值、正弦值和正切值
COSH、SINH、TANH	(number)	返回给定角度的反余弦值、反正弦值和反正切值
EXP	(number)	返回所给值的指数值
FLOOR	(number)	返回与给定参数相等或比给定参数小的最大整数
LN	(number)	返回给定参数的自然对数
LOG	(base, number)	返回给定数值的以 base 为底的对数
MOD	(n, m)	返回 n 除 m 的模
POWER	(x, y)	返回 x 的 y 次方
ROUND	(number, length)	返回 number，并四舍五入为指定的长度或精度
SIGN	(number)	返回给定数值的正（+1）、零（0）或负（-1）号
SQRT	(number)	返回给定数值的平方根
TRUNC	(number, decimal-pluces)	返回值为按 decimal-pluces 截断的给定数值

【例 8.15】使用 POWER() 函数求 9 的 6 次方。

```
SELECT POWER(9,6) FROM dual;
```

运行结果如下。

```
POWER(9,6)
------------------
    531441
```

8.3.4　字符函数

表 8.13 中列出了常用的 Oracle 字符函数及其说明，供读者参考。

表 8.13　常用 Oracle 字符函数及其说明

函　数	参　数	说　明
CHR	(number)	返回与所给数值参数相等的字符
CONCAT	(string1,string2)	返回字符串连接结果
INITCAP	(string)	该函数将参数的第一个字母转换为大写，其他字母则转换成小写
INSTR	(input_string,search_string[,n[,m]])	从输入字符串的第 n 个字符开始查找搜索字符串的第 m 次出现
LENGTH	(string)	返回输入字符串的字符数
LOWER	(string)	将输入字符串全部转换为小写字母
LPAD	(string, n [,pad_chars])	在输入字符串的左边填充上 pad_chars 指定的字符，将其拉伸至 n 个字符长
LTRIM	(string)	从输入字符串中删除所有前导空格，即左边的空格
NLSSORT	(string)	对输入字符串的各个字符进行排序
REPLACE	(string , search_string [,replace_string])	将输入字符串中出现的所有 search_string 都替换为 replace_string；如果不指定 replace_string，则删除全部 search_string
RPAD	(string, n [,pad_chars])	在输入字符串的右边填充上 pad_chars 指定的字符，将其拉伸至 n 个字符长
RTRIM	(string)	从输入字符串中删除右边的所有空格
SOUNDEX	(string)	返回所有在发音上与输入字符串相似的字符串
SUBSTR	(string , start [, length])	返回输入字符串中从第 start 位开始 length 长的一部分
UPPER	(string)	将输入字符串全部转换成大写字母

【例 8.16】使用 SUBSTR()函数截取身份证号码中的生日信息。

```
SELECT SUBSTR ('150102197709142019',7,8) FROM dual;
```

运行结果如下。

```
SUBSTR ('
--------------
19770914
```

8.4　MySQL 的函数

本节将介绍 MySQL 中的类型转换函数、日期函数、数值函数和字符函数，并对常用的函数举例说明。

8.4.1　类型转换函数

与 SQL Server 类似，MySQL 也使用 CONVERT()和 CAST()两个函数转换数据类型，不同的是函数调用方式。下面分别介绍这两个函数的详细内容。

1．CONVERT()函数

CONVERT()函数的语法格式如下。

```
CONVERT(value, type)
```

其中，type 为数据类型，但是要特别注意，可以转换的数据类型是有限制的，可以是以下值中的一个。

➥　二进制：BINARY[(N)]。

- 字符型：CHAR[(N)]。
- 日期：DATE。
- 时间：TIME。
- 日期时间型：DATETIME。
- 浮点数：DECIMAL。
- 整数：SIGNED[INTEGER]。
- 无符号整数：UNSIGNED[INTEGER]。

【例 8.17】使用 CONVERT()函数将字符串转换成整数。

```
SELECT CONVERT('12345',SIGNED);
```

2．CAST()函数

CAST()函数的语法格式如下。

```
CAST(value   AS   type)
```

其中，type 为数据类型。

【例 8.18】使用 CAST()函数将字符串转换成整数。

```
SELECT CAST('12345'   AS   signed)
```

8.4.2 日期函数

在 MySQL 中，针对日期操作的日期函数非常多，下面分别介绍这些函数的用法。

1．获取当前日期、时间的函数

使用 CURDATE()函数、CURTIME()函数可以获取当前日期、当前时间。

【例 8.19】使用时间函数获取系统当前日期和时间。

```
SELECT CURDATE() AS  当前日期, CURTIME() AS   当前时间
```

运行结果如图 8.14 所示。

图 8.14 例 8.19 运行结果

另外，MySQL()还有 CURRENT_DATE()、CURRENT_TIME()、CURRENT_TIMESTAMP()、LOCALTIME()、NOW()、SYSDATE()等函数，可用来返回包含日期和时间的数据。

- CURRENT_DATE()：根据返回值所处上下文是字符串或数字，返回以'YYYY-MM-DD'或 YYYYMMDD 格式表示的当前日期值。
- CURRENT_TIME()：根据返回值所处上下文是字符串或数字，返回以'HH:MM:SS'或 HHMMSS 格式表示的当前时间值。
- NOW()\SYSDATE()\CURRENT_TIMESTAMP()\LOCALTIME()：根据返回值所处上下文是字符串或数字，返回以'YYY-MM-DD HH:MM:SS'或 YYYYMMDDHHMMSS 格式表示的当前日期时间。

2．时间戳函数

❧ UNIX_TIMESTAMP()：返回一个 UNIX 时间戳（从'1970-01-01 00:00:00'GMT 开始的秒数，date 默认值为当前时间）。

❧ FROM_UNIXTIME()：将时间戳转换为以'YYYY-MM-DD HH:MM:SS'或 YYYYMMDDHHMMSS 格式表示的值。

3．取日期中部分值的函数

❧ YEAR(date)：返回 date 的年份（范围为 1000～9999）。

❧ MONTH(date)：返回 date 的月份数。

❧ DAY(date)：返回 date 的天数。

❧ HOUR(date)：返回 date 的小时数（范围是 0～23）。

❧ MINUTE(date)：返回 date 的分钟数（范围是 0～59）。

❧ SECOND(date)：返回 date 的秒数（范围是 0～59）。

❧ TO_DAYS(date)：返回从西元 0 年至 date 的天数（不计算 1582 年以前）。

❧ FROM_DAYS(N)：返回距西元 0 年 N 天的日期值（不计算 1582 年以前）。

❧ DAYOFWEEK(date)：返回 date 是星期几（1=星期天，2=星期一，……，7=星期六）。

❧ WEEKDAY(date)：返回 date 是星期几（0=星期一，1=星期二，……，6=星期天）。

❧ DAYOFMONTH(date)：返回 date 是一月中的第几日（在 1～31 范围内）。

❧ DAYOFYEAR(date)：返回 date 是一年中的第几日（在 1～366 范围内）。

❧ DAYNAME(date)：返回 date 是星期几（按英文名返回）。

❧ MONTHNAME(date)：返回 date 是几月（按英文名返回）。

❧ QUARTER(date)：返回 date 是一年中的第几个季度。

❧ WEEK(date,first)：返回 date 是一年中的第几周（first 的默认值为 0，first 取值 1 表示周一是一周的开始，取值 0 表示从周日开始）。

4．日期运算函数

日期运算函数用于对日期时间进行加减运算，包括以下几个函数。

❧ DATE_ADD(date,INTERVAL expr type)。

❧ DATE_SUB(date,INTERVAL expr type)。

❧ ADDDATE(date,INTERVAL expr type)。

❧ SUBDATE(date,INTERVAL expr type)。

其中 ADDDATE()和 SUBDATE()是 DATE_ADD()和 DATE_SUB()的同义词，也可以用运算符（+）和（-）进行运算。

在上面 4 个函数中，date 是一个 DATETIME 或 DATE 值，expr 是对 date 进行加减运算的一个表达式字符串，type 指明表达式 expr 应该如何被解释。

type 可取以下值。

❧ SECOND：表示按秒运算，expr 为整数值。

❧ MINUTE：表示按分钟运算，expr 为整数值。

❧ HOUR：表示按小时运算，expr 为整数值。

❧ DAY：表示按天运算，expr 为整数值。

- ➥ MONTH：表示按月运算，expr 为整数值。
- ➥ YEAR：表示按年运算，expr 为整数值。
- ➥ MINUTE_SECOND：表示按分钟和秒进行运算，expr 为字符串，如"MINUTES:SECONDS"。
- ➥ HOUR_MINUTE：表示按小时和分钟进行运算，expr 为字符串，如"HOURS:MINUTES"。
- ➥ DAY_HOUR：表示按天和小时进行运算，expr 为字符串，如"DAYS HOURS"。
- ➥ YEAR_MONTH：表示按年和月进行运算，expr 为字符串，如"YEARS-MONTHS"。
- ➥ HOUR_SECOND：表示按小时和分钟进行运算，expr 为字符串，如"HOURS:MINUTES: SECONDS"。
- ➥ DAY_MINUTE：表示按天、小时、分钟进行运算，expr 为字符串，如"DAYS HOURS:MINUTES"。
- ➥ DAY_SECOND：表示按天、小时、分钟、秒进行运算，expr 为字符串，如"DAYS HOURS: MINUTES:SECONDS"。

【例 8.20】使用时间函数计算后天的这个时间再往后推 2 小时的值。

后天（即当前日期增加 2 天）再往后推 2 小时，其运算字符串"2 2"，使用 DAY_HOUR 类型进行运算。因此，SQL 语句如下。

SELECT NOW() AS 当前日期时间值, DATE_ADD(NOW(),INTERVAL "2 2" DAY_HOUR) AS   运算结果

运行结果如图 8.15 所示。

图 8.15　例 8.20 运行结果

在上面 4 个日期运算函数中，expr 中允许用任何标点做分隔符，如果所有 data 都是 DATE 值，结果是一个 DATE 值，否则结果是一个 DATETIME 值。

另外，如果 type 关键词不完整，则 MySQL 从右端取值。例如，DAY_SECOND 因为缺少小时分钟，等于 MINUTE_SECOND。

如果增加 MONTH、YEAR_MONTH 或 YEAR，天数大于结果月份的最大天数，则使用最大天数。

8.4.3　数值函数

表 8.14 中列出了常用的 MySQL 常用数值函数及其说明，供读者参考。

表 8.14　常用 MySQL 数值函数及其说明

函　　数	参　　数	说　　明
ABS	(number)	返回绝对值
CEIL	(number)	返回与给定参数相等或比给定参数大的最小整数
COS、SIN、TAN	(number)	返回给定角度（以弧度为单位）的三角余弦值、正弦值和正切值
ACOS、ASIN、ATAN	(number)	返回给定角度的反余弦值、反正弦值和反正切值
EXP	(number)	返回 e 的 X 乘方后的值（自然对数的底）
FLOOR	(number)	返回不大于 X 的最大整数值
LN	(number)	返回给定参数的自然对数
LOG	(base, number)	返回给定数值以 base 为底的对数
LOG10	(number)	返回 X 的基数为 10 的对数

续表

函　数	参　数	说　明
MOD	(n,m)	返回 n 除 m 的模
PI	()	返回 π（PI）的值。显示的小数位数默认是 7 位，MySQL 内部会使用完全双精度值
POWER	(x, y)	返回 x 的 y 次方
RADIANS	(number)	返回 number 由度转化为弧度的值
RAND	()	返回一个 0~1 之间的随机浮点值
ROUND	(number, length)	返回 number，并四舍五入为指定的长度或精度
SIGN	(number)	返回给定数值的正（+1）、零（0）或负（−1）号
SQRT	(number)	返回给定数值的平方根
TRUNCATE	(number, decimal-pluces)	返回值为按 decimal-pluces 截断的给定数值

8.4.4　字符函数

　　表 8.15 中列出了常用的 MySQL 字符函数及其说明，供读者参考。

表 8.15　常用 MySQL 字符函数及其说明

函　数	参　数	说　明
ASCII	(string)	返回值为字符串 string 中最左字符的数值
BIN	(number)	返回值为 number 的二进制值的字符串表示
CHAR	(number,...)	返回与所给数值参数相等的字符
CONCAT	(string1,string2)	返回字符串连接结果
INSTR	(input_string,search_string[,n[,m]])	从输入字符串的第 n 个字符开始查找搜索字符串的第 m 次出现
LENGTH	(string)	返回输入字符串的字符数
LOWER\LCASE	(string)	将输入字符串全部转换为小写字母
LPAD	(string, n [,pad_chars])	在输入字符串的左边填充上 pad_chars 指定的字符，将其拉伸至 n 个字符长
LTRIM	(string)	从输入字符串中删除所有前导空格，即左边的空格
NLSSORT	(string)	对输入字符串的各个字符进行排序
REPLACE	(string , search_string [,replace_string])	将输入字符串中出现的所有 search_string 都替换为 replace_string；如果不指定 replace_string，则删除全部 search_string
RPAD	(string, n [,pad_chars])	在输入字符串的右边填充上 pad_chars 指定的字符，将其拉伸至 n 个字符长
RTRIM	(string)	从输入字符串中删除右边的所有空格
SUBSTR	(string , start [, length])	返回输入字符串中从第 start 位开始 length 长的一部分
UPPER	(string)	将输入字符串全部转换成大写字母

8.5　将 NULL 更改为其他值的函数

　　数据库操作中，有时需要将表中某字段的 NULL 值全部更改为其他值，这样有利于进行各种运算和统计。对于这种功能,DBMS 给用户提供了相应的函数,只是在不同的 DBMS 中函数的名称和用法稍有不同。

8.5.1 SQL Server 的 ISNULL()函数

SQL Server 中的 ISNULL()函数可以将 NULL 值更改为其他值,其语法格式如下。

```
ISNULL ( check_expression , replacement_value )
```

说明如下。

- ➥ check_expression:将被检查是否为 NULL 值的表达式。check_expression 可以是任何类型的。
- ➥ replacement_value:当 check_expression 为 NULL 值时将返回该表达式。replacement_value 必须与 check_expresssion 具有相同的数据类型。

【例 8.21】试验 SQL Server 中的 ISNULL()函数。假设有一个数据表 testnull,如表 8.16 所示。

表 8.16　testnull 表内容

c1	c2
10	NULL
20	200
NULL	NULL

其创建语句和插入语句分别如下。

```
CREATE TABLE testnull
(
    c1 int,
    c2 int
);

INSERT INTO testnull
VALUES (10,NULL);

INSERT INTO testnull
VALUES (20,200);

INSERT INTO testnull
VALUES (NULL,NULL);
```

下面的语句将 c2 字段的所有 NULL 值显示为 0。

```
SELECT c1, ISNULL(c2,0)
FROM testnull;
```

运行结果如图 8.16 所示。

	c1	(无列名)
1	10	0
2	20	200
3	NULL	0

图 8.16　查询 testnull 表的结果

注意

上面的查询语句并不能将 c2 字段的 NULL 值更改为 0，而只是将 NULL 值显示为 0。

8.5.2 Oracle 的 NVL()函数

Oracle 中对应 SQL Server 的 ISNULL()函数的是 NVL()函数。下面通过一个实例说明其用法。

【例 8.22】试验 Oracle 中的 NVL()函数，将 c2 字段的所有 NULL 值显示为 1000。

```
SELECT c1, nvl(c2,1000)
FROM   testnull;
```

运行结果如下。

```
        c1    NVL(c2,1000)
------------- -------------------
        10          1000
        20           200
                    1000
```

8.5.3 MySQL 的 IFNULL()函数

MySQL 中对应 SQL Server 的 ISNULL()函数的是 IFNULL()函数。下面通过一个实例说明其用法。

【例 8.23】试验 MySQL 中的 IFNULL()函数，将 c2 字段的所有 NULL 值显示为 0。

```
SELECT c1,   IFNULL(c2,0)
FROM   testnull;
```

运行结果如图 8.17 所示。

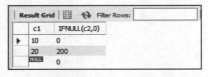

图 8.17　查询 testnull 表的结果

8.6　IF…ELSE 逻辑函数

IF…ELSE 逻辑函数指的是根据判断条件返回不同结果的函数。Oracle 中的 DECODE()函数和 SQL Server 中的 CASE()函数就是这种函数。

8.6.1 DECODE()函数

Oracle 中的 DECODE()函数是一个比较重要的函数，可以使用该函数翻译数据，也可以动态地使查询以一种特殊的方式执行。下面是 DECODE 函数的基本语法格式。

```
DECODE(表达式,值 1,返回值 1,值 2,返回值 2,…,值 n,返回值 n,默认返回值)
```

说明如下。

- ➥ 当"表达式=值 1",则 DECODE()函数的返回值为"返回值 1";而当"表达式=值 2",则 DECODE 函数的返回值为"返回值 2",以此类推。
- ➥ 如果表达式不与任何值相等,则 DECODE()函数的返回值为"默认返回值"。
- ➥ DECODE 函数最明显的用途是将查询到的值翻译成一种更具描述性的值,如下面的实例所示。

【例 8.24】查询 foreign_teacher 表中美国籍外教的姓名和性别,并使用 DECODE()函数将性别(sex)字段的值"m"显示为"男",将"f"显示为"女"。

```
SELECT      tname   外教姓名,
            DECODE(sex , 'm' , '男' , 'f' , '女' , '错误数据')  性别
FROM        foreign_teacher
WHERE       country='USA'
ORDER BY sex;
```

运行结果如下。

外教姓名	性别
Tom Green	男
Wulanqiqige	女

说明

目前 Oracle 的新版本中也加入了 CASE()函数,其用法与下一小节介绍的 SQL Server 的 CASE()函数相同。

8.6.2 CASE()函数

SQL Server 中对应 DECODE()函数的是 CASE()函数,其语法格式如下。

```
CASE
    WHEN 条件表达式 1 THEN 返回值 1
    WHEN 条件表达式 2 THEN 返回值 2
    …
    WHEN 条件表达式 n THEN 返回值 n
    ELSE  返回值 n+1
END
```

说明如下。

- ➥ 当"条件表达式 1"成立时,CASE()函数的返回值为"返回值 1";而当"条件表达式 2"成立时,CASE()函数的返回值为"返回值 2",以此类推。
- ➥ 如果条件表达式 1~n 都不成立,则 CASE()函数的返回值为"返回值 n+1"。

【例 8.25】查询 foreign_teacher 表中美国籍外教的姓名和性别,并使用 CASE()函数将性别(sex)字段的值"m"显示为"男",将"f"显示为"女"。

```
SELECT      tname   外教姓名,
            性别  =
```

```
          CASE
            WHEN sex = 'm' THEN '男'
            WHEN sex = 'f' THEN '女'
            ELSE '错误数据'
          END
FROM      foreign_teacher
WHERE     country='USA'
ORDER BY sex
```

运行结果如图 8.18 所示。

	外教姓名	性别
1	Wulanqiqige	女
2	Tom Green	男

图 8.18　例 8.24 运行结果

CASE()函数实际上还有一种形式，如上面的 SELECT 语句还可以写为如下形式。

```
SELECT    tname    外教姓名,
          性别 =
          CASE sex
            WHEN   'm' THEN '男'
            WHEN   'f' THEN '女'
            ELSE    '错误数据'
          END
FROM      foreign_teacher
WHERE     country='USA'
ORDER BY sex
```

第 9 章　聚合函数与分组数据

　　在上一章中提到的 SQL 函数，其实都是行函数。所谓行函数，就是作用在每条记录上的函数。本章将介绍列函数，它们都是作用在表的列上的函数（或者说是作用在多行上的函数），主要用于统计汇总数据。除列函数以外，本章还将介绍数据分组的方法，即 GROUP BY 子句的用法。在实际应用中，统计汇总和数据分组会经常被放在一起使用。

9.1　聚　合　函　数

　　列函数也被称为聚合函数，其主要功能是统计汇总表中的数据。常用的聚合函数有 5 个，分别是 COUNT()、SUM()、AVG()、MAX()和 MIN()。这 5 个函数几乎在所有的 DBMS 中都存在，只是用法上稍有不同。除此之外，还有两个求标准偏差和方差的聚合函数。这两个函数在不同的 DBMS 中也不相同，如在 SQL Server 中，标准偏差的函数是 STDEV()、方差的函数是 VAR；在 Oracle 中，标准偏差的函数是 STDDEV()、方差的函数是 VARIANCE()；而在 MySQL 中，标准偏差的函数是 STD()（也可使用与 SQL Server、Oracle 兼容的 STDDEV()），方差的函数是 VAR_POP()。

9.1.1　使用 COUNT()函数求记录个数

　　在数据库操作中，有时需要统计表中的记录个数，这时就会用到 COUNT()函数。下面通过几个实例介绍 COUNT()函数的使用方法。

　　【例 9.1】在 MySQL 环境中，统计 student 表中的学生人数。

　　为了方便学习，首先查看一下 student 表的所有内容。

```
SELECT    *
FROM      student
```

运行结果如图 9.1 所示。

ID	name	sex	birthday	origin	contact1	contact2	institute
0001	张三	男	1997-05-29 00:00:00	广东省	1381234567	1381234568	中文系
0002	李燕	女	1999-01-18 00:00:00	浙江省	13744444444	13755555555	外语系
0003	王丽	女	1998-09-01 00:00:00	辽宁省	13700000000	13711111111	物理系
0004	周七	女	1997-09-21 00:00:00	北京市	13877777777	13877777777	计科系
0005	刘八	女	1999-08-21 00:00:00	海南省	15388888888	NULL	中文系
0006	吴学霞	女	1998-02-12 00:00:00	江苏省	13822222222	13822222222	中文系
0007	马六	男	1998-07-12 00:00:00	浙江省	13766666666	13788888888	外语系
0008	杨九	男	1998-02-17 00:00:00	重庆市	137999999999	137999999999	计科系
0009	吴刚	男	1996-09-11 00:00:00	内蒙古自治区	13811111111	13811111111	外语系
0010	徐学	女	2000-01-08 00:00:00	内蒙古自治区	13800000000	NULL	计科系
0011	周三丰	男	1999-12-20 00:00:00	NULL	NULL	NULL	NULL
0012	三宝	男	1998-05-15 00:00:00	NULL	NULL	NULL	NULL
NULL	NULL	NULL	NULL	NULL	NULL	NULL	NULL

图 9.1　student 表的所有内容

下面的查询语句统计了 student 表的总人数。

```
SELECT    COUNT(*) AS student 表总人数
FROM      student
```

运行结果如图 9.2 所示。查询语句中的 COUNT(*)用于统计表中所有记录的个数。因为在 student 数据表中，一个学生对应一条记录，所以求得记录数就求得了学生人数。

COUNT()函数不仅可以求得表中所有记录的个数，也可以求得满足指定条件的记录的个数。来看下面的实例。

【例 9.2】统计 student 表中计科系学生的人数。

```
SELECT    COUNT(*) AS  计科系学生人数
FROM      student
WHERE     institute='计科系'
```

运行结果如图 9.3 所示。

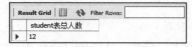

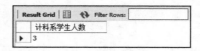

图 9.2　例 9.1 运行结果　　　　　　图 9.3　例 9.2 运行结果

上面的查询只显示了计科系学生的人数，试想一下，如果在一个查询结果中能够显示每一个系的人数是不是会更好，要想达到这一目的，则需用到数据分组。关于数据分组的详细内容在后面的小节中介绍。

上面两个实例中，COUNT()函数的参数都是星号（*）。除了星号以外，字段名也可以当 COUNT()函数的参数。当字段名作为函数参数时，如果该字段中没有 NULL 值，则与星号作为函数参数的效果相同。如果字段中含有 NULL 值，则统计个数时会排除含有 NULL 值的记录。来看下面的实例。

【例 9.3】从 foreign_teacher 表中统计外籍教师的所有人数、拥有电话的人数和拥有 email 的教师人数。为了方便分析，首先查看一下 foreign_teacher 表的所有内容。

```
SELECT    *
FROM      foreign_teacher
```

运行结果如图 9.4 所示。

tid	tname	sex	country	birth	hiredate	tel	email
0001	Tom Green	m	USA	1967-01-21 00:00:00	2003-08-15 00:00:00	13722112908	tomcat@yahoo.com.cn
0002	Jack White	m	UK	1972-05-01 00:00:00	2006-03-10 00:00:00	13722112903	jack111@sina.com
0003	Marry Yang	f	Canada	1977-12-30 00:00:00	2006-03-10 00:00:00	13722112905	marry_771230@yahoo.com.cn
0004	Siqinbater	m	Mongolia	1981-09-14 00:00:00	2008-02-20 00:00:00	13722112906	brjdsiqin@yahoo.com.cn
0005	Napoleon	m	France	1961-10-12 00:00:00	2005-06-30 00:00:00	13722111840	NULL
0006	Gadameren	m	Germany	1968-04-06 00:00:00	2001-02-10 00:00:00	13722115566	NULL
0007	Wulanqiqige	f	USA	1979-09-30 00:00:00	2007-12-01 00:00:00	13722119999	wulan@163.com
NULL	NULL	NULL	NULL	NULL	NULL	NULL	NULL

图 9.4　foreign_teacher 表的所有内容

从图 9.4 中可以看到，外籍教师共有 7 人，每个人都有电话，其中 5 人有 email，剩余两人的 email 是 NULL 值，即没有 email。下面使用 SELECT 语句和 COUNT()函数进行自动统计。在 COUNT()函数中，在字段名前加上 DISTINCT 关键字可不统计数据为 NULL 的情况。

```
SELECT    COUNT(*) AS  外籍教师总人数,
          COUNT(DISTINCT tel)    AS  有电话的人数,
```

```
          COUNT(DISTINCT email)   AS  有 email 的人数
FROM      foreign_teacher
```

运行结果如图 9.5 所示。

说明

在 SQL Server 环境下，COUNT 函数不对 NULL 值进行统计。

与上例相反的要求，怎样统计 NULL 值的个数呢？通过下面的实例，学习解决这一问题的方法。

【例 9.4】统计外籍教师中没有 email 的教师人数。

分析：统计没有 email 的教师人数，其实就是在统计该字段上有几个 NULL 值。下面是具体的解决办法。

```
SELECT    COUNT(*)   AS 没有 email 的人数
FROM      foreign_teacher
WHERE     email  IS  NULL
```

运行结果如图 9.6 所示。

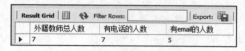
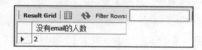

图 9.5　例 9.3 运行结果　　　　　图 9.6　例 9.4 运行结果

9.1.2　使用 SUM()函数求某字段的和

数据库操作中，有时需要求某字段的和，其实更确切地说是需要求某字段多个记录值的和。例如，求所有员工的工资总和，求有高级职称的员工的工资总和等。求字段的和需要用到 SUM()函数，该函数的参数必须是数值字段或者结果为数值的表达式。下面的实例介绍了使用 SUM()函数求字段和的方法。

【例 9.5】在 course 表中，求所有课程的总学分。

为了方便分析，首先查看一下 course 表的所有内容。

```
SELECT    *
FROM      course
```

运行结果如图 9.7 所示。

求所有课程的总学分，就是把学分字段的所有数值累加起来。下面的语句完成了这一任务。

```
SELECT  SUM(credit)   AS   总学分
FROM      course
```

运行结果如图 9.8 所示。SUM()函数不仅可以累加所有记录值，也可以像 COUNT()函数一样，只将满足条件的记录值累加起来。来看下面的实例。

【例 9.6】在 course 表中，求课程类型为"必修"的课程的学分总和。

```
SELECT  SUM(credit)   AS   必修课的学分总和
FROM      course
WHERE     type='必修'
```

运行结果如图 9.9 所示。

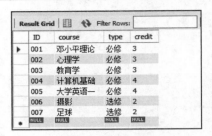

图 9.7　course 表的所有内容　　　　　图 9.8　例 9.5 运行结果　　　　　图 9.9　例 9.6 运行结果

【例 9.7】从 score 表中，求"计算机基础"课的考试成绩总和。

分析：因为 score 表中只有课号，并没有课名，就需要先从 course 表中查找"计算机基础"课的课号，然后才能从 score 表中通过"计算机基础"课的课号查找满足条件的记录，最后，将考试成绩通过 SUM()函数加起来得到总和。所以，下面使用了两条 SELECT 语句。

```
SELECT    ID AS 计算机基础课号
FROM      course
WHERE     course='计算机基础'
```

运行上面的查询语句后得到如图 9.10 所示的结果。结果中显示了"计算机基础"课的课号为"004"，根据这一结果，从 score 表中求"计算机基础"课的考试成绩总和。

```
SELECT    SUM(result1)   AS   计算机基础总成绩
FROM      score
WHERE     c_id='004'
```

运行结果如图 9.11 所示。

本例使用两条语句进行查询，其实并不是很方便，而且不利于自动运行。前面在讲 IN 操作符时，曾经提到过子查询，本例便可以使用 IN 操作符和子查询一次性得到查询统计的结果。语句如下。

```
SELECT    SUM(result1)   AS   计算机基础总成绩
FROM      score
WHERE     c_id   IN (SELECT   ID
                     FROM     course
                     WHERE    course="计算机基础")
```

运行结果如图 9.12 所示。

图 9.10　例 9.7 运行结果 1　　　　　图 9.11　例 9.7 运行结果 2　　　　　图 9.12　使用子查询得到的结果

本例除了使用子查询一次性得到查询结果以外，还可以使用下一章将要介绍的多表连接的方法完成。

🧑‍💼 注意

　　SUM()函数的参数必须是数值类型的字段名或者结果为数值的表达式，即该函数只能累加数值数据。SUM()函数会忽略 NULL 值。

9.1.3　使用 AVG()函数求某字段的平均值

数据库操作中，除了求字段和以外，还经常需要求字段的平均值。AVG()函数用于求字段的平均值，其用法和 SUM()函数的用法基本相同。AVG()函数的参数也必须是数值类型的字段名或者结果为数值的表达式。

【例 9.8】在 score 表中，求"计算机基础"课的考试成绩的平均分。

```
SELECT    AVG(result1)  AS   计算机基础平均成绩
FROM      score
WHERE     c_id  IN  (SELECT  ID
                     FROM    course
                     WHERE   course="计算机基础")
```

运行结果如图 9.13 所示。

图 9.13　例 9.8 运行结果

9.1.4　使用 MAX()、MIN()函数求最大、最小值

MAX()和 MIN()函数用于求指定字段中的最大值和最小值。如，想要知道 student 表中，最早（最晚）的出生日期是多少时便可以使用 MAX()（MIN()）函数。MAX()和 MIN()两个函数可以应用在文本类型、数值类型和日期时间类型的字段上。这两个函数都忽略含有 NULL 值的记录。下面通过实例学习这两个函数的用法。

【例 9.9】在 score 表中，求"计算机基础"课的考试成绩的最高分和最低分。

```
SELECT    MAX(result1) AS  最高分数,
          MIN(result1) AS  最低分数
FROM      score
WHERE     c_id  IN (SELECT   ID
                    FROM     course
                    WHERE    course='计算机基础')
```

运行结果如图 9.14 所示。

【例 9.10】从 student 表中查询生日最大的学生的姓名、出生日期和所属院系。

```
SELECT    name AS  姓名, MAX(birthday) AS  出生日期, institute AS  所属院系
FROM      student
```

运行出错，可看到如下出错信息。

```
Error Code: 1140. In aggregated query without GROUP BY, expression #1 of SELECT list contains nonaggregated column 'college.student.name'; this is incompatible with sql_mode=only_full_group_by
```

在 SQL Server 中执行以上语句，也将显示如下错误消息。

```
消息 8120，级别 16，状态 1，第 1 行
Column 'student.name' is invalid in the select list because it is not contained in either an aggregate function or the GROUP BY clause.
```

从上述结果可知上面的查询语句是错误的，因为在没有 GROUP BY 子句的前提下，是不能将聚合函数和字段名一起放在 SELECT 子句的字段列表的位置上的。下面是正确的查询语句。

```
SELECT    name AS 姓名, birthday AS 出生日期, institute AS 所属院系
FROM      student
WHERE     birthday   IN   (SELECT MAX(birthday)
                           FROM    student)
```

运行结果如图 9.15 所示。

图 9.14　例 9.9 运行结果

图 9.15　例 9.10 运行结果

 注意

WHERE 子句后的条件表达式不能写成如下形式。

birthday= MAX(birthday)

原因是，聚合函数不能出现在 WHERE 子句中。

9.1.5　统计汇总相异值（不同值）记录

数据库操作中，有时需要统计相异值记录，如统计 student 表中的学生来自几个地区等。这时可以使用 DISTINCT 关键字完成统计任务。

【例 9.11】统计 student 表中的学生来自几个地区。

分析：本例只要统计出不同来源地的个数即可。由于 student 表中的来源地字段中有重复值出现，因此必须将重复值去掉，然后才能使用 COUNT()函数统计个数。

```
SELECT    COUNT(DISTINCT(origin)) AS 地区个数
FROM      student
```

运行结果如图 9.16 所示。

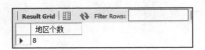

图 9.16　例 9.11 运行结果

除 COUNT()函数可以使用 DISTINCT 以外，上面介绍的其他 4 个聚合函数中也能使用 DISTINCT 关键字。

9.1.6　聚合函数对 NULL 值的处理

前面介绍了聚合函数对 NULL 值处理的一些例子，本小节将对前面所讲的内容进行归纳总结，并补充一些遗漏的内容。

为了让读者更清楚地理解聚合函数处理 NULL 值的方案，下面使用了一个临时数据表 test_null，并

在其上进行各种实验。该数据表的内容如表 9.1 所示。

表 9.1　test_null 数据表内容

c1（文本字段）	c2（数值字段）	c3（日期时间字段）
AAAAA	2	2018/12/12
BBBBB	NULL	2008/11/11
NULL	3	NULL
CCCCC	4	NULL
DDDDD	3	1998/11/11

创建 test_null 表结构的 SQL 语句和插入记录的 SQL 语句如下。

```
CREATE TABLE    test_null
(
    c1          char(5),
    c2          int,
    c3          datetime
);

INSERT INTO    test_null (c1,
                          c2,
                          c3)
VALUES ('AAAAA',
        2,
        '2018/12/12');

INSERT INTO    test_null (c1,
                          c2,
                          c3)
VALUES ('BBBBB',
        NULL,
        '2008/11/11');
...
```

运行下面的 SELECT 语句，查看创建与插入的结果。

```
SELECT    *
FROM      test_null
```

运行结果如图 9.17 所示。

1．COUNT()函数对 NULL 值的处理

如果 COUNT()函数的参数为星号（*），则统计所有记录的个数；而如果参数为某字段，不统计含 NULL 值的记录个数，则应加上 DISTINCT 关键字。下面 SELECT 语句的结果证明了这一点。

```
SELECT    COUNT(*) AS    记录总数,
          COUNT(DISTINCT c1) AS    C1 总数,
          COUNT(DISTINCT c2) AS    C2 总数,
          COUNT(DISTINCT c3) AS    C3 总数
FROM      test_null
```

运行结果如图 9.18 所示。

2. SUM()和 AVG()函数对 NULL 值的处理

这两个函数忽略 NULL 值的存在，就好像该条记录不存在一样。下面 SELECT 语句的结果证明了这一点。

```
SELECT    SUM(c2) AS    SUM 实验,
          AVG(c2) AS    AVG 实验
FROM      test_null
```

运行结果如图 9.19 所示。

图 9.17   test_null 表内容

图 9.18   COUNT()函数对 NULL 值的处理实验

图 9.19   SUM()、AVG()函数对 NULL 值的处理实验

3. MAX()和 MIN()函数对 NULL 值的处理

MAX()和 MIN()两个函数同样忽略 NULL 值的存在。下面 SELECT 语句的结果证明了这一点。

```
SELECT    MAX(c1) AS C1 最大值,
          MIN(c1) AS C1 最小值,
          MAX(c2) AS C2 最大值,
          MIN(c2) AS C2 最小值,
          MAX(c3) AS C3 最大值,
          MIN(c3) AS C3 最小值
FROM      test_null
```

运行结果如图 9.20 所示。

图 9.20   MAX()、MIN()函数对 NULL 值的处理实验

9.2   数 据 分 组

数据分组是指将数据表中的数据按照某种值分为很多组。例如，将 student 表中的数据用性别进行分组，会得到两组，所有男生为一组，所有女生为一组。数据分组对统计汇总非常有用。例如，想要在一个查询结果集中显示男生和女生分别有多少人，首先必须得用性别分组。

数据分组使用 GROUP BY 子句。当然，如果想要将满足条件的分组查询出来，还需要 HAVING 子句的配合。本节将介绍这两个子句的详细用法。

9.2.1   将表内容按列分组

GROUP BY 子句用来分组数据。首先必须清楚一件事，分组是根据指定字段的不同值划分的。例如，

性别字段中只有 2 个值，则如果按性别字段分组就会产生 2 个组。又如，假设所属院系字段值中有 5 个不同的值，则如果按所属院系分组就会产生 5 个组。下面看一个实例，它说明了 GROUP BY 子句的简单用法。

【例 9.12】将 student 表中的数据按所属院系字段分组。

```
SELECT     institute
FROM       student
GROUP BY institute
```

运行结果如图 9.21 所示。

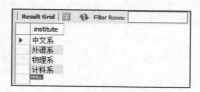

图 9.21 例 9.12 运行结果

运行结果中包含了 5 条记录，表明按所属院系分组后得到了 5 个组。通过运行结果还可以知道，NULL 值也属于一组。

技巧

前面讲过去除相同值，需要使用 DISTINCT 关键字。但是，使用 DISTINCT 会严重降低查询效率。为此，使用 GROUP BY 子句代替 DISTINCT 是一种非常好的解决方案。

这里需要说明的一点是，如果将上面的 SELECT 子句字段列表中的"institute"改为星号（*），则会产生一系列的错误。

```
SELECT     *
FROM       student
GROUP BY institute
```

运行结果如下。

rror Code: 1055. Expression #1 of SELECT list is not in GROUP BY clause and contains nonaggregated column 'college.student.ID' which is not functionally dependent on columns in GROUP BY clause; this is incompatible with sql_mode=only_full_group_by

通过错误提示可以得到如下启示。

↴ 如果查询语句中含有 GROUP BY 子句，则 SELECT 子句中通常不单独使用星号通配符。如果非要单独使用星号通配符，则应当在 GROUP BY 子句中列出表的所有字段名，字段名之间用逗号分隔。不过这样会使 GROUP BY 子句失去它的作用，因为此时并不是按单个字段分组，而是使用 GROUP BY 后列出的所有字段的组合分组。

↴ 在查询语句中含有 GROUP BY 子句的情况下，如果 SELECT 子句后是字段名列表，而这些字段名又不在聚合函数中，则应当在 GROUP BY 子句中列出所有这些字段名。此时需要注意的还是，分组是按 GROUP BY 后的所有字段的组合分组，而并非是按单个字段分组。例如，"GROUP BY institute, name"表示只有某几个记录中的所属院系和姓名都相同时才把这些记录分为一组。

9.2.2　聚合函数与分组配合使用

其实，将数据分成小组的很大原因是用于统计汇总，而统计汇总通常都要使用聚合函数，因此聚合函数和分组经常被放在一起使用。

【例 9.13】统计 student 表中男生的总人数和女生的总人数。

```
SELECT      sex    AS 性别, COUNT(*)  AS 人数
FROM        student
GROUP BY  sex
```

运行结果如图 9.22 所示。

本例中，由于查询语句中含有 GROUP BY 子句，所以 COUNT(*)统计的是每组的记录个数，而并非是所有记录的个数。

GROUP BY 子句还可以和 WHERE 子句配合使用。这时，WHERE 子句先于 GROUP BY 子句执行，将满足条件的记录保留下来，然后 GROUP BY 子句才将留下来的记录分成小组。

【例 9.14】统计 student 表中每个院系的男生人数。

```
SELECT      institute   AS 所属院系, COUNT(*) AS 男生人数
FROM        student
WHERE       sex="男"
GROUP BY  institute
```

运行结果如图 9.23 所示。

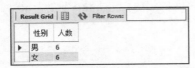

图 9.22　例 9.13 运行结果　　　　　　图 9.23　例 9.14 运行结果

GROUP BY 子句中也可以有表达式，也就是说可以按照表达式的结果分组数据。

【例 9.15】为了方便查看哪一年雇用了多少名外籍教师，在 foreign_teacher 表中按雇用日期的年份统计人数。

```
SELECT      YEAR(hiredate) AS 雇用年份, COUNT(*)  雇用人数
FROM        foreign_teacher
GROUP BY  YEAR(hiredate)
```

运行结果如图 9.24 所示。

除 COUNT()函数以外，GROUP BY 子句还可以与其他聚合函数配合使用。下面是 SUM()函数与 GROUP BY 子句配合使用的例子。

【例 9.16】统计查询 course 表中必修课的学分总和与选修课的学分总和。

```
SELECT      type AS 类型, SUM(credit)   AS 学分总和
FROM        course
GROUP BY  type
```

运行结果如图 9.25 所示。

图 9.24 例 9.15 运行结果

图 9.25 例 9.16 运行结果

9.2.3 查询数据的直方图

直方图是表示不同实体之间数据相对分布的条状图。在一个查询语句中使用 GROUP BY 子句，不仅可以查询数据，还可以格式化数据生成图表。来看下面的实例。

【例 9.17】根据 student 表，创建一个查询每个院系学生人数的直方图。

（1）如果运行环境为 MySQL，则其语句如下。

```
SELECT     institute    AS 所属院系,
           RPAD("",COUNT(*)*3,"=")   AS 人数对比图
FROM       student
GROUP BY institute
```

运行结果如图 9.26 所示。

图 9.26 例 9.17 运行结果

其中，RPAD()函数是 MySQL 的字符串函数，其作用是在指定字符串（第一个参数）的右侧以指定的次数（第二个参数）重复字符表达式（第三个参数）。这里使用人数的 3 倍是为了让图表更明显一些，如果人数非常多，图表很大时可以用某个常量除人数，如 COUNT(*)/5 等。

（2）如果运行环境为 SQL Server，则语句如下。

```
SELECT     institute    AS 所属院系,
           REPLICATE('=',COUNT(*)*3) AS 人数对比图
FROM       student
GROUP BY institute
```

（3）如果运行环境为 Oracle，则语句如下。

```
SELECT     institute   所属院系 ,
           RPAD('',COUNT(*)*3,'=')   人数对比图
FROM       student
GROUP BY institute
```

其中，与 MySQL 类似，Oracle 中也使用 RPAD()函数来生成一个字符串。

9.2.4 排序分组结果

如果想排序分组结果，则应当使用 ORDER BY 子句。ORDER BY 子句要放在 GROUP BY 子句的后

面。实际上，ORDER BY 子句要永远放在其他子句的后面。

【例 9.18】在 student 表中，统计每个院系的学生人数，并按学生人数降序排序。

```
SELECT      institute   AS 所属院系,COUNT(*)    AS 人数
FROM        student
GROUP BY  institute
ORDER BY  COUNT(*) DESC
```

运行结果如图 9.27 所示。

图 9.27　例 9.18 运行结果

9.2.5　反转查询结果

有时执行查询语句后得到的数据虽然正确无误，但是不方便查看。例如下面的例子。

【例 9.19】从 student 表中，查询每个院系的男生人数和女生人数。

```
SELECT      institute   AS 所属院系, sex   AS   性别, COUNT(*) AS 人数
FROM        student
GROUP BY  institute , sex
ORDER BY  institute
```

运行结果如图 9.28 所示。

图 9.28　例 9.19 运行结果 1

上面的查询结果，虽然将统计数据查询了出来，但并不是人们习惯的统计样式。那么人们习惯的统计样式又是什么样呢？来看表 9.2。

表 9.2　人们习惯的统计样式

所 属 院 系	男 生 人 数	女 生 人 数
NULL	2	0
计科系	1	2
外语系	2	1
物理系	0	1
中文系	1	2

表 9.2 才是人们习惯的统计样式，查看起来非常方便。其实，稍微注意它与查询结果的区别，就能看出它是将查询结果顺时针反转了 90 度。

在 MySQL 或 SQL Server 环境中，CASE 表达式和 GROUP BY 子句联合使用会得到很多有用的数据表示，其中就包括反转查询结果的数据表示。来看下面的语句。

```
SELECT institute   AS 所属院系,
       COUNT(CASE
               WHEN sex='男' THEN 1
               ELSE NULL
            END)   AS 男生人数,
       COUNT(CASE
               WHEN sex='女' THEN 1
               ELSE NULL
            END) AS 女生人数
FROM   student
GROUP BY   institute
```

运行结果如图 9.29 所示。

所属院系	男生人数	女生人数
中文系	1	2
外语系	2	1
物理系	0	1
计科系	1	2
NULL	2	0

图 9.29　例 9.19 运行结果 2

本查询语句巧妙地利用了 COUNT()函数忽略 NULL 值的规则，将数据反转了过来。上面的语句是基于 SQL Server 编写的，如果运行环境为 Oracle，则应当使用 DECODE()函数替换 CASE 表达式。其语句如下。

```
SELECT   institute   所属院系,
         COUNT(DECODE(sex,'男',1,NULL)   男生人数,
         COUNT(DECODE(sex,'女',1,NULL)   女生人数
FROM   student
GROUP BY institute
```

9.2.6 使用 HAVING 子句设置分组查询条件

有时人们只希望查看所需分组的统计信息，而并不是所有分组的统计信息。例如，只想查看计科系和外语系学生的总人数，这时就需要将其他院系的信息过滤掉。

HAVING 子句用于设置分组查询条件，即过滤不需要的分组。该子句通常和 GROUP BY 子句一起使用，单独使用 HAVING 子句没有太大的意义。

【例 9.20】在 student 表中，统计计科系和外语系的学生人数，并按学生人数降序排序。

```
SELECT       institute   AS   所属院系,COUNT(*) AS 人数
FROM         student
GROUP BY     institute
HAVING       institute   IN('计科系','外语系')
ORDER BY     COUNT(*)
```

运行结果如图 9.30 所示。

图 9.30　例 9.20 运行结果

当然，本例也可以用 WHERE 子句代替 HAVING 子句，其语句如下。

```
SELECT      institute   AS  所属院系,COUNT(*) AS 人数
FROM        student
WHERE       institute   IN('计科系','外语系')
GROUP BY    institute
ORDER BY    COUNT(*)
```

这两种查询语句的运行结果是一样的，但是前者使用了 HAVING 子句，而后者使用了 WHERE 子句。HAVING 子句和 WHERE 子句具体有什么区别、什么时候用哪一个子句，将在下一小节中讲述。

9.2.7　HAVING 子句与 WHERE 子句的区别

HAVING 子句与 WHERE 子句之后都写条件表达式，而且都会根据条件表达式的结果筛选数据。但它们是有区别的，主要区别汇总如下。

➥ HAVING 子句用于筛选组，而 WHERE 子句用于筛选记录。

➥ HAVING 子句中可以使用聚合函数，而 WHERE 子句中不能使用聚合函数。

➥ HAVING 子句中不能出现既不被 GROUP BY 子句包含，又不被聚合函数包含的字段；而 WHERE 子句中可以出现任意的字段。

➥ 通常 HAVING 子句总是和 GROUP BY 子句配合使用，而 WHERE 子句可以不用任何子句的配合。

下面来看一个非常典型的例子，该例只能用 HAVING 子句指定筛选条件。

【例 9.21】统计 score 表中考试总成绩大于 450 分的学生的信息。

```
SELECT      s_id AS 学号, SUM(result1) AS 考试总成绩
FROM        score
GROUP BY    s_id
HAVING      SUM(result1)>=450
ORDER BY    考试总成绩  DESC
```

运行结果如图 9.31 所示。

本例必须用 HAVING 子句指定筛选条件，因为只有 HAVING 子句中才能使用聚合函数，而 WHERE 子句中不能使用聚合函数。下面使用前面介绍过的一个实例，演示 WHERE 子句不能用 HAVING 子句代替的情况。

【例 9.22】统计 student 表中每个院系的男生人数。

```
SELECT      institute AS  所属院系,COUNT(*) AS  男生人数
FROM        student
WHERE       sex='男'
GROUP BY    institute
```

运行结果如图 9.32 所示。

图 9.31　例 9.21 运行结果

所属院系	男生人数
中文系	1
外语系	2
计科系	1
NULL	2

图 9.32　例 9.22 运行结果

本例中，如果用 HAVING 子句代替 WHERE 子句则会出现错误。例如，下面的语句。

```
SELECT      institute   AS  所属院系, COUNT(*) AS  男生人数
FROM        student
GROUP BY    institute
HAVING      sex='男'
```

执行后显示如下错误提示。

Error Code: 1054. Unknown column 'sex' in 'having clause'

若是在 SQL Server 中执行，执行后显示如下错误提示。

消息 8121，级别 16，状态 1，第 4 行
Column 'student.sex' is invalid in the HAVING clause because it is not contained in either an aggregate function or the GROUP BY clause.

通过错误提示，可以知道出现错误的原因是 HAVING 子句中出现了既不被 GROUP BY 子句包含又不被聚合函数包含的字段。

第 10 章　多表连接查询

多表连接查询是 SQL 语言最强大的功能之一。它可以在执行查询时动态的先将表连接起来，然后从中查询数据。本章将介绍多表连接查询的相关内容，同时介绍组合查询的用法。

10.1　将数据存储在多个不同表的原因

本书前面的例子都是一直围绕 College 数据库的几个表在讲述。那么为什么不用一个表存储数据，非要使用多个表呢，下面通过例子介绍其原因。假设有如下结构的关系。

student(学号,姓名,性别,来源地,课号,课名,考试成绩)

当一名学生考完某课后，其信息就会在 student 表中以一条记录的形式存储。下面列出 student 关系所存在的问题。

（1）数据冗余。某个学生可能考了多门课程，有多个成绩，所以该生的学号、姓名、性别和来源地就会有多次重复，请参考表 10.1。

说明

数据冗余就是指有多余、重复的数据。

表 10.1　数据冗余举例

学　号	姓　名	性　别	来源地	课　号	课　名	考试成绩
0001	张三	男	广东省	001	邓小平理论	86
0001	张三	男	广东省	002	心理学	85
0001	张三	男	广东省	003	教育学	90
0001	张三	男	广东省	004	计算机基础	91
……	……	……	……	……	……	……
0002	李四	女	浙江省	001	邓小平理论	79
0002	李四	女	浙江省	002	心理学	90
0002	李四	女	浙江省	003	教育学	95
0002	李四	女	浙江省	004	计算机基础	88
……	……	……	……	……	……	……

（2）更新异常。由于数据冗余，如果要更改"张三"的来源地为"福建省"时，必须要更改多条记录，一旦忘了更改某条记录，"张三"就会有两个不同的来源地。

（3）插入异常。如果某学生没有考任何考试，则无法将这名学生的学号、姓名、性别、来源地等信息插入到表内。因为，student 中学号和课号组成了一个码，码值的一部分为空的记录，是不能被插入到表中的。

（4）删除异常。如果一名学生的考试成绩全部作废，需要删除，则其正常信息也会被删除。这样就丢掉了一部分有用的信息。

由于上述原因，数据就被放到了不同的多个表中。实际上，将数据分开放到几个表内，将哪些字段放在一起，都属于数据库设计的问题，而数据库设计需要遵循关系数据库设计规范化理论。关于数据库设计和规范化理论的知识，读者可以参考关于"数据库原理"的一些书籍。

10.2 范　式

前面介绍了为什么将数据分开放到不同表中的原因。接下来的问题是，将数据分为几个表、将哪些字段放到一个表内，要解决这一问题，则必须学习关系数据库规范化理论，由于这部分内容已经超出了本书的范围，所以本节只是简单地介绍一下设计数据库时应当注意的一些规则，人们将这些规则称为范式。

目前，范式分为第一范式（1NF）、第二范式（2NF）、第三范式（3NF）、BCNF 范式、第四范式（4NF）、第五范式（5NF）和第六范式（6NF）。这些范式其实是不同程度的规则，它们之间有着层次关系，第一范式是最底层的规则，第二范式是满足第一范式的基础上又多了一些要求的规则，以此类推。一般来说，设计的数据库只要满足第三范式就可以了，所以下面只介绍 1NF、2NF 和 3NF。

1. 第一范式（1NF）

第一范式是关系数据库的底线，要想成为关系数据库则必须要满足第一范式。第一范式的内容为记录的每一个分量都是不可分割的基本数据项。观察表 10.2，因为联系方式是可以分割的，所以不满足第一范式，因此，它不是关系数据库。

表 10.2　第一范式举例

学　号	姓　名	联系方式		……	……
		电　话	Email		
0001	张三	1234567	A@163.com		……
……	……	……	……	……	……

2. 第二范式（2NF）

要满足第二范式，首先必须满足第一范式，即满足第一范式是满足第二范式的前提条件，其次第二范式增加的要求是，每一个非主属性要完全函数依赖于码。10.1 节列举的 student 表，就不满足第二范式。因为，该表的码是（学号,课号），但是姓名、性别和来源地只依赖学号，而并不完全依赖于码，课名则依赖于课号，也不完全依赖于码，这就造成了前面所介绍的数据冗余、更新异常、插入异常和删除异常等问题。

可以用分解的方法将一个不满足 2NF 的表，分解为满足 2NF 的多个表。例如，将前面的 student 表分解为如下三个满足 2NF 的表。

```
student(学号,姓名,性别,来源地)
course(课号,课名)
score(学号,课号,成绩)
```

3. 第三范式（3NF）

第三范式是在满足第二范式的基础上，还增加了每一个非主属性都不传递依赖于码的要求。下面通过例子说明这一要求，假设有如表 10.3 所示的表。

表 10.3　第三范式举例表

学　号	姓　名	性　别	来 源 地	所属院系	院 系 主 任
0001	张三	男	广东省	中文系	赵书明
0003	王五	女	辽宁省	物理系	李长征
0002	李四	女	浙江省	外语系	张丽萍
0007	马六	男	浙江省	外语系	张丽萍
0004	周七	女	北京市	计算机系	包那
0005	刘八	女	海南省	中文系	赵书明
0008	杨九	男	重庆市	计算机系	包那
0009	吴一	男	内蒙古自治区	外语系	张丽萍
0006	赵二	女	江苏省	中文系	赵书明
0010	徐零	女	内蒙古自治区	计算机系	包那
……	……	……	……	……	……

从表 10.3 中可以看到一个问题，就是院系主任的名字有大量的重复值。这是因为所属院系依赖于学号，而院系主任又依赖于所属院系，这就造成了院系主任传递依赖于学号的情况。解决的方法是，从该表将院系主任字段删除，并将所属院系、院系主任等院系信息放到一起生成新的数据表。

关于数据库设计和规范化的内容，本书只是简单地介绍了一下。实际上，数据库设计是数据库应用领域中的主要研究课题，所以要想深入研究数据库，则不仅仅只应该学习 SQL 语言，还应该学习数据库设计和规范化理论的知识。

10.3　连 接 查 询

连接查询是 SQL 语言最强大的功能之一，它可以执行查询时动态的将表连接起来，然后从中查询数据。如前所述，根据规范化理论，可能会把数据放到不同的表中，这时将表连接起来就显得至关重要。本节将介绍如何把多个表连接起来，又如何从多表中查询数据的方法。

10.3.1　连接两表的方法

下面通过介绍连接两表的方法逐步学习多表连接。在 SQL 中连接两表可以有两种方法，一种是无连接规则连接，另一种是有连接规则连接。下面分别介绍这两种方法。

1. 无连接规则连接

无连接规则连接后得到的结果是两个表中的每一行都互相连接，即结果为笛卡尔积。两表无连接规则连接的语法格式如下。

```
SELECT    *(或字段列表)
FROM      表名 1,表名 2
```

其中，FROM 子句中的表名 1 和表名 2 是要连接的两个表的名称，用逗号（,）将其隔开。如果 SELECT 子句中使用星号（*），则查询结果中显示两个表的所有字段。下面使用具体的例子说明连接的方法。

假设有如图 10.1 所示的数据表 t1 和 t2。

Result Grid		
	职工号	姓名
▶	001	张三
	002	王五
	003	李四

Result Grid		
	职工号	月薪
	001	2100
	002	1500
	003	1300

图 10.1　数据表 t1、t2

使用上面的语法，将数据表 t1 和 t2 连接起来，具体查询语句如下。

```
SELECT     *
FROM       t1, t2
```

运行后，得到如图 10.2 所示的结果。

运行结果显示了 t1 表的所有记录与 t2 表的所有记录进行了连接，即得到了笛卡尔积。但实际上，这并不是用户想要的结果，因为用户需要的是正确的连接，而并不是每行都连接起来，所以应该给连接设定连接规则。

多表无连接规则连接和两表无连接规则连接基本相同，只是在 FROM 子句中需要列出更多的表名，表名之间用逗号隔开，连接得到的结果同样也是笛卡尔积。

2．有连接规则连接

有连接规则连接其实就是在无连接规则的基础上，加上 WHERE 子句指定连接规则的连接方法。有连接规则连接的语法格式如下。

```
SELECT     *(或字段列表)
FROM       表名 1,表名 2
WHERE      连接规则
```

还是用上面的例子举例，将 t1 和 t2 表正确连接的语句如下。

```
SELECT     *
FROM       t1, t2
WHERE      t1.职工号=t2.职工号
```

运行结果如图 10.3 所示。

Result Grid			
	职工号	姓名	职工号	月薪
▶	001	张三	001	2100
	001	张三	002	1500
	001	张三	003	1300
	002	王五	001	2100
	002	王五	002	1500
	002	王五	003	1300
	003	李四	001	2100
	003	李四	002	1500
	003	李四	003	1300
	004	马六	001	2100
	004	马六	002	1500
	004	马六	003	1300

图 10.2　无连接规则连接查询结果

Result Grid			
	职工号	姓名	职工号	月薪
▶	001	张三	001	2100
	002	王五	002	1500
	003	李四	003	1300

图 10.3　有连接规则连接查询结果

其中，连接规则是

t1.职工号=t2.职工号

这种使用等于号组成的连接，实际上叫等值连接。需要说明的一点是，只有两表有共同的字段时才可以使用等值连接，例如，t1 和 t2 表有共同的字段——职工号，只有这样才可以使用等值连接的方法连接两表。关于不等值连接的内容，在本章后面的内连接查询中有说明。

上面的连接规则表达式中，字段名前加上了数据表的名称，并用英文中的句号（.）将其隔开，这是因为两个表中有相同的字段名，如果不加以修饰说明，DBMS 将无法辨认是哪个表的字段。所以在多表连接时，如果使用表中相同名称的字段，则应当在其前面加上表名。

 技巧

在多表连接时，即使不要求在表独有的字段前加表名，但笔者还是建议加上表名。因为这样会很清楚地表示哪个字段属于哪个表，这将对以后的维护起到很好的作用。

10.3.2 使用笛卡尔积解决录入难题

前面介绍了连接两表的方法，通常人们都会设置连接规则，但无条件连接所得到的笛卡尔积有时也非常有用。

【例 10.1】使用 student 表和 course 表的笛卡尔积，生成一个必修课成绩表（bxk_score）的内容，要求是每个学生都应该选择所有的必修课。

（1）如果 SQL 运行环境为 MySQL 或 Oracle，则其查询语句如下。

```
CREATE TABLE bxk_score
AS
SELECT   student.ID as 学号, student.name AS 姓名, course.ID AS 课号, course.course AS 课名
FROM student, course
WHERE course.type='必修'
ORDER BY 学号, 课号
```

（2）如果 SQL 运行环境为 SQL Server，则其查询语句如下。

```
SELECT   student.ID as 学号, student.name AS 姓名, course.ID AS 课号, course.course AS 课名
INTO   bxk_score
FROM student,course
WHERE course.type='必修'
ORDER BY student.ID,scourse.ID
```

 说明

为了让读者更清楚地观察运行结果，本例中没有考虑数据库规范化的问题。如果考虑规范化，只应选择学号和课号作为 bxk_score 表的字段。

 注意

查询中 WHERE 子句的作用是设置查询条件，并非设置连接规则。

运行上面的查询语句后，会生成 bxk_score 表，对其执行查询语句如下。

```
SELECT   *
```

```
FROM    bxk_score
```

运行结果如图 10.4 所示。

本例使用笛卡尔积，自动生成了 bxk_score 表的大部分内容。当然，该表还应该有一个“成绩”字段。该字段的添加可以在后期通过修改表结构的方法解决。实际上，使用笛卡尔积的方法也可以得到 bxk_score 表的完整结构和大部分内容。其具体方法如下。

（1）创建一个临时表 bbb，该表只有一个数值字段“成绩”。创建表的 SQL 语句如下。

```
CREATE   TABLE   bbb(成绩   int)
```

（2）向 bbb 表插入记录，插入语句如下。

```
INSERT INTO   bbb(成绩)   VALUES   (0)
```

（3）修改 SELECT 语句如下。

```
CREATE      TABLE bxk_score
AS
SELECT      student.ID as 学号, student.name AS 姓名, course.ID AS 课号, course.course AS 课名,bbb.成绩
FROM        student, course ,bbb
WHERE       course.type='必修'
ORDER BY 学号,课号
```

执行查询语句后，查看 bxk_score 表的内容。

```
SELECT   *
FROM     bxk_score
```

运行结果如图 10.5 所示。

学号	姓名	课号	课名
0001	张三	001	邓小平理论
0001	张三	002	心理学
0001	张三	003	教育学
0001	张三	004	计算机基础
0001	张三	005	大学英语一
0002	李燕	001	邓小平理论
0002	李燕	002	心理学
0002	李燕	003	教育学
0002	李燕	004	计算机基础
0002	李燕	005	大学英语一
0003	王丽	001	邓小平理论
0003	王丽	002	心理学
0003	王丽	003	教育学
0003	王丽	004	计算机基础
0003	王丽	005	大学英语一
0004	周七	001	邓小平理论
0004	周七	002	心理学
0004	周七	003	教育学
0004	周七	004	计算机基础
0004	周七	005	大学英语一
0005	刘八	001	邓小平理论
0005	刘八	002	心理学

图 10.4　bxk_Score 的内容

学号	姓名	课号	课名	成绩
0001	张三	001	邓小平理论	0
0001	张三	002	心理学	0
0001	张三	003	教育学	0
0001	张三	004	计算机基础	0
0001	张三	005	大学英语一	0
0002	李燕	001	邓小平理论	0
0002	李燕	002	心理学	0
0002	李燕	003	教育学	0
0002	李燕	004	计算机基础	0
0002	李燕	005	大学英语一	0
0003	王丽	001	邓小平理论	0
0003	王丽	002	心理学	0
0003	王丽	003	教育学	0
0003	王丽	004	计算机基础	0
0003	王丽	005	大学英语一	0
0004	周七	001	邓小平理论	0
0004	周七	002	心理学	0
0004	周七	003	教育学	0
0004	周七	004	计算机基础	0
0004	周七	005	大学英语一	0
0005	刘八	001	邓小平理论	0
0005	刘八	002	心理学	0

图 10.5　bxk_Score 的内容

试想一下，本例如果不用笛卡尔积的方法填充数据，而用手动填充的话，会浪费大量的时间和精力。所以在实际操作中只要用心去挖掘，解决问题的方法其实有很多种，本例使用了多数人觉得没用的求笛卡尔积的方法很好地解决了一个录入上的难题。

10.3.3 使用两表连接查询数据

数据库操作中，比起使用笛卡尔积，使用有连接规则的连接查询会更频繁一些。下面通过一个例子介绍两表连接查询的具体使用方法。

【例 10.2】查询名叫"张三"的学生的所有课程的平时成绩和考试成绩。

分析：student 表中有学生姓名，但没有成绩，而存储成绩的 score 表中有成绩，但没有姓名，不过这两个表都有一个共同字段——学号，所以可以将这两个表连接起来进行查询，请参考图 10.6 所示。

学号	姓名	性别	……	所属院系
0001	张三	男	……	中文系
0003	王五	女	……	物理系
0002	李四	女	……	外语系
0007	马六	男	……	外语系
0004	周七	女	……	计算机系
0005	刘八	女	……	中文系
0008	杨九	男	……	计算机系
0009	吴一	男	……	外语系
0006	赵二	女	……	中文系
0010	徐零	女	……	计算机系

学号	课号	考试成绩	平时成绩
0001	001	87	90
0001	002	73	95
0001	003	81	92
0001	004	84	90
0001	005	90	95
0002	001	74	95
0002	002	87	90
0002	003	79	95
0002	004	90	95
0002	005	89	90
……	……	……	……

图 10.6　连接示意图

```
SELECT     student.ID AS 学号, student.name AS 姓名, score.c_id AS 课号,score.result2 AS 平时成绩, score.result1 AS
           考试成绩
FROM       student, score
WHERE      student.name = '张三'
           AND student.ID=score.s_id
ORDER BY   score.result1 DESC,score.result2 DESC
```

运行结果如图 10.7 所示。

学号	姓名	课号	平时成绩	考试成绩
0001	张三	005	95.00	90.00
0001	张三	001	90.00	87.00
0001	张三	004	90.00	84.00
0001	张三	003	92.00	81.00
0001	张三	002	95.00	73.00

图 10.7　例 10.2 运行结果

其中 WHERE 子句中的条件表达式使用逻辑运算符 AND，将查询条件（student.name ='张三'）和连接规则（student.ID=score.s_id）整合为一体。

本例中查询结果虽然没有问题，但是查看时很不方便。因为没几个人能记住课号"001"代表哪门课、课号"004"又代表哪门课等，用户更希望看到的是课名，而不是课号。如果查询结果中希望出现的是课名，则应该将 course 表也连接进去，这时就要用到多表连接的知识了。

10.3.4 多表连接查询

继续上一节的话题，因为用户更希望看到课名，而不是课号，所以必须将存有课名的 course 表也连接到 student 和 score 表上。

【例 10.3】查询名叫"张三"的学生的所有课程的平时成绩和考试成绩。

分析：在上一节中，已经知道了 student 和 score 表可以用共同拥有的学号字段进行连接。接下来的问题是将 course 表连接到上述两个表上。由于 student 表和 course 表没有共同字段所以不能连接，但是 score 表和 course 表有共同字段——课号，因此 score 表和 course 表可以连接。如此一来，经过 score 表的搭桥，上述三个表就可以连接了，请参考图 10.8 所示。

学号	姓名	性别	……	所属院系
0001	张三	男		中文系
0003	王五	女		物理系
0002	李四	女		外语系
0007	马六	男		外语系
0004	周七	女		计算机系
0005	刘八	女		中文系
0008	杨九	男		计算机系
0009	吴一	男		外语系
0006	赵二	女		中文系
0010	徐零	女		计算机系
……				

学号	课号	考试成绩	平时成绩
0001	001	87	90
0001	002	73	95
0001	003	81	92
0001	004	84	90
0001	005	90	95
0002	001	74	95
0002	002	87	90
0002	003	79	95
0002	004	90	95
0002	005	89	90
……		……	……

课号	课名	类型	学分
001	邓小平理论	必修	3
002	心理学	必修	3
003	教育学	必修	3
004	计算机基础	必修	4
005	大学英语一	必修	4
006	摄影	选修	2
007	足球	选修	2

图 10.8 连接示意图

```
SELECT      student.ID AS 学号, student.name AS 姓名, course.course AS 课名, score.result2 AS 平时成绩,
            score.result1 AS 考试成绩
FROM        student, score, course
WHERE       student.name = '张三'
            AND student.ID=score.s_id
            AND score.c_id=course.id
ORDER BY score.result1 DESC,score.result2 DESC
```

运行结果如图 10.9 所示。

	学号	姓名	课名	平时成绩	考试成绩
▶	0001	张三	大学英语一	95.00	90.00
	0001	张三	邓小平理论	90.00	87.00
	0001	张三	计算机基础	90.00	84.00
	0001	张三	教育学	92.00	81.00
	0001	张三	心理学	95.00	73.00

图 10.9 例 10.3 运行结果

观察上面的查询语句与上一节查询语句的区别，首先 SELECT 子句中的课号被换成了课名；其次 FROM 子句中列出了需要连接的 3 个表的名称；最后 WHERE 子句中又多了一个逻辑运算符 AND，用来整合 score 表和 course 表连接的规则（score.c_id=course.id）。

10.3.5　使用表别名简化语句

在多表连接查询时，为了方便识别某字段属于哪个表，通常会在字段前加上表名，这样就遇到了一个问题，如果表名比较长、拼写比较复杂，则会给输入带来很大的不便。此时，可以使用表别名解决这一问题。表别名就是给表起的另外的名称，这会使同一个表具有多个名称。

在前面曾经介绍过给字段起别名的方法，其实给表起别名与其非常类似。在 FROM 子句中，在表名的后面加上关键字 AS 和别名即可。例如，下面的查询语句使用表别名简化了上一小节例 10.3 的查询语句。

```
SELECT    a.ID AS 学号, a.name AS 姓名, c.course AS 课名, b.result2 AS 平时成绩, b.result1 AS 考试成绩
FROM      student AS   a,
          score AS   b,
          course   AS   c
WHERE     a.name = '张三'
        AND a.ID=b.s_id
        AND b.c_id=c.ID
ORDER BY b.result1 DESC,b.result2 DESC
```

说明

如果运行环境为 Oracle，则给表起别名时不能用 AS 关键字，直接将别名写在表名后即可，如 student a。而 MySQL 和 SQL Server 中既可使用 AS 关键字，又可省略该关键字。

在 FROM 子句中给表起别名后，该别名可以用在查询语句中的任何位置。下面再看一个具体例子。

【例 10.4】查询“计算机基础”课程考试成绩大于等于 90 分的学生的学号、姓名、系别和考试成绩，并按考试成绩降序排序。

分析：课程名称在 course 表中，成绩在 score 表中，而姓名、系别在 student 表中，因此想要得到本例要求的结果，则必须对 course、score 和 student 三个表进行连接查询。

（1）如果运行环境为 MySQL，则查询语句如下。

```
SELECT    st.ID AS 学号, st.name AS 姓名, st.institute AS 所属院系, s.result1 AS 考试成绩
FROM      score AS s,
          course AS c,
          student AS st
WHERE     c.course='计算机基础'
        AND   s.result1>=90
        AND   s.c_id=c.ID
        AND   st.ID= s.s_id
ORDER BY s.result1 DESC
```

运行结果如图 10.10 所示。

学号	姓名	所属院系	考试成绩
0005	刘八	中文系	95.00
0010	徐学	计科系	95.00
0007	马六	外语系	90.00
0002	李燕	外语系	90.00

图 10.10　例 10.4 运行结果

（2）如果运行环境为 Oracle，则查询语句如下。

```
SELECT    st.ID   学号, st.name 姓名, st.institute 所属院系, s.result1    考试成绩
FROM      score    s,
          course     c,
          studen   st
WHERE     c.course='计算机基础'
        AND   s.result1>=90
        AND   s.c_id=c.ID
        AND   st.ID= s.s_id
ORDER BY s.result1 DESC
```

使用表别名不仅可以简化 SQL 语句，还可以在单条查询语句中多次使用同一个表，这对于自连接查询是非常重要的前提条件。关于自连接查询在本章后面的内容中介绍。

10.3.6　使用 INNER JOIN 连接查询

在 WHERE 子句中设置连接规则，有时会使整个条件表达式变的非常臃肿，而且不容易让人理解。因此在 ANSI SQL 规范中建议使用 INNER JOIN 进行多表连接。如此一来，WHERE 子句中就不用再放置连接规则，而只放置查询条件就可以了。使用 INNER JOIN 连接 n 个表的语法格式如下。

```
SELECT   *(或字段列表)
FROM     表名 1
         INNER JOIN  表名 2
         ON   接规则
         INNER JOIN  表名 3
         ON   连接规则
         …
         INNER JOIN  表名 n
         ON   连接规则
```

其中，关键字 ON 之后是连接表的规则。

注意

Oracle 在 Oracle9 时开始支持 INNER JOIN，Oracle8 并不支持该语句。

下面通过一个具体例题介绍 INNER JOIN 的用法。

【例 10.5】查询所有考过"心理学"课程的学生的学号、姓名、系别、"心理学"的平时成绩和考试成绩。

```
SELECT   st.ID AS 学号, st.name AS 姓名, st.institute AS 所属院系, s.result2 AS 平时成绩,
         s.result1 AS 考试成绩
FROM     score AS s
         INNER JOIN course AS c
         ON s.c_id=c.ID
         INNER JOIN student AS st
         ON st.ID= s.s_id
WHERE    c.course='心理学'
ORDER BY s.result1 DESC
```

运行结果如图 10.11 所示。

学号	姓名	所属院系	平时成绩	考试成绩
0010	徐学	计科系	95.00	93.00
0005	刘八	中文系	95.00	93.00
0009	吴刚	外语系	90.00	91.00
0004	周七	计科系	90.00	91.00
0007	马六	外语系	90.00	87.00
0002	李燕	外语系	90.00	87.00
0006	吴学霞	中文系	95.00	73.00
0001	张三	中文系	95.00	73.00
0008	杨九	计科系	92.00	70.00
0003	王丽	物理系	92.00	70.00

图 10.11　例 10.5 运行结果

本例中的 SELECT 语句，由于使用了 INNER JOIN 连接表，所以 WHERE 子句就变得简单了很多，这就是使用 INNER JOIN 的好处。当然，本例也可以使用 WHERE 子句完成连接查询，下面列出其 SELECT 语句供读者比较参考。

```
SELECT    st.ID AS 学号, st.name AS 姓名, st.institute AS 所属院系, s.result2 AS 平时成绩,
          s.result1 AS 考试成绩
FROM      score AS s,
          course AS c,
          student AS st
WHERE     c.course='心理学'
          AND s.c_id=c.ID
          AND st.ID=s.s_id
ORDER BY  s.result1 DESC
```

 说明

使用 INNER JOIN 的连接，通常被人们称为内部连接或内连接。

10.4 高级连接查询

本节将介绍自连接查询、内连接查询、外连接查询、交叉连接查询和连接查询中使用聚合函数的相关内容。

10.4.1 自连接查询

在多表连接查询中，有一个比较有意思的查询是自连接查询，即表自身与自身进行连接。本节将详细介绍这种查询的使用方法。为了便于读者分析本节的例题，在此列出了 student 表的所有内容，如图 10.12 所示。

ID	name	sex	birthday	origin	contact1	contact2	institute
0001	张三	男	1997-05-29 00:00:00	广东省	1381234567	1381234568	中文系
0002	李燕	女	1999-01-18 00:00:00	浙江省	13744444441	13755555555	外语系
0003	王丽	女	1998-09-01 00:00:00	辽宁省	13700000000	13711111111	物理系
0004	周七	女	1997-09-21 00:00:00	北京市	13877777777	13877777777	计科系
0005	刘八	女	1999-08-21 00:00:00	海南省	15388888888	NULL	中文系
0006	吴学霞	女	1998-02-12 00:00:00	江苏省	13822222222	13822222222	中文系
0007	马六	男	1998-07-12 00:00:00	浙江省	13766666666	13788888888	外语系
0008	杨九	男	1998-02-17 00:00:00	重庆市	137999999999	137999999999	计科系
0009	吴刚	男	1996-09-11 00:00:00	内蒙古自治区	13811111111	13811111111	外语系
0010	徐学	女	2000-01-08 00:00:00	内蒙古自治区	13800000000	NULL	计科系
0011	周三丰	男	1999-12-20 00:00:00	NULL	NULL	NULL	NULL
0012	三宝	男	1998-05-15 00:00:00	NULL	NULL	NULL	NULL

图 10.12 student 表所有内容

下面，首先通过一个例题说明自连接查询存在的价值，其次介绍自连接查询的使用方法。

【例 10.6】从 student 表中，查询"张三"所在院系的所有学生的信息。

分析：按照以前所学的知识，完成本例的查询任务需要两次查询，首先查询"张三"所在的院系是哪个院系，其次才能查询属于该院系的所有学生的信息。

（1）查询"张三"所在的院系名称。

```
SELECT    institute AS 所属院系
FROM      student
WHERE     name='张三'
```

运行结果如图 10.13 所示。

（2）根据上面的查询，知道了"张三"在中文系学习。下面查询"中文系"所有学生的信息。

```
SELECT    *
FROM      student
WHERE institute='中文系'
```

运行结果如图 10.14 所示。

图 10.13　"张三"所在的院系

图 10.14　"中文系"所有学生信息

上面通过两次查询完成了查询任务，接下来分析一下这两次查询的关系，它们关键的关系是都基于同一个 student 表查询。

虽然通过两次查询得到了正确的结果，但是这对于提高查询效率是很不利的。因为在 DBMS 中，通常执行两条 SELECT 语句的时间，总会比执行一条 SELECT 语句的时间要长。所以遇到类似本例的查询任务，应当首选自连接查询。因为自连接查询可以用一条 SELECT 语句完成本例的查询任务。具体查询语句如下。

```
SELECT    st1.*
FROM      student AS st1, student AS st2
WHERE     st1.institute= st2.institute
        AND     st2.name='张三'
```

其中，FROM 子句后要连接的两个表都是 student 表，只是给 student 表分别取了两个不同的别名而已。这是为了让 DBMS 能够区别开查询语句中引用的字段是属于第一个 student 表还是第二个 student 表。上面自连接查询语句的运行结果与图 10.14 所示完全相同。

上面 SELECT 子句中"st1.*"的意思是，要显示 st1 表的所有字段，如果将其改为"*"，则会显示 st1 和 st2 表的所有字段，例如下面的语句。

```
SELECT    st1.*
FROM      student AS st1, student AS st2
WHERE     st1.institute= st2.institute
        AND st2.name='张三'
```

执行语句后得到如图 10.15 所示的查询结果。

图 10.15　SELECT 子句中使用星号的结果

使用自连接查询时应特别注意，WHERE 子句中表的连接规则，本例中连接规则是 st1.institute= st2.institute，如果改为用其他字段连接则会出错。例如，改为 st1.ID= st2.ID，则运行结果中只有"张三"的一条记录。图 10.16 可以帮助读者了解使用 st1.institute= st2.institute 作为连接规则的原因。

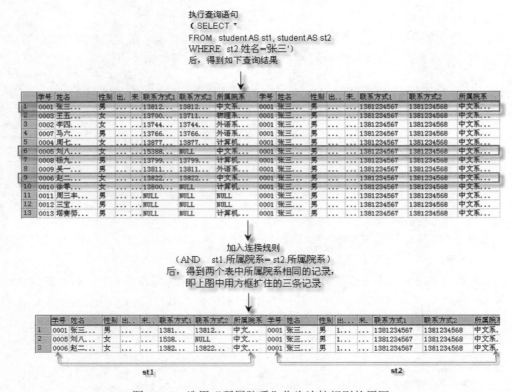

执行查询语句
（SELECT *
FROM student AS st1, student AS st2
WHERE st2.姓名='张三'）
后，得到如下查询结果

加入连接规则
（AND st1.所属院系= st2.所属院系）
后，得到两个表中所属院系相同的记录，
即上图中用方框扩住的三条记录

图 10.16　选用"所属院系"作为连接规则的原因

为了强调连接规则的设置，下面再看一个例题。

【例 10.7】从 student 表中，查询与"吴刚"来源地相同的所有学生的学号、姓名和所属院系。

```
SELECT  st1.ID AS 学号, st1.name AS 姓名, st1.institute AS 所属院系
FROM      student AS st1, student AS st2
WHERE    st2.name='吴刚'
         AND st1.origin=st2.origin
```

运行结果如图 10.17 所示。

图 10.17　例 10.7 运行结果

10.4.2　内连接查询

实际上前面讲过的有连接规则的连接都属于内连接。内连接包括等值连接、自然连接和不等值连接三种。内连接最大的特点是只返回两个表中互相匹配的记录，而那些不能匹配的记录就被自动去除了。所以使用内连接时，应该考虑到查询结果中有可能丢掉了某些数据的问题，如图 10.18 所示。

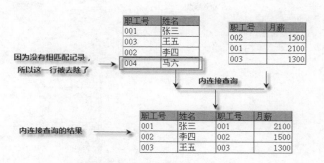

图 10.18　内连接丢掉数据示意图

1．等值连接

前面几节的内容中，连接规则由等于号（=）组合而成，如 st1.institute= st2.institute，并且列出两个表中所有字段的连接，即 SELECT 子句中使用星号（*）通配符的连接就属于等值连接。关于等值连接，由于前面的例子已经足够，因此不再具体举例说明。

2．自然连接

在等值连接的基础上稍加改动即可得到自然连接，等值连接将两个表中的所有字段全部列出，而自然连接则不将相同的字段显示两次，即在 SELECT 子句中列出需要显示的字段列表。

3．不等值连接

不等值连接的连接规则由等于号以外的运算符组成，如由>、>=、<、<=、<>或 BETWEEN 等。下面通过一个例题介绍不等值连接的使用方法。首先创建一个将要使用的年代对照表 nddzb，其创建语句和插入记录的语句分别如下。

```
CREATE TABLE nddzb
(
    起始年份    datetime,
    终止年份    datetime,
    年代        char(6)
);

INSERT INTO nddzb(起始年份,终止年份,年代) VALUES ('1996-1-1','1996-12-31','96 后');
INSERT INTO nddzb(起始年份,终止年份,年代) VALUES ('1997-1-1','1997-12-31','97 后');
INSERT INTO nddzb(起始年份,终止年份,年代) VALUES ('1998-1-1','1998-12-31','98 后');
INSERT INTO nddzb(起始年份,终止年份,年代) VALUES ('1999-1-1','1999-12-31','99 后');
INSERT INTO nddzb(起始年份,终止年份,年代) VALUES ('2000-1-1','2000-12-31','00 后');
```

执行下面的查询语句查看年代对照表的内容。

```
SELECT   *
FROM     nddzb
```

运行结果如图 10.19 所示。

【例 10.8】从 student 表中，查询所有学生的出生年代。

分析：要完成此查询任务，需要将 student 表和 nddzb 连接起来，但是这两个表没有共同字段，所以没办法使用等值连接，而根据题意可以使用不等值连接。连接规则是如果 student 表的出生日期在 nddzb 的起始年份和终止年份之间就可以连接。

```
SELECT      st.name AS 姓名,st.birthday AS 出生日期, n.年代
FROM        student AS st,nddzb AS n
WHERE       st.birthday BETWEEN n.起始年份  AND n.终止年份
```

运行结果如图 10.20 所示。

图 10.19　年代对照表内容

图 10.20　例 10.8 查询结果

10.4.3　外连接查询

在多表连接查询时，有时希望表的所有记录都被包含进去，即使没能匹配的记录也包含在查询结果集内。这时内连接查询已经满足不了需求，所以应该采用另外一种连接查询方法——外连接查询，如图 10.21 所示。外连接有左外连接、右外连接和全外连接三种。

1. 左外连接

这种连接的规则是将左外连接符号（LEFT OUTER JOIN 或 LEFT JOIN）左边的表的所有记录都包含到结果集中，而只将右边表中有匹配的记录包含进结果集。如图 10.22 所示，实现图中左外连接的查询语句如下。

```
SELECT  *
FROM    t1
        LEFT OUTER    JOIN t2
        ON   t1.职工号=t2.职工号
```

通过图 10.22 还可以知道，左外连接时左边表的所有记录都会包含到查询结果中，这时，那些没有匹配的左边表的记录会与全部是 NULL 值的记录连接。

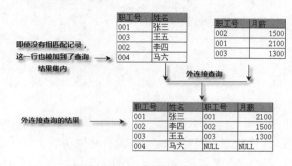

图 10.21　外连接示意图

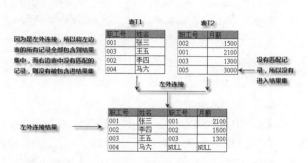

图 10.22　左外连接示意图

2. 右外连接

这种连接的规则是将右外连接符号（RIGHT OUTER JOIN 或 RIGHT JOIN）右边的表的所有记录都包含到结果集中，而只将左边表中有匹配的记录才包含进结果集，如图 10.23 所示。实现图中右外连接的查询语句如下。

```
SELECT    *
FROM     t1
         RIGHT OUTER JOIN t2
         ON   t1.职工号=t2.职工号
```

3. 全外连接

这种连接的规则是将两个表的所有记录都包含到结果集中，这种连接只有一种 FULL OUTER JOIN 连接符。如图 10.24 所示，实现图中全外连接查询的语法在 SQL Server 和 Oracle 中都相同，下面是具体查询语句。

```
SELECT    *
FROM     t1
         FULL OUTER JOIN t2
         ON   t1.职工号=t2.职工号
```

通过图 10.24 可以知道，全外连接时那些没有匹配的两个表的记录会与全部是 NULL 值的记录连接。

在 MySQL 中不支持全外连接，要实现全外连接的效果，可以采用关键字 UNION 来联合左、右连接，具体查询语句如下。

```
SELECT    *
FROM     t1
         LEFT JOIN t2
         ON   t1.职工号=t2.职工号
UNION
SELECT    *
FROM     t1
         RIGHT JOIN t2
         ON   t1.职工号=t2.职工号
```

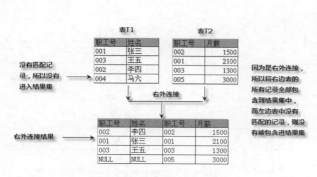

图 10.23 右外连接示意图

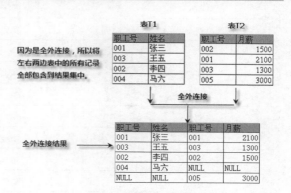

图 10.24 全外连接示意图

技巧

在使用外连接查询时，建议最好使用 JOIN 形式的外连接符号，因为，这种形式有利于数据库移植和在不同的 DBMS 中重用查询语句。

10.4.4 交叉连接查询

交叉连接其实就是前面介绍的无连接规则的连接，实际上这种连接有两种表示方法。以连接 t1 和 t2 表为例，下面列出其两种表示方法。

（1）用逗号隔开表名

```
SELECT   *
FROM     t1, t2
```

（2）用 CROSS JOIN 关键字连接表名

```
SELECT   *
FROM     t1   CROSS JOIN   t2
```

上面的两种 SELECT 语句是完全等价的，只不过一个是用逗号隔开表名，而另一个使用关键字 CROSS JOIN 连接表名而已。交叉连接的返回结果是一个笛卡尔积，即两个表中的每一行都互相连接，例如，一个表有 10 行记录，另一表有 20 行记录时，对其进行交叉连接后得到的是 200 行记录的查询结果。因此当两个表很大时，要谨慎对其进行交叉连接，因为这样会得到一个庞大的结果集。下面看一个使用交叉连接的例子。

【例 10.9】使用交叉连接的方法得到表 10.4 所示的课程表 kcb。

表 10.4 kcb 的内容

星　　期	节　　数	课　　号
星期一	第一节	NULL
星期一	第二节	NULL
星期一	第三节	NULL
星期一	第四节	NULL
星期一	第五节	NULL
星期一	第六节	NULL
星期一	第七节	NULL
星期一	第八节	NULL
星期二	第一节	NULL
星期二	第二节	NULL
星期二	第三节	NULL
星期二	第四节	NULL
星期二	第五节	NULL
星期二	第六节	NULL
星期二	第七节	NULL

续表

星　　期	节　　数	课　　号
星期二	第八节	NULL
星期三	第一节	NULL
……	……	……
星期五	第三节	NULL
星期五	第四节	NULL
星期五	第五节	NULL
星期五	第六节	NULL
星期五	第七节	NULL
星期五	第八节	NULL

（1）建立两个临时数据表 a 和 b，其内容如图 10.25 所示。

（2）对 a、b 两个表进行交叉连接操作，并将结果保存到 kcb 表。假设 SQL 运行环境为 MySQL 或 Oracle，则其语句如下。

```
CREATE TABLE kcb
AS
SELECT *
FROM a CROSS JOIN b
```

假设 SQL 运行环境为 SQL Server，则其语句如下。

```
SELECT    *
INTO    kcb
FROM    a   CROSS JOIN   b
```

执行查询语句后得到一张新表，表中有 40 条记录的数据。

使用下面的查询语句对 kcb 表进行查询。

```
SELECT    *
FROM    kcb
ORDER BY  星期
```

运行结果如图 10.26 所示。

图 10.25　数据表 a 和 b 的内容

图 10.26　kcb 表内容

10.4.5　连接查询中使用聚合函数

聚合函数不仅可以用于单表查询中，还可以用在多表连接查询中，本节通过一个例题说明这一点。

【例 10.10】统计没有考过任何考试的学生人数。

分析：student 表中存放的是所有学生的记录，score 表中存放的是考过试的学生的成绩。要完成本例的要求，则应当用 student 表左外连接 score 表，这样 student 表中没有考过任何考试的学生就与全部是 NULL 值的记录连接，而后统计 score 表部分"学号"为 NULL 值的记录个数就能得到没有考过任何考试的学生人数。例如，执行下面的左外连接查询的语句。

```
SELECT    st.ID AS 学号,st.name AS 姓名,s.s_id AS 学号,s.c_id AS 课号,s.result1 AS 考试成绩
FROM      student AS st
          LEFT OUTER JOIN score AS s
          ON st.ID=s.s_id
ORDER BY   s.s_id
```

运行结果如图 10.27 所示。

观察左外连接的查询结果，会发现没有考过任何考试的学生都会与全部是 NULL 值的记录连接，例如图 10.27 中前 2 条记录。所以统计没有考过任何考试的学生人数的语句如下。

```
SELECT    COUNT(*) AS 没有考任何考试的人数
FROM      student AS st
          LEFT OUTER JOIN score AS s
          ON st.ID=s.s_id
WHERE     s.s_id IS NULL
SELECT    COUNT(*) AS 没有考任何考试的人数
```

运行结果如图 10.28 所示。

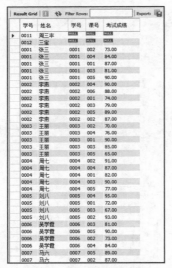

图 10.27　左外连接的结果

图 10.28　例 10.10 运行结果

10.5　组 合 查 询

除连接查询外，SQL 中还有一种组合查询，这种查询使用 UNION 关键字将多个 SELECT 语句组合起来，将多个 SELECT 语句的查询结果显示到一个结果集中。组合查询与连接查询不同的是，前者将多个表的查询结果竖着组合，而后者是将查询结果横着连接，如图 10.29 所示。

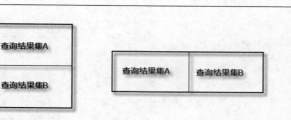

组合查询结果　　　　　　　　　连接查询结果

图 10.29　组合查询与连接查询区别示意图

10.5.1　使用组合查询

有时需要将多个查询语句的结果放到一起，以一个查询结果集的形式将其显示出来。这时就可以使用组合查询，组合查询是使用 UNION 关键字将多个 SELECT 查询语句组合起来查询的一种查询方法，其语法格式如下。

```
SELECT  语句 1
UNION
SELECT  语句 2
UNION
SELECT  语句 3
…
UNION
SELECT  语句 n
```

组合查询将每一个查询语句的结果集，竖着合并组成一个新的结果集。组合查询结果集的行数，最大时等于所有单个查询的结果集之和。下面通过一个例题说明组合查询的使用方法。

【例 10.11】从 student 表中，查询来源地为"北京市"或者所属院系为"计科系"或者年龄大于 20 岁的学生的信息。假设运行环境为 MySQL。

```
SELECT      *
FROM        student
WHERE       origin='北京市'
UNION
SELECT      *
FROM        student
WHERE       institute='计科系'
UNION
SELECT      *
FROM        student
WHERE       TIMESTAMPDIFF(YEAR, birthday, CURDATE())>20
```

运行结果如图 10.30 所示。

ID	name	sex	birthday	origin	contact1	contact2	institute
0004	周七	女	1997-09-21 00:00:00	北京市	13877777777	13877777777	计科系
0008	杨九	男	1998-02-17 00:00:00	重庆市	137999999999	137999999999	计科系
0010	徐学	女	2000-01-08 00:00:00	内蒙古自治区	13800000000	NULL	计科系

图 10.30　例 10.11 运行结果

若 SQL 运行环境为 SQL Server，计算年龄的函数有所不同，则 SQL 语句如下。

```
SELECT      *
FROM        student
WHERE       origin='北京市'
UNION
SELECT      *
FROM        student
WHERE       institute='计科系'
UNION
SELECT      *
FROM        student
WHERE       DATEDIFF(year,birthday,GETDATE())>20
```

实际上，上面的例题也可以使用 OR 运算符完成查询任务。例如，下面的查询语句也能查询到本例要求的数据。

```
SELECT      *
FROM        student
WHERE       origin='北京市'
        OR institute='计科系'
        OR DATEDIFF(year,birthday,GETDATE())>20
```

虽然使用 OR 运算符可以达到使用 UNION 运算符的效果，但是使用 UNION 和使用 OR 得到的结果还是有一点差别，就是 UNION 会将结果集中相同的记录自动去掉，而 OR 则保留相同记录。例如，下面的例子使用 UNION 和使用 OR 就会得到不同的结果。

【例 10.12】从 student 表中，查询来源地为"北京市"或"江苏省"或"内蒙古自治区"的学生的所属院系信息。

（1）下面的语句使用 UNION 完成查询任务。

```
SELECT      institute AS  所属院系
FROM        student
WHERE       origin='北京市'
UNION
SELECT      institute AS  所属院系
FROM        student
WHERE       origin='江苏省'
UNION
SELECT      institute AS  所属院系
FROM        student
WHERE       origin='内蒙古自治区'
```

运行结果如图 10.31 所示。

（2）下面的语句使用 OR 完成查询任务。

```
SELECT      institute AS  所属院系
FROM        student
WHERE       origin='北京市'
        OR origin='江苏省'
        OR origin='内蒙古自治区'
```

运行结果如图 10.32 所示。

图 10.31　例 10.12 运行结果 1	图 10.32　例 10.12 运行结果 2

　　通过比较两次运行结果，不难发现使用 OR 的查询结果中有重复值出现（出现了 2 次"计科系"），而使用 UNION 的查询结果中没有重复值出现。当然，使用 OR 的查询中也可以使用 DISTINCT 关键字删除重复值。

　　使用 UNION 时，如果希望不删除重复值，则可以在 UNION 后加上 ALL 关键字。例如，下面的语句不删除重复值记录。

```
SELECT     institute AS  所属院系
FROM       student
WHERE      origin='北京市'
UNION ALL
SELECT     institute AS  所属院系
FROM       student
WHERE      origin='江苏省'
UNION ALL
SELECT     institute AS  所属院系
FROM       student
WHERE      origin='内蒙古自治区'
```

10.5.2　使用 UNION 的规则

　　使用组合查询可以组合多个查询语句的结果集，不管这些结果集是来自同一个数据表还是来自不同的数据表。但是使用 UNION 组合查询语句时，应当注意两条最重要的规则，下面列出其内容供读者参考。

1. 每个查询语句应当有相同数量的字段

　　在使用 UNION 组合查询语句时，一定要注意每个单独的 SELECT 子句内的字段个数一定要相同。如果不同则会出现错误。例如，下面的语句将会出现错误。

```
SELECT     ID, name
FROM       student
WHERE      origin='北京市'
UNION
SELECT     ID, name, birthday
FROM       student
WHERE      institute='计科系'
```

　　运行将会出错，MySQL 的错误提示信息如下。

```
Error Code: 1222. The used SELECT statements have a different number of columns
```

　　SQL Server 的错误提示信息如下。

```
服务器: 消息 205，级别 16，状态 1，行 1
包含 UNION 运算符的 SQL 语句中的所有查询都必须在目标列表中具有相同数目的表达式。
```

当独立查询语句的字段个数不同时，可以在字段个数不够的地方使用常量补位。例如，在上面的第一个 SELECT 子句中补上一个 NULL 值，就可以避免错误，具体语句如下。

```
SELECT    ID, name, null
FROM      student
WHERE     origin='北京市'
UNION
SELECT    ID, name, birthday
FROM      student
WHERE     institute='计科系'
```

2. 每个查询语句中相应的字段的类型必须相互兼容

在每个查询语句字段个数相等的前提下，相应的字段的类型应当互相兼容。例如，下面的语句因为字段类型的不兼容，在 SQL Server 中运行时将出现错误。

```
SELECT    ID, name, institute
FROM      student
WHERE     origin='北京市'
UNION
SELECT    ID, name, birthday
FROM      student
WHERE     institute='计科系'
```

运行结果如下。

```
服务器: 消息 241，级别 16，状态 1，行 1
从字符串转换为 datetime 时发生语法错误。
```

其中，错误的原因是，第一个 SELECT 语句中的"所属院系"字段的类型为字符型，而第二个 SELECT 语句中相应的字段"出生日期"为日期时间型字段。

 技巧

当相应位置的字段类型不同时，可以使用类型转换函数强制转换字段类型。

由于 MySQL 中自动将日期时间类型转变为字符串类型输出，因此在 MySQL 环境下执行以上 SQL 语句，则不会出现错误。运行结果如图 10.33 所示。

图 10.33　MySQL 中日期时间类型转变为字符串类型输出

10.5.3　使用 UNION 解决不支持全外连接的问题

到目前为止，UNION 好像是多余的，因为它可能会被 OR 代替。其实不然，UNION 很重要的一个作用是通过组合左外连接和右外连接来实现全外连接的功能。因为有些 DBMS（如 Oracle8i），不支持全外连接，因此 UNION 的这一作用非常重要。下面的语句使用 UNION 将 MySQL、Oracle8i 支持的左外连接和右外连接组合了起来，以此弥补这些 DBMS 不支持全外连接的缺点。

```
SELECT    *
FROM      t1
          LEFT JOIN t2
          ON   t1.职工号=t2.职工号
UNION
SELECT    *
FROM      t1
          RIGHT JOIN t2
          ON   t1.职工号=t2.职工号
```

10.5.4   使用 UNION 得到复杂的统计汇总样式

联合 UNION、GROUP BY 和聚合函数三者会得到具有很棒的统计汇总样式的查询结果，这也是 OR 所不能替代的。例如，下面的语句会得到一个具有复杂统计汇总样式的查询结果集。

```
SELECT    s_id AS 学号, c_id AS 课号, result1 AS 考试成绩
FROM      score
UNION
SELECT    s_id AS 学号, '总分：', SUM(result1)
FROM      score
GROUP     BY s_id
UNION
SELECT    s_id, '平均分：', AVG(result1)
FROM      score
GROUP BY  s_id
ORDER BY  学号, 课号
```

运行结果如图 10.34 所示。

上面的例子很好地利用了组合查询的功能，完成了一个在 SQL 中几乎不可能实现的复杂统计汇总样式。但可惜的是，它不能仅用总分或平均分排序，关于排序请看下一节的内容。

图 10.34   使用 UNION 得到的复杂统计汇总样式

10.5.5　排序组合查询的结果

虽然组合查询中可以有多个单独的 SELECT 语句，而且每个独立的 SELECT 语句又都可以拥有自己的 WHERE 子句、GROUP BY 子句和 HAVING 子句，但是整个语句中却只能出现一个 ORDER BY 子句，而且它的位置必须在整个语句的末尾，就是说只能对组合查询最后的结果进行排序，而并不能只对某个单独的 SELECT 语句的结果进行排序。

【例 10.13】从 student 表中，查询来源地为"北京市"或者所属院系为"计科系"或者年龄大于 20 岁的学生的信息，并按照出生日期进行升序排序。

```
SELECT      *
FROM        student
WHERE       origin='北京市'
UNION
SELECT      *
FROM        student
WHERE       institute='计科系'
UNION
SELECT      *
FROM        student
WHERE       TIMESTAMPDIFF(YEAR, birthday, CURDATE())>20
ORDER BY birthday
```

运行结果如图 10.35 所示。

ID	name	sex	birthday	origin	contact1	contact2	institute
0009	吴刚	男	1996-09-11 00:00:00	内蒙古自治区	13811111111	13811111111	外语系
0001	张三	男	1997-05-29 00:00:00	广东省	1381234567	1381234568	中文系
0004	周七	女	1997-09-21 00:00:00	北京市	13877777777	13877777777	计科系

图 10.35　例 10.13 运行结果

因为组合查询结果集的字段名列表是根据第一个 SELECT 子句的字段名列表而定，所以在使用 ORDER BY 时应当注意这一点。

组合查询其实存在一个很有意思的排序问题。当没有 ORDER BY 子句时，查询结果会根据第一个 SELECT 子句中字段名列表升序排序。下面用 10.5.4 节的例子举例说明这一点。为了能够在统计汇总表中显示学生姓名和课名，下面的语句中使用了内连接查询。

```
SELECT      st.name AS 姓名, c.course AS 课名, s.result1 AS 考试成绩
FROM        score AS s,
            student AS st,
            course AS c
WHERE       s.s_id=st.ID
            AND s.c_id=c.ID
UNION
SELECT      st.name AS 姓名, '总分：', SUM(s.result1) AS 考试成绩
FROM        score AS s,
            student AS st
WHERE       s.s_id=st.ID
GROUP BY s.s_id,st.name
UNION
SELECT      st.name AS 姓名, '平均分：', AVG(s.result1) AS 考试成绩
```

```
FROM        score AS s,
            student AS st
WHERE       s.s_id=st.ID
GROUP BY s.s_id,st.name
ORDER BY 姓名
```

运行结果如图 10.36 所示。查询结果首先按照“姓名”字段排序，在“姓名”字段值相等时，按照“课名”字段排序，因此，根据排序规则，字符串“总分”、“平均分”就排在课程名称的中间位置，而不是在每个学生和科成绩列表的下方，这时可以用下面的技巧解决这一问题。

```
SELECT      st.name AS 姓名,c.ID AS 课号, c.course AS 课名, s.result1 AS 考试成绩
FROM        score AS s,
            student AS st,
            course AS c
WHERE       s.s_id=st.ID
            AND s.c_id=c.ID
UNION
SELECT      st.name AS 姓名,'999', '总分：',SUM(s.result1) AS 考试成绩
FROM        score AS s,
            student AS st
WHERE       s.s_id=st.ID
GROUP BY s.s_id,st.name
UNION
SELECT      st.name AS 姓名, '999', '平均分：', AVG(s.result1) AS 考试成绩
FROM        score AS s,
            student AS st
WHERE       s.s_id=st.ID
GROUP BY s.s_id,st.name
ORDER BY 姓名，课号
```

上面的语句中，因为第一个 SELECT 子句字段列表顺序是“姓名、课号、课名、考试成绩”，因此，首先按照“姓名”排序，当“姓名”相等时，使用了“课号”排序，因为“总分”和“平均分”的课号都被设置为“999”，所以它们排在每位学生各科成绩列表的最后。运行结果如图 10.37 所示。

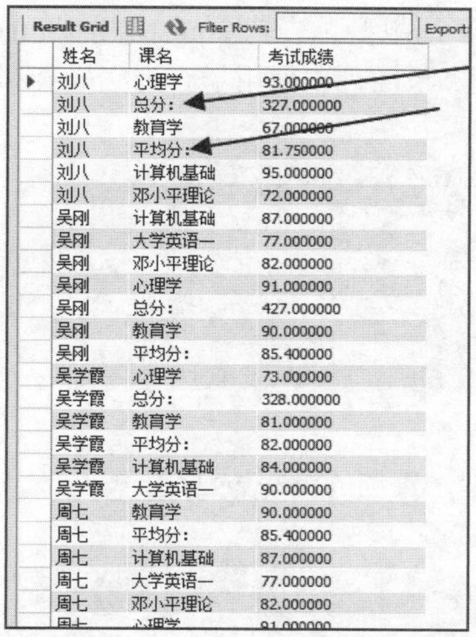

姓名	课名	考试成绩
刘八	心理学	93.000000
刘八	总分：	327.000000
刘八	教育学	67.000000
刘八	平均分：	81.750000
刘八	计算机基础	95.000000
刘八	邓小平理论	72.000000
吴刚	计算机基础	87.000000
吴刚	大学英语一	77.000000
吴刚	邓小平理论	82.000000
吴刚	心理学	91.000000
吴刚	总分：	427.000000
吴刚	教育学	90.000000
吴刚	平均分：	85.400000
吴学霞	心理学	73.000000
吴学霞	总分：	328.000000
吴学霞	教育学	81.000000
吴学霞	平均分：	82.000000
吴学霞	计算机基础	84.000000
吴学霞	大学英语一	90.000000
周七	教育学	90.000000
周七	平均分：	85.400000
周七	计算机基础	87.000000
周七	大学英语一	77.000000
周七	邓小平理论	82.000000
周七	心理学	91.000000

图 10.36　使用 UNION 得到的复杂统计汇总样式

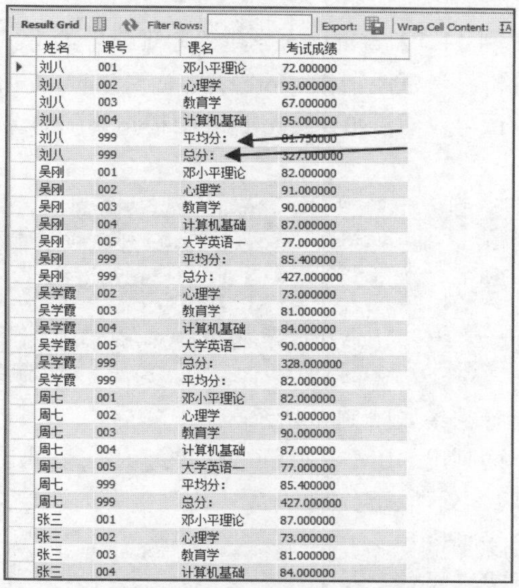

姓名	课号	课名	考试成绩
刘八	001	邓小平理论	72.000000
刘八	002	心理学	93.000000
刘八	003	教育学	67.000000
刘八	004	计算机基础	95.000000
刘八	999	平均分：	81.750000
刘八	999	总分：	327.000000
吴刚	001	邓小平理论	82.000000
吴刚	002	心理学	91.000000
吴刚	003	教育学	90.000000
吴刚	004	计算机基础	87.000000
吴刚	005	大学英语一	77.000000
吴刚	999	平均分：	85.400000
吴刚	999	总分：	427.000000
吴学霞	002	心理学	73.000000
吴学霞	003	教育学	81.000000
吴学霞	004	计算机基础	84.000000
吴学霞	005	大学英语一	90.000000
吴学霞	999	总分：	328.000000
吴学霞	999	平均分：	82.000000
周七	001	邓小平理论	82.000000
周七	002	心理学	91.000000
周七	003	教育学	90.000000
周七	004	计算机基础	87.000000
周七	005	大学英语一	77.000000
周七	999	平均分：	85.400000
周七	999	总分：	427.000000
张三	001	邓小平理论	87.000000
张三	002	心理学	73.000000
张三	003	教育学	81.000000
张三	004	计算机基础	84.000000

图 10.37　加入了“课号”字段后的结果

第11章 子 查 询

嵌入另一个 SELECT 语句中的 SELECT 语句称为子查询。目前子查询能完成的工作，通过表连接几乎也都可以完成，而在过去，因为内连接的运行效率比较差，外连接又不能使用，所以子查询被运用的非常广。由于开发人员在过去几年对 DBMS 的优化，使得内连接的运行效率明显优于子查询，而外连接也被开发了出来。所以人们开始放弃那些很难理解的子查询语句，而改用相对容易理解的表连接查询语句。

虽然多数情况下，使用表连接查询要优于子查询，但在特定环境下，子查询运行的效率可能仍旧优于表连接查询，而且为了能够阅读和理解早年编写的 SQL 语句，所以本书还是将子查询作为一章的内容加入了进来。

11.1 返回单值的子查询

子查询可能返回一个单值，也可能会返回一列值，但它不能返回一个几行几列的表，这是由于子查询的结果要用在主查询语句中，所以必须适合主查询语句。本节将介绍返回单值的子查询。

11.1.1 使用返回单值的子查询

如果子查询返回单值，则可以使用关系运算符，如等于（=）、不等于（<>）等，将其与主查询结合起来。下面举例说明。

【例 11.1】查询所有学生"心理学"的考试成绩，并以考试成绩降序进行排序。

分析：考试成绩在 score 表中，而该表中没有课名只有课号，所以必须先从 course 表中查询"心理学"的课号，然后再从 score 表中根据查到的课号查询考试成绩。下面列出使用子查询完成查询任务的语句。

```
SELECT    s_id AS  学号, result1 AS  考试成绩
FROM      score
WHERE     c_id=(SELECT c_id
                 FROM course
                 WHERE course='心理学')
ORDER BY result1 DESC
```

运行结果如图 11.1 所示。

下面列出 DBMS 执行子查询的步骤，以此让读者更好地掌握子查询的编写方法。

（1）处理子查询，得到"心理学"的课号。

```
SELECT ID
FROM course
WHERE course='心理学'
```

运行结果如图 11.2 所示。

Result Grid	Filter Rows:
学号	考试成绩
▶ 0005	93.00
0010	93.00
0004	91.00
0009	91.00
0002	87.00
0007	87.00
0001	73.00
0006	73.00
0003	70.00
0008	70.00

图 11.1　例 11.1 运行结果

Result Grid	Filter Rows:
ID	
▶ 002	

图 11.2　"心理学"的课号

（2）将子查询的查询结果——课号"002"，放到主查询中，此时，整个查询语句变为如下形式。

```
SELECT    s_id AS 学号, result1 AS 考试成绩
FROM      score
WHERE     c_id='002'
ORDER BY result1 DESC
```

（3）执行结合好的主查询，得出最后的运行结果。

本例也可以使用内连接查询编写查询语句，具体语句如下。

```
SELECT    s_id AS 学号, result1 AS 考试成绩
FROM      score AS s,
          course AS c
WHERE     c.course='心理学'
          AND s.c_id=c.ID
ORDER BY result1 DESC
```

或

```
SELECT    s_id AS 学号, result1 AS 考试成绩
FROM      score AS s
          INNER JOIN course AS c
          ON s.c_id=c.ID
WHERE     c.course='心理学'
ORDER BY result1 DESC
```

11.1.2　子查询与聚合函数的配合使用

子查询和聚合函数配合使用，其实是当前子查询的最大用途。因为聚合函数通常都在 SELECT 子句字段列表处出现，而 WHERE 子句中又不能包含聚合函数，所以通常是使用子查询获得聚合函数的返回值，然后将该返回值放到主查询中，最后再执行结合好后的查询语句。

【例 11.2】查询出生日期最小的学生的所有信息。

```
SELECT    *
FROM      student
WHERE     birthday=(SELECT MIN(birthday)
                    FROM student)
```

运行结果如图 11.3 所示。

图 11.3 例 11.2 运行结果

【例 11.3】查询"心理学"考试成绩大于其考试成绩平均分的所有学生的学号、平时成绩和考试成绩。

```
SELECT s_id AS 学号, result2 AS 平时成绩, result1 AS 考试成绩
FROM    score
WHERE c_id=(SELECT ID
                FROM course
                WHERE course='心理学')
    AND    result1>(SELECT AVG(result1)
                    FROM    score
                    WHERE c_id=(SELECT ID
                                FROM course
                                WHERE course='心理学'))
ORDER BY result1 DESC
```

运行结果如图 11.4 所示。

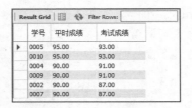

图 11.4 例 11.3 运行结果

上面的查询语句使用了三个子查询，而且求心理学考试成绩平均分的子查询为嵌套子查询，所以整个查询语句显得比较复杂。

> **说明**
> 子查询内部还有其他子查询存在时，将这种子查询称为嵌套子查询。例如，上面求"心理学"考试成绩平均分的子查询。
>
> ```
> SELECT AVG(result1)
> FROM    score
> WHERE c_id=(SELECT ID
>                 FROM course
>                 WHERE course='心理学'))
> ```
>
> 即为嵌套子查询，该嵌套子查询的层数为 2。SQL 标准没有限制嵌套子查询的最大层数，但是嵌套子查询的层数越多越影响运行效率，而且不易阅读维护。

下面列出编写本例查询语句的思路步骤。

（1）构思大框架。首先写出主查询语句的框架，然后以逐步求精的思路一一写出子查询。下面是主查询语句的框架，用方括号括起来的是需要通过子查询得到的数据。

```
SELECT s_id AS 学号, result2 AS 平时成绩, result1 AS 考试成绩
FROM    score
WHERE c_id=【心理学课号】
```

```
        AND    result1>【心理学考试成绩平均分】
ORDER BY result1 DESC
```

（2）编写求【心理学课号】的子查询。

```
SELECT ID
FROM course
WHERE course='心理学'
```

（3）编写求【心理学考试成绩平均分】的子查询。

```
SELECT AVG(result1)
FROM   score
WHERE c_id=(SELECT ID
            FROM course
            WHERE course='心理学')
```

（4）将子查询放入主查询框架内即可得到本例的完整查询语句。

本例的查询语句也可以写为如下形式。

```
SELECT s_id AS 学号, result2 AS 平时成绩, result1 AS 考试成绩
FROM   score AS s, (SELECT ID
                    FROM course
                    WHERE course='心理学') AS a
WHERE result1>(SELECT AVG(result1)
               FROM   score
               WHERE c_id=a.ID)
      AND s.c_id=a.ID
ORDER BY result1 DESC
```

该语句中使用了动态视图的概念，将求【心理学课号】的子查询语句放到了 FROM 子句中，并给产生的结果集取别名为 a，同时使用了内连接的方法，将两个表连接起来，以此达到简化查询语句的效果。

下面将本例再改进一步，让查询结果集中包含学生姓名，此时便需要将 student 表连接进来，下面列出其具体语句。

```
SELECT st.ID AS 学号, st.name AS 姓名,result2 AS 平时成绩, result1 AS 考试成绩
FROM   student AS st, score AS s, (SELECT ID
                                  FROM course
                                  WHERE course='心理学') AS a
WHERE result1>(SELECT AVG(result1)
               FROM   score
               WHERE c_id=a.ID)
      AND s.c_id=a.ID
      AND st.ID=s.s_id
ORDER BY result1 DESC
```

运行结果如图 11.5 所示。

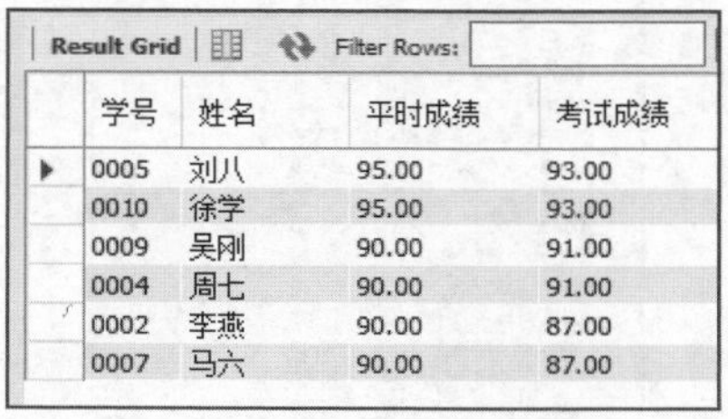

学号	姓名	平时成绩	考试成绩
0005	刘八	95.00	93.00
0010	徐学	95.00	93.00
0009	吴刚	90.00	91.00
0004	周七	90.00	91.00
0002	李燕	90.00	87.00
0007	马六	90.00	87.00

图 11.5 加入"姓名"后的查询结果

11.2　返回一列值的子查询

子查询除了可以返回单值以外，也可以返回一列值，即返回某个字段的所有值或几个值。要利用子查询返回的一列值，可以使用 IN 和 NOT IN 两个运算符。

11.2.1　使用 IN 的子查询

如果子查询返回的不是单值，而是一列值，则可以使用 IN 运算符将该子查询与主查询语句结合起来。当然，返回单值的子查询也可以使用 IN 运算符与主查询结合。

【例 11.4】查询所有课程类型为"必修"的学生的考试成绩，并按照课号进行升序排序。

按照前面所学的知识，需要两步才能查询到结果。下面列出其步骤和具体语句。

（1）求所有必修课的课号。

```
SELECT    ID
FROM      course
WHERE type='必修'
```

运行结果如图 11.6 所示。

（2）根据上一步查询到的课号，查询所有学生必修课的成绩。

```
SELECT    *
FROM      score
WHERE    c_id IN ('001','002','003','004','005')
ORDER BY c_id, s_id
```

运行结果如图 11.7 所示。

如果使用子查询，本例的查询任务可以仅用一条语句完成，下面列出其具体语句。

```
SELECT    *
FROM      score
WHERE    c_id IN (SELECT    ID
                  FROM      course
                  WHERE type='必修')
ORDER BY c_id, s_id
```

运行结果如图 11.8 所示。

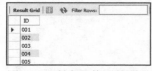

图 11.6　所有必修课的课号　　　图 11.7　所有学生必修课的成绩　　　图 11.8　利用子查询得到的结果

比较图 11.7 与图 11.8 后，可以发现两种查询方法的查询结果是相同的。

11.2.2　使用 NOT IN 的子查询

在子查询中，除使用 IN 运算符以外，有时也可能需要使用其反运算符——NOT IN 运算符，如下面的例题。

【例 11.5】查询所有课程类型为非必修课的学生的考试成绩。

```
SELECT      *
FROM        score
WHERE       c_id NOT IN (SELECT    ID
                         FROM      course
                         WHERE type='必修')
ORDER BY c_id, s_id
```

运行结果如图 11.9 所示。

使用 NOT IN 运算符其实可以很好的找出两个表的区别，下面的例子通过使用 NOT IN 运算符和子查询找出了只在 student 表中存在，而不在 score 表中存在的学号。

【例 11.6】查询没有参加任何考试的学生的学号、姓名和所属院系。

```
SELECT      ID AS  学号, name AS  姓名, institute AS  所属院系
FROM        student
WHERE       ID NOT IN (SELECT DISTINCT s_id
                       FROM         score)
ORDER BY ID
```

运行结果如图 11.10 所示。

图 11.9　例 11.5 运行结果　　　　图 11.10　没有参加任何考试的学生信息

11.3　相关子查询

在过去，人们还使用过一种被称为相关子查询的子查询，这种子查询现在可能仍有一些人在使用。它是一种使用 SQL 的旧方法，这种子查询的效率非常低，因此不提倡读者使用。本节也是简单地介绍一下相关子查询的内容，以便能够读懂旧的 SQL 代码。

相关子查询在子查询语句中调用了主查询用到的表字段。在此，给相关子查询做个人性化的比喻，例如，主管张三给手下的小吴一个擦玻璃的任务，而小吴要求张三给其提供抹布、水盆、水与凳子，如果张三不给其提供，则小吴没法擦玻璃。这就是相关子查询的本质，如果主查询没有提供前提数据，则子查询无法查询数据，更无法将结果返回给主查询。下面通过举例说明相关子查询的用法和其执行原理。

【例 11.7】从 student 表中查询计科系所有学生的学号、姓名和考试总成绩，并按照考试总成绩降序排序。

```
SELECT ID AS  学号, name AS  姓名,(SELECT SUM(result1)
```

```
                                    FROM     score AS s
                                    WHERE s.s_id=st.ID) AS 考试总成绩
FROM        student AS st
WHERE       institute='计科系'
ORDER BY 考试总成绩 DESC
```

运行结果如图 11.11 所示。

因为求考试总成绩的子查询语句中使用了主查询中 student 表的学号字段（WHERE s.s_id=st.ID），因此是相关子查询，其执行原理和步骤如下。

（1）执行主查询。

```
SELECT    ID AS 学号, name AS 姓名 FROM     student AS st
WHERE     institute='计科系'
```

从 student 表中查询第一个计科系的学生的学号和姓名，并将该学号和姓名放入查询结果集。

（2）执行子查询。

```
SELECT    SUM(result1)
FROM       score AS s
WHERE      s.s_id=st.ID
```

从刚才放入学号和姓名的结果集中提出学号，从 score 表中查询该学生的考试总成绩。

（3）将考试总成绩放入到查询结果集中。

（4）重新执行步骤一，从 student 表中查询第二个计科系学生的学号和姓名，并将其放入结果集。然后再执行步骤二和步骤三，以此循环，直到查询完满足条件的所有记录为止。

通过上面的步骤分析，可想而知相关子查询的运行效率是多么差劲，所以应该尽量使用表连接查询代替相关子查询，甚至代替子查询。如果使用表连接查询编写本例的查询语句，则其具体语句如下。

```
SELECT st.ID AS 学号,st.name AS 姓名,SUM(s.result1) AS 考试总成绩
FROM     student AS st,score AS s
WHERE    institute='计科系'
       AND      s.s_id=st.ID
GROUP BY st.ID, st.name
ORDER BY 考试总成绩 DESC
```

运行结果如图 11.12 所示。

Result Grid				Result Grid		
学号	姓名	考试总成绩		学号	姓名	考试总成绩
0004	周七	427.00		0004	周七	427.00
0008	杨九	386.00		0008	杨九	386.00
0010	徐学	327.00		0010	徐学	327.00

图 11.11　例 11.7 运行结果　　　　　　　图 11.12　使用内连接查询得到的结果

将图 11.11 与图 11.12 比较后，发现两种 SQL 语句的执行结果完全一致。

但是，这是在数据表中无 NULL 值的情况。如果某个学生没有考试成绩，则该学生将不会出现在图 11.12 所示查询结果中，这是因为内连接的特性造成的。所以如果想查询所有计科系学生的考试信息，则应当使用左外连接，则其语句如下。

```
SELECT st.ID AS 学号,st.name AS 姓名,SUM(s.result1) AS 考试总成绩
FROM     student AS st
       LEFT JOIN score AS s
         ON s.s_id=st.ID
WHERE    institute='计科系'
GROUP BY st.ID, st.name
ORDER BY 考试总成绩 DESC
```

第 12 章 视 图

本章将讲解 SQL 中的另一个概念——视图。视图在数据库应用中经常会出现，它最主要的应用是简化复杂的查询语句。视图是由英文单词 VIEW 翻译过来的名词，VIEW 的意思其实还有"查看"的意思，笔者认为有时该单词翻译成"查看方式"可能更贴切一些。

12.1 视 图 基 础

视图是一个虚拟表，称其为虚拟表的原因是，视图内的数据并不属于视图本身，而属于创建视图时用到的基本表。可以认为，视图是一个表中的数据经过某种筛选后的显示方式；或者多个表中的数据经过连接筛选后的显示方式。

视图由一个预定义的查询（SELECT 语句）组成，可以像基本表一样用于 SELECT 语句中。如果视图满足一定条件，还可以用在 INSERT、UPDATE 和 DELETE 语句中，对视图所调用的基本表进行插入、更新和删除数据操作。

12.1.1 视图引例

下面使用一个例题引入视图的概念，并让读者初步了解视图的作用、定义视图的方法和使用视图的方法。

【例 12.1】查询"心理学"考试成绩大于等于 90 的学生的"学号""姓名"和"所属院系"三个字段。

分析："心理学"是 course 表中"课名"字段的值，考试成绩是 score 表中"考试成绩"字段的值，而"学号""姓名"和"所属院系"是 student 表中的字段。因此想要得到本例要求的结果，则必须对 course、score 和 student 三个表进行连接查询，如图 12.1 所示。

课号	课名	类型	学分
001	邓小平理论	必修	3
002	心理学	必修	3
003	教育学	必修	3
004	计算机基础	必修	4
005	大学英语一	必修	4
006	摄影	选修	2
007	足球	选修	2

通过 course 表得到"心理学"的课号是"002"

学号	课号	考试成绩	平时成绩
0001	001	87	90
0001	002	73	95
0001	003	81	92
0001	004	84	90
0001	005	90	95
0002	001	74	95
0002	002	87	90
0002	003	79	95
0002	004	90	95
0002	005	89	90
0002	006	88	90
0003	001	90	90
0003	002	70	92
……	……	……	……

通过 course 表得到课号为"002"（心理学）的成绩大于等于 90 的学生学号

学号	姓名	性别	……	所属院系
0001	张三	男	……	中文系
0003	王五	女	……	物理系
0002	李四	女	……	外语系
0007	马六	男	……	外语系
0004	周七	女	……	计算机系
0005	刘八	女	……	中文系
0008	杨九	男	……	计算机系
0009	吴一	男	……	外语系
0006	赵二	女	……	中文系
0010	徐零	女	……	计算机系

通过 student 表得到对应学号学生的各项信息

图 12.1 连接查询示意图

下面是具体的 SELECT 语句。

```
SELECT student.ID AS 学号, student.name AS 姓名, student.institute AS 所属院系
FROM    student, course, score
WHERE    course.course='心理学'
         AND score.result1>90
         AND student.ID=score.s_id
         AND course.ID= score.c_id
```

运行结果如图 12.2 所示。

学号	姓名	所属院系
0004	周七	计科系
0005	刘八	中文系
0009	吴刚	外语系
0010	徐学	计科系

图 12.2　例 12.1 运行结果

编写该 SELECT 语句时，首先需要了解基本表的结构，然后还要知道表之间连接的方法，最后还要编写复杂的 SELECT 语句。

如果用户经常使用上面的查询，并且每次都要编写这一复杂的 SELECT 语句，那会给用户带来不小的烦恼。试想一下，如果将上面的 SELECT 语句保存到数据库里，每次使用时直接读取岂不是很方便。视图就是为了这种目的而诞生的。

视图里存放了 SELECT 语句，而并非是查询结果。每次在 SQL 语句中使用视图，其实就是在执行视图内存放的 SELECT 语句，因此通过视图总能够得到最新的数据。

【例 12.2】定义一个视图 vw1，将上例的 SELECT 语句存放到该视图内。

```
CREATE VIEW    vw1
AS
SELECT student.学号, student.姓名, student.所属院系
FROM    student,course,score
WHERE    course.课名='心理学'
        AND score.考试成绩>90
        AND student.学号=score.学号
        AND course.课号= score.课号
```

将上面的视图定义语句输入 MySQL Workbench 的查询窗口中运行，可在左侧看到刚创建的视图 vw1，如图 12.3 所示。

视图被定义后可以像基本表一样使用。例如，下面的例题在 SELECT 语句中使用了视图 vw1。

【例 12.3】在视图 vw1 上运行一个简单查询。

```
SELECT    *
FROM    vw1
```

查询结果如图 12.4 所示。

图 12.3　例 12.2 运行结果

学号	姓名	所属院系
0004	周七	计科系
0005	刘八	中文系
0009	吴刚	外语系
0010	徐学	计科系

图 12.4　例 12.3 运行结果

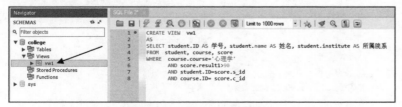

产生的结果其实就是例 12.2 中 SELECT 语句执行后的结果。因此有了视图，用户就不用再重复编写复杂的连接查询语句了。取而代之的是，将这些复杂而又经常用到的连接查询语句定义为视图，然后像使用基本表一样使用即可。

因为视图本身不包含数据，其数据属于实际的基本表，所以如果改变了基本表中的数据，则视图返回的数据也会随之改变。目前所有主流数据库系统都支持视图。

说明

MySQL 在 MySQL 5 版本时开始支持视图，其以前的版本不支持视图。

注意

视图不是 SELECT 语句执行后的查询结果，即视图中不存在数据，它只是存放了 SELECT 语句。调用视图要考虑效率的损耗。例如，执行 SELECT * FROM vw1 时，实际上执行了两个 SELECT 语句。一个是该语句本身，另外一个是视图中存放的复杂连接的 SELECT 语句。

12.1.2　使用视图的原因以及注意问题

从上一小节的内容中，读者应该感受到了使用视图的好处。下面总结了使用视图的几个最主要的原因，供大家参考。

（1）能够简化用户的操作。视图使用户可以将注意力集中在最关心的数据上。如果这些数据不是直接来自基本表，则可以通过定义视图数据库结构简单、清晰，并且可以简化用户的数据查询操作。例如，对于那些经常要通过计算或要从多个表连接来获得数据的查询，可将这类查询定义为一个视图，然后就可以对该视图进行简单地查询。

（2）能使用户以多种角度观察同一个数据库。视图能使不同的用户以不同的方式观察同一个数据库，当许多不同权限的用户使用同一个数据库时，这种灵活性是非常重要的。

（3）视图对重构数据库提供了一定程度的逻辑独立性。数据的逻辑独立性是指当数据库重新构造（如增加新的表或对原有表增加新字段）时，用户和用户程序不会受影响。在关系数据库中，数据库的重构造往往是不可避免的。例如，由于表的数据量过于庞大，必须对其进行"水平"或"垂直"分割，将其变成多个表。例如，将 student 表

```
student(ID, name, sex, birthday, origin, contact1, contact2, institute)
```

分为

```
s1(ID, name, sex, institute)
s2(ID, birthday, origin)
s3(ID, contact1, contact2)
```

三个表。如果建立一个视图，则可以使用原来基本表的名字 student。

```
CREATE VIEW student(ID, name, sex, birthday, origin, contact1, contact2, institute)
AS
SELECT    s1.ID, s1.name, s1.sex,s2.birthday,s2.origin,s3.contact1,s3.contact2, s1.institute
FROM      s1,s2,s3
WHERE     s1.ID= s2.ID AND s1.ID= s3.ID
```

此时，尽管数据库的逻辑结构改变了，但应用程序不必修改，因为新建立的视图定义了用户原来的

student 表，使用户的应用程序通过视图仍然能够访问数据。

当然，视图只能在一定程度上提供数据的逻辑独立性，比如，由于对视图的更新是有条件的，因此应用程序中访问数据的语句可能仍会因基本表结构的改变而改变。

（4）能够对机密数据提供安全保护。有了视图，就可以在设计数据库应用系统时，对不同的用户定义不同的视图，使机密数据不出现在不应看到这些数据的用户视图上，这样就由视图自动提供了对机密数据的安全保护功能。例如，student 表中有 4 个系的学生信息，这时可以在 student 表上定义 4 个视图，每个视图只包含一个系的学生信息，并且只允许每个系的学生访问自己所在系的学生信息。

由于上述原因，数据库操作中经常使用视图。但使用视图为人们带来好处的同时，也带来了一些隐患。使用视图前，应当注意以下问题。

（1）改变基本表的结构后应当删除视图并重建视图。视图不能被修改，因此如果要对视图定义进行改变需要先删除再重建它。

说明

目前，在 SQL Server 2005 中可以使用 ALTER VIEW 语句修改视图定义，在 Oracle 中可以使用 CREATE OR REPLACE VIEW 语句替换视图定义，而 MySQL 则支持这两种方式修改视图定义。

（2）删除基本表时应当删除视图。视图本身没有数据，其数据都是基本表中的数据，当删除了基本表后，再运行视图时会产生错误信息。

（3）潜在的复杂性带来的性能下降问题。如果定义视图的 SELECT 语句非常复杂（如连接了多个表或者嵌套了视图），则数据库系统除了执行访问视图的 SELECT 语句以外，还要执行定义视图的复杂 SELECT 语句，所以导致系统性能下降。

12.1.3　视图的规则和限制

不同的数据库系统，对创建视图有不同的限制，所以在创建使用视图之前，应当查看具体数据库系统的帮助文档。下面整理了创建使用视图的一些较常见的规则和限制。

➥　视图必须唯一命名。视图的名称不能和本数据库中的其他视图或者基本表名相同。

技巧

在 SQL 语句中，为了能够一眼就区分出视图还是基本表，当给视图命名时，可以用 vw 开头，如 vw_score 等。

➥　对于视图的创建个数没有限制。

➥　为了创建视图，必须具有足够的访问权限。权限可以由数据库管理人员授予。

➥　视图可以嵌套，即定义视图时的表源也是一个视图而并非基本表。对于嵌套的层数，不同的数据库系统有不同的规定，详细内容可以查看具体数据库系统的帮助文档。

注意

嵌套视图可能会严重降低查询的性能，笔者建议在正式应用嵌套视图之前，应当进行测试。

➥　有些数据库系统不允许在定义视图时直接使用 ORDER BY 子句，例如 SQL Server、Oracle 8i 及其以前的版本。

➜ 视图不能索引，也不能有相关联的触发器或默认值。

➜ 有些数据库系统把视图作为只读的查询，只能从视图查询数据，而不能更改基本表数据。

12.2 视图的创建

本节将详细介绍创建视图时用到的 SQL 语句，并用例题说明创建简单视图的几种方法，同时介绍如何使用视图隐藏行、列数据和简化复杂查询语句。

12.2.1 创建视图的 SQL 语句

在上一节的引例中，读者初步接触了创建视图和使用视图的简单方法。下面详细学习创建视图的 SQL 语句，其语法格式如下。

```
CREATE VIEW   视图名称 [(字段 1,字段 2…)]
AS
SELECT 查询语句
[WITH CHECK OPTION]
```

其中，必须提供视图名称，视图名称后的[(字段 1,字段 2…)]为可选项，如果不提供字段名，则隐含视图由 SELECT 子句中列出的各字段组成。但在下面三种情况下必须明确指定组成视图的所有字段名。

➜ SELECT 子句中的某个列不是单纯的字段，而是集合函数或表达式。

➜ 多表连接时选出了几个同名字段，作为视图的字段。

➜ 需要在视图中为某个字段设置更合适的新名字。

 注意

如果提供视图的字段名，则必须全部提供，不能只提供一部分。

➜ 关键字 AS 后的"SELECT 查询语句"是前面所学的 SELECT 语句，它可以是简单查询语句也可以是复杂的嵌套查询语句。

➜ 最后面的[WITH CHECK OPTION]也是可选项。如果加上该选项，可以防止用户通过视图对数据进行插入、删除和更新时，无意或故意操作不属于视图范围内的基本表数据。下面通过一个例题，具体说明创建视图的 SQL 语句的简单用法。

【例 12.4】创建视图 vw_ boy，它用于将表 student 中全部男生的信息显示出来。并使用视图 vw_boy 查询计科系的男生。

```
CREATE VIEW    vw_boy
AS
SELECT   *
FROM    student
WHERE   sex='男'
```

上面的 SQL 语句创建了视图 vw_boy，接下来列举两个使用该视图的例子。使用视图的方法，在前面已经讲过，即将其当作基本表使用即可。下面的语句用来显示 student 表中的所有男生。

```
SELECT   *
FROM    vw_boy
```

在 MySQL Workbench 中运行后结果如图 12.5 所示。

图 12.5　在视图 vw_boy 上运行查询的结果 1

下面的语句用来显示计科系的男生。

```
SELECT    *
FROM      vw_boy
WHERE     institute='计科系'
```

运行后结果如图 12.6 所示。

图 12.6　在视图 vw_boy 上运行查询的结果 2

创建视图不仅可以基于基本表，也可以基于其他视图。如果基于的是其他视图而并非是基本表，通常称其为嵌套视图。

【例 12.5】创建一个基于视图 vw_boy 的视图 vw_boy_computer，用于查询计科系男生的信息。

```
CREATE VIEW      vw_boy_computer
AS
SELECT    *
FROM      vw_boy
WHERE institute='计科系'
```

读者应当注意到，在定义视图的 SELECT 语句的 FROM 子句后面是视图 vw_boy，而并非是基本表。查看语句如下。

```
SELECT    *
FROM      vw_boy_computer
```

运行结果如图 12.7 所示。

图 12.7　在视图 vw_boy_computer 上运行查询的结果

12.2.2 利用视图提高数据安全性

利用视图可以提高数据安全性。视图可以使不同权限的用户只能操作相应权限范围内的数据，而对于权限外的数据则不可访问。例如，计科系的数据管理员只能操作计科系的学生信息，中文系的数据管理员只能操作中文系学生信息。对于计科系的数据管理员而言，其他系的学生信息是不可访问的、隐藏的，这就提高了数据安全性，大大减少了对数据误操作的概率。下面看两种利用视图隐藏数据，提高安全性的方法。

1. 隐藏列数据

有时需要将表中的某些列隐藏起来，只显示指定的列，这时可以使用视图达到这种目的。具体方法如下面的例题。

【例 12.6】创建一个只能查看"学号""姓名"和"性别"三个列的视图 vw_student1。

```
CREATE VIEW    vw_student1
AS
SELECT    ID AS  学号, name AS  姓名, sex AS  性别
FROM      student
```

查看语句如下。

```
SELECT *
FROM    vw_student1
```

运行结果如图 12.8 所示。

如果希望按学号排序显示数据，则语句如下。

```
SELECT    *
FROM      vw_ student1
ORDER BY  学号
```

2. 隐藏行数据

下面学习通过视图只显示指定条件的行数据，而隐藏其他数据的方法。

【例 12.7】创建一个只能查看计科系学生信息的视图 vw_student2。

```
CREATE VIEW    vw_student2
AS
SELECT    *
FROM      student
WHERE     institute='计科系'
```

查看语句如下。

```
SELECT    *
FROM      vw_student2
```

运行结果如图 12.9 所示。

将视图 vw_student2 上的权限授予计科系的数据管理员，则该管理员只能操作计科系学生的信息，而对 student 表中其他院系的学生信息都是不可访问的。

图 12.8　在视图 vw_student1 上运行查询的结果

图 12.9　在视图 vw_student2 上运行查询的结果

12.2.3　利用视图得到汇总数据

可以使用视图对表中的数据进行及时汇总。这样通过对视图进行简单查询就可以得到复杂的汇总数据。而且当基本表中的底层数据被改变时，通过视图得到的永远是最新的数据。

【例 12.8】创建一个视图 vw_student3，显示每个不同院系的学生人数。

```
CREATE VIEW    vw_student3
AS
SELECT    institute AS  所属院系, COUNT(*) AS  人数
FROM student
GROUP BY institute
```

查看语句如下。

```
SELECT    *
FROM      vw_student3
```

运行结果如图 12.10 所示。

图 12.10　在视图 vw_student3 上运行查询的结果

使用视图查询汇总数据时，即使基本表中的数据改变了，视图也总能得到最新的信息，因为它每次都运行定义该视图的 SELECT 语句，而并非是将以前的查询结果显示出来。例如，使用下面的语句向 student 表插入一条新记录。

```
INSERT INTO student(ID,
                    name,
                    sex,
                    birthday,
                    origin,
                    contact1,
                    contact2,
```

```
                institute)
VALUES ('0013',
        '塔赛努',
        '男',
        '1997/9/15',
        '内蒙古自治区',
        NULL,
        NULL,
        '计科系')
```

执行下面的 SELECT 语句查看插入新记录的情况。

```
SELECT    *
FROM      student
```

运行结果如图 12.11 所示。

此时，如果查看 vw_student3 视图，则会发现得到的是最新的数据（计科系的人数更新为 4），如再次执行上面查看视图的语句。

```
SELECT    *
FROM      vw_student3
```

运行结果如图 12.12 所示。

本例又一次证明了视图中只存放了查询语句，而并非是查询结果的说法。

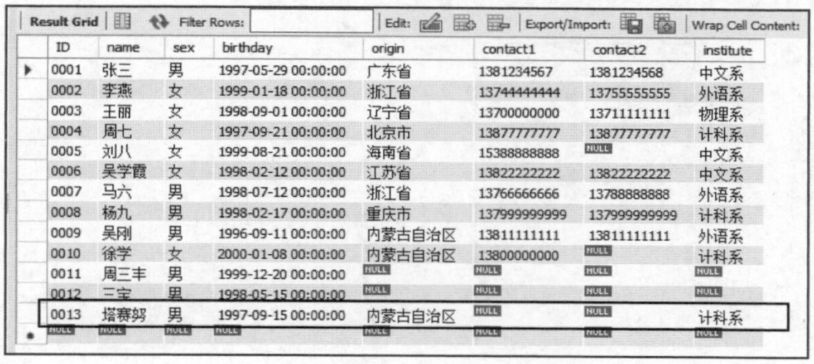

ID	name	sex	birthday	origin	contact1	contact2	institute
0001	张三	男	1997-05-29 00:00:00	广东省	13812345567	13812345568	中文系
0002	李燕	女	1999-01-18 00:00:00	浙江省	13744444444	13755555555	外语系
0003	王丽	女	1998-09-01 00:00:00	辽宁省	13700000000	13711111111	物理系
0004	周七	女	1997-09-21 00:00:00	北京市	13877777777	13877777777	计科系
0005	刘八	男	1999-08-21 00:00:00	海南省	15388888888	NULL	中文系
0006	吴学霞	女	1998-02-12 00:00:00	江苏省	13822222222	13822222222	中文系
0007	马六	男	1998-07-12 00:00:00	浙江省	13766666666	13788888888	外语系
0008	杨九	男	1998-02-17 00:00:00	重庆市	137999999999	137999999999	计科系
0009	吴刚	男	1996-09-11 00:00:00	内蒙古自治区	13811111111	13811111111	外语系
0010	徐学	女	2000-01-08 00:00:00	内蒙古自治区	13800000000	NULL	计科系
0011	周三丰	男	1999-12-20 00:00:00	NULL	NULL	NULL	NULL
0012	二宝	男	1998-05-15 00:00:00	NULL	NULL	NULL	NULL
0013	塔赛努	男	1997-09-15 00:00:00	内蒙古自治区	NULL	NULL	计科系
NULL	NULL	NULL	NULL	NULL	NULL	NULL	NULL

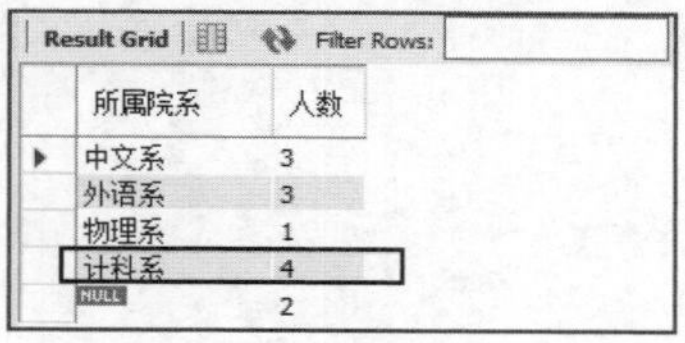

所属院系	人数
中文系	3
外语系	3
物理系	1
计科系	4
NULL	2

图 12.11　对 student 表的查询结果　　　　图 12.12　在视图 vw_student3 上运行查询的结果

12.2.4　利用视图简化计算字段的使用

使用视图还可以简化计算字段的使用。下面通过一个例题进行详细说明。

【例 12.9】查询 18 岁以下（包含 18 岁）和 20 岁以上（包含 20 岁）学生的姓名和年龄，并按年龄降序排序。

在 student 表中只有"出生日期"列，并没有"年龄"列，所以必须通过对"出生日期"列进行计算后得出学生的"年龄"。下面先创建一个有年龄列的视图，然后对视图进行简单查询。

```
CREATE VIEW vw_age
AS
SELECT name AS 姓名, TIMESTAMPDIFF(YEAR, birthday, CURDATE()) AS 年龄
FROM    student
```

> 💡 **说明**
>
> TIMESTAMPDIFF()函数是 MySQL 的函数，其返回值是两个日期型数据之间的差值。CURDATE()函数也是MySQL 的函数，其返回值为当前系统时间。

如果在 SQL Server 环境中，计算年龄则需要使用以下语句。

```
CREATE VIEW vw_age
AS
SELECT name AS 姓名, DATEDIFF(year, 出生日期, GETDATE( ))   AS 年龄
FROM    student
```

> 💡 **说明**
>
> DATEDIFF()函数是 SQL Server 的函数，其返回值是两个日期型数据之间的差值。GETDATE()函数也是 SQLServer 的函数，其返回值为当前系统时间。

查看语句如下。

```
SELECT    *
FROM      vw_age
WHERE    年龄>=20
          OR  年龄<=18
ORDER BY  年龄  DESC
```

运行结果如图 12.13 所示。

姓名	年龄
吴刚	22
张三	21
周七	21
塔赛努	21
王丽	20
吴学霞	20
马六	20
杨九	20
三宝	20
徐学	18

图 12.13　在视图 vw_age 上运行查询的结果

本例中如果不使用视图，则其查询语句不仅会显得很复杂，而且键盘输入量也会大大增加，如下面的语句。

```
SELECT name AS  姓名,TIMESTAMPDIFF(YEAR, birthday, CURDATE()) AS 年龄
FROM    student
WHERE   TIMESTAMPDIFF(YEAR, birthday, CURDATE())>=20
          OR TIMESTAMPDIFF(YEAR, birthday, CURDATE())<=18
ORDER BY 年龄  DESC
```

> ⚠️ **注意**
>
> WHERE 子句的条件表达式中不可以使用别名"年龄"，因为 SELECT 子句的执行顺序在 WHERE 子句之后，而 ORDER BY 子句中能够使用别名的原因是 ORDER BY 子句在所有子句中最后一个执行。

因此，如果查询语句中，需要多次使用某计算字段，则可以使用视图简化查询语句，使整个查询语句变得非常清晰。

12.2.5　利用视图简化多表连接

通过前面学习的引例，读者应当对利用视图简化多表连接不太陌生了。前面的引例实际上不太实用，因为不会有人专门给某课程大于多少分创建一个视图。那样会严重降低视图的通用性，而且还要花费大量的时间和精力创建大量的视图。处理这类问题，较好的方法是，视图中只存放多表连接的 SELECT 语句，然后对该视图进行筛选查询。

【例 12.10】查询"教育学"考试成绩大于 80 分的学生的"学号""姓名""所属院系"三个列。

为了让视图更具通用性，在此创建一个只是连接三个基本表相关列数据的视图。

```
CREATE VIEW vw_student_score
AS
SELECT student.ID AS 学号, student.name AS 姓名, student.institute AS 所属院系,
        course.course AS 课名,score.result1 AS 考试成绩
FROM    student, course, score
WHERE student.ID=score.s_id
        AND course.ID= score.c_id
```

上面的语句定义了视图 vw_student_score，该视图有 5 个列，分别是"学号""姓名""所属院系""课名""考试成绩"。下面在视图 vw_student_score 上运行查询语句。

```
SELECT  学号,姓名, 所属院系
FROM    vw_student_score
WHERE 课名='教育学'
        AND 考试成绩>80
```

运行结果如图 12.14 所示。

有了视图 vw_student_score 后，再查询某课程多少分以上（以下）的学生信息时就方便多了。例如，查询教育学小于等于 85 分学生信息的语句可以写为如下形式。

```
SELECT  学号,姓名, 所属院系
FROM    vw_student_score
WHERE 课名='教育学'
        AND 考试成绩<=85
```

这样处理问题，比起只给心理学大于 90 分的查询做视图更加实用。因此创建视图时不仅要考虑简化复杂查询语句，而且应当考虑到视图的通用性。下面再看一个利用视图 vw_student_score 处理问题的例子。

【例 12.11】查看所有学生的平均考试成绩，查询结果按"平均考试成绩"升序排序。

```
SELECT  学号,姓名, AVG(考试成绩) AS 平均考试成绩
FROM    vw_student_score
GROUP BY 学号,姓名
ORDER BY 平均考试成绩
```

运行结果如图 12.15 所示。

图 12.14　在视图 vw_student_score 上运行查询的结果

图 12.15　例 12.11 的结果

12.3 视图的删除

当不再使用视图时应当删除视图。给视图提供底层数据的基本表的结构被改变后，应当先删除视图然后再重新建立它。删除视图的 SQL 语句的语法格式如下。

DROP VIEW　视图名称

说明

目前，SQL Server2005 中可以使用 ALTER VIEW 语句修改视图定义，在 ORACLE 中可以使用 CREATE OR REPLACE VIEW 语句替换视图定义。相比较 ALTER VIEW 语句和 CREATE OR REPLACE VIEW 语句，前者为修改已存在视图的定义，而后者为如果不存在视图则创建，存在则替换。

【例 12.12】从数据库中删除视图 vw1。

DROP VIEW　vw1

注意

在删除某基本表之前应当删除基于此表的视图；否则，再使用该视图时会出现错误。

如果执行了删除视图语句后，再执行如下查看语句。

SELECT *
FROM　vw1

则将出现错误提示信息，该 SQL 执行不成功，其错误结果如图 12.16 所示。

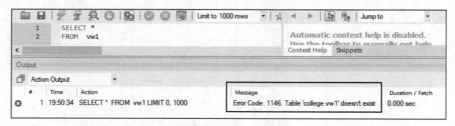

图 12.16　例 12.12 的结果

第 13 章 插 入 数 据

向数据表插入数据也是 SQL 语言最基本的功能之一。插入数据有多种方法，也需要遵循一定的规则。插入数据使用的 SQL 语句是 INSERT，本章将详细介绍 INSERT 的各种用法和使用时需要注意的规则。

13.1 直接向表插入数据

本节将介绍使用 INSERT 语句直接向数据表插入完整的行、向指定字段插入数据和把查询结果集插入到表的方法。直接向表插入数据需要对表有完全控制权限，否则不能完成插入操作。

13.1.1 插入完整的行

这里所说的完整行指的是包含表内所有字段的数据行。假设表中有 n 个字段，则插入完整行的语法格式如下。

```
INSERT INTO 表名或视图名
VALUES (字段 1 的值,字段 2 的值,字段 3 的值,...,字段 n 的值)
```

该语法格式由 INSERT 子句和 VALUES 子句构成。INSERT 子句用于指定向哪个表或视图插入数据，VALUES 子句用于指定要插入的数据。使用 VALUES 子句时需要注意以下几点。

- ↘ VALUES 子句中必须列出所有字段的值，而且必须按表中字段顺序排列。当 DBMS 插入数据时，会将"字段 1 的值"插入到第一个字段，将"字段 2 的值"插入到第二个字段，以此类推。
- ↘ 将要插入的数值的数据类型必须与表相应字段的数据类型互相兼容，否则就会出现错误，导致插入失败。例如，要将一个字符串插入到数值型字段时就会出错。

> **说明**
>
> 兼容的数据类型是指同一数据类型或 DBMS 能自动转换成兼容类型的数据类型。例如，大多数 DBMS 能够将日期格式的字符串自动转换为日期型数据，因此日期格式的字符串与日期型数据是兼容的。

下面通过例题说明插入完整行的具体方法和注意事项。

【例 13.1】向数据表 course 添加如表 13.1 所示的课程内容。

表 13.1 向 course 表添加的课程内容

课　号	课　名	类　型	学　分
008	大学语文一	必修	4
009	法律基础	必修	3
010	音乐欣赏	选修	2

为了方便分析 INSERT 语句运行结果，首先使用下面的语句查看 course 表中现有的内容。

```
SELECT    *
FROM      course
```

运行结果如图 13.1 所示。

因为要插入完整的行，所以应该使用前面介绍的语法格式。下面使用了 3 条语句，将 3 条记录插入到 course 表中，每条独立的 INSERT 语句之间用分号（;）隔开。

```
INSERT INTO course
VALUES ('008','大学语文一', '必修',4);

INSERT INTO course
VALUES ('009','法律基础', '必修',3);

INSERT INTO course
VALUES ('010','音乐欣赏', '选修',2)
```

运行插入语句后，使用下面的语句查看插入数据的结果。

```
SELECT    *
FROM      course
```

运行结果如图 13.2 所示。

图 13.1　course 表内容

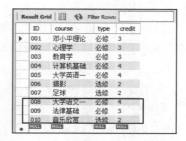

图 13.2　插入数据后的 course 表内容

本例需要注意的一点是，course 表中的"学分"字段为数值型字段，插入数据时必须给该字段赋数值型数据。

13.1.2　向日期时间型字段插入数据

如果表中有日期时间型字段，则向其插入数据时应当注意书写的格式。因为大多数 DBMS 都可以将日期格式的字符串，自动转换为日期型数据，所以向日期时间类型的字段插入数据时，使用日期格式的字符串即可。

这里需要注意的是，如果运行环境为 Oracle，则其日期格式应当使用"DD/MON/YY"，如"01/FEB/2008"。如果不使用上述日期格式书写字符串，则应当使用 TO_DATE()函数强制转换字符串到日期型数据。

【例 13.2】向数据表 student 添加如表 13.2 所示的学生信息。

表 13.2　向 student 表添加的学生信息

学　号	姓　名	性　别	出 生 日 期	来 源 地	联系方式 1	联系方式 2	所 属 院 系
0014	呼和嘎拉	男	1995-02-16	青海省	0471-6599999	010-88888888	物理系

首先查看 student 表中现有的内容。

```
SELECT   *
FROM     student
```

运行结果如图 13.3 所示。

图 13.3　student 表内容

下面的语句用于向 student 表插入数据。

（1）如果 SQL 运行环境为 SQL Server 或 MySQL。

```
INSERT INTO student
VALUES ('0014','呼和嘎拉','男','1995-02-16','青海省','0471-6599999','010-88888888','物理系')
```

（2）如果 SQL 运行环境为 Oracle。

```
INSERT INTO student
VALUES ('0014','呼和嘎拉','男', TO_DATE('1995-02-16'),'青海省','0471-6599999','010-88888888','物理系')
```

运行上面的插入语句后，再次查看 student 表的数据，如图 13.4 所示。

图 13.4　插入数据后的 student 表内容

13.1.3　将数据插入到指定字段

有时并不需要向表插入完整的行，而需要将数据只插入到几个指定字段内，这时就必须在表名后加上字段列表了。

【例 13.3】向数据表 student 添加如表 13.3 所示的学生信息。

表 13.3　向 student 表添加的学生信息

学　号	姓　名	性　别	出 生 日 期	来 源 地	联系方式 1	联系方式 2	所 属 院 系
0015	孔乙己	男	1995-05-29	NULL	NULL	NULL	中文系

由于要插入的学生信息并不完整，所以必须在表名后加上指定的字段列表。

```
INSERT INTO student(ID,
                    name,
                    sex,
                    birthday,
                    institute)
VALUES ('0015',
        '孔乙己',
        '男',
        '1995-05-29',
        '中文系')
```

运行插入语句后，查看 student 表的数据，如图 13.5 所示。

图 13.5　插入数据后的 student 表内容

通过运行结果，可以发现没有插入数据的字段都为 NULL 值。实际上在 VALUES 子句中可以直接指定哪个字段设置为 NULL 值，这样以来有了 NULL 值的占位，就可以省略表名后的字段列表了。例如，上面的 INSERT 语句也可以写为如下形式。

```
INSERT INTO student
VALUES ('0015',
        '孔乙己',
        '男',
        '1995-05-29',
        NULL,
        NULL,
        NULL,
        '中文系')
```

当只给几个字段插入数据时，应当注意不能省略有非空约束的字段。例如，student 表的"姓名"字段有不为空的约束，所以下面的 INSERT 语句运行时会出现错误。

```
INSERT INTO student(学号,
                    性别,
                    出生日期,
```

```
                   所属院系)
VALUES ('0015',
        '男',
        '1995-05-29',
        '中文系')
```

运行结果如下。

Error Code: 1364. Field 'name' doesn't have a default value

若是在 SQL Server 环境中，错误提示可能为如下形式。

服务器: 消息 515，级别 16，状态 2，行 1
无法将 NULL 值插入列 '姓名'，表 'College.dbo.student'；该列不允许空值。INSERT 失败。
语句已终止。

当然如果某字段已经设置了默认值，则即使有非空约束也可以将其省略。例如，student 表的"性别"字段，虽然有非空约束，但是它设置了默认值（默认值为"男"），所以下面的 INSERT 语句能够正常运行。

```
INSERT INTO student(ID,
                    name,
                    birthday,
                    institute)
VALUES ('0016',
        '鲁十八',
        '1997-07-07',
        '中文系')
```

运行结果如图 13.6 所示。

如果设计表结构时没有设置性别字段"sex"的默认值，可通过修改表结构设置其默认值。在 MySQL Workbench 中修改表结构的操作如下：

（1）在左侧 SCHEMAS 中找到表 student，右击弹出快捷菜单，如图 13.7 所示。

ID	name	sex	birthday	origin	contact1	contact2	institute
0001	张三	男	1997-05-29 00:00:00	广东省	1381234567	1381234568	中文系
0002	李燕	女	1999-01-18 00:00:00	浙江省	13744444444	13755555555	外语系
0003	王丽	女	1998-09-01 00:00:00	辽宁省	13700000000	13711111111	物理系
0004	周七	女	1997-09-21 00:00:00	北京市	13877777777	13877777777	计科系
0005	刘八	男	1999-08-21 00:00:00	海南省	15388888888	NULL	中文系
0006	吴学霞	女	1998-02-12 00:00:00	江苏省	13822222222	13822222222	中文系
0007	马六	男	1998-07-12 00:00:00	浙江省	13766666666	13788888888	外语系
0008	杨九	男	1998-02-17 00:00:00	重庆市	137999999999	137999999999	计科系
0009	吴刚	男	1996-09-11 00:00:00	内蒙古自治区	13811111111	13811111111	外语系
0010	徐学	女	2000-01-08 00:00:00	内蒙古自治区	13800000000	NULL	计科系
0011	周三丰	男	1999-12-20 00:00:00	NULL	NULL	NULL	NULL
0012	三宝	男	1998-05-15 00:00:00	NULL	NULL	NULL	NULL
0013	塔赛努	男	1997-09-15 00:00:00	内蒙古自治区	NULL	NULL	计科系
0014	呼和嘎拉	男	1995-02-16 00:00:00	青海省	0471-6599999	010-88888888	物理系
0015	孔乙己	男	1995-05-29 00:00:00	NULL	NULL	NULL	中文系
0016	鲁十八	男	1997-07-07 00:00:00	NULL	NULL	NULL	中文系
NULL	NULL	NULL	NULL	NULL	NULL	NULL	NULL

图 13.6 自动插入了默认值"男"

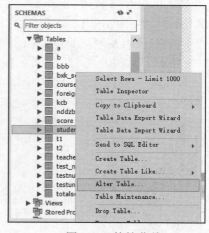

图 13.7 快捷菜单

（2）从快捷菜单中选择 Alter Table，打开如图 13.8 所示表结构修改界面，在 Default/Expression 列中输入默认值即可。

Column Name	Datatype	PK	NN	UQ	B	UN	ZF	AI	G	Default/Expression
⚷ ID	CHAR(4)	☑	☑	☐	☐	☐	☐	☐	☐	
◇ name	CHAR(20)	☐	☑	☐	☐	☐	☐	☐	☐	
◇ sex	CHAR(2)	☐	☑	☐	☐	☐	☐	☐	☐	'男'
◇ birthday	DATETIME	☐	☐	☐	☐	☐	☐	☐	☐	NULL
◇ origin	VARCHAR(50)	☐	☐	☐	☐	☐	☐	☐	☐	NULL
◇ contact1	CHAR(12)	☐	☐	☐	☐	☐	☐	☐	☐	NULL
◇ contact2	CHAR(12)	☐	☐	☐	☐	☐	☐	☐	☐	NULL
◇ institute	CHAR(20)	☐	☐	☐	☐	☐	☐	☐	☐	NULL

图 13.8 修改字段默认值

技巧

实际上，在使用 INSERT 插入完整行时，也可以在表名后加上字段名列表，而且笔者建议加上字段名列表。因为这样做，即使以后改变了表结构，如添加了新字段，原来的程序语句仍然是可用的。

13.1.4 将查询结果插入表

在 INSERT 语句中可以嵌入 SELECT 语句，并将 SELECT 的查询结果集插入到指定的表。这就是通常所说的 INSERT SELECT，它由 INSERT 子句和 SELECT 语句组成，其语法格式如下。

```
INSERT INTO  表名[(字段列表)]
SELECT 语句
```

其中，SELECT 语句就是前面介绍的查询语句。为了试验 INSERT SELECT，下面创建一个数据表，并命名为 student_copy。具体创建语句如下。

```
CREATE TABLE student_copy
(
    ID          char(6)        NOT NULL,
    name        char(20)       NOT NULL,
    sex         char(2)        NOT NULL,
    birthday    datetime,
    origin      char(50),
    contact1    char(12),
    contact2    char(12),
    institute   char(30)
)
```

实际上，student_copy 表和 student 表的表结构是一模一样的。创建完 student_copy 表后，便可以运行下面的例题了。

【例 13.4】将 student 表中所有数据，通过 INSERT SELECT 插入到 student_copy 表。

分析：因为两个表的表结构相同，而且要将 student 表中所有字段的内容都插入到 student_copy 表中，所以在 INSERT 子句中可以省略字段列表。

```
INSERT INTO    student_copy
SELECT    *
FROM    student
```

运行插入语句后，查看 student_copy 表的内容。

```
SELECT    *
FROM    student_copy
```

运行结果如图 13.9 所示。

ID	name	sex	birthday	origin	contact1	contact2	institute
0001	张三	男	1997-05-29 00:00:00	广东省	1381234567	1381234568	中文系
0002	李燕	女	1999-01-18 00:00:00	浙江省	13744444444	13755555555	外语系
0003	王丽	女	1998-09-01 00:00:00	辽宁省	13700000000	13711111111	物理系
0004	周七	女	1997-09-21 00:00:00	北京市	13877777777	13877777777	计科系
0005	刘八	女	1999-08-21 00:00:00	海南省	15388888888	NULL	中文系
0006	吴学霞	女	1998-02-12 00:00:00	江苏省	13822222222	13822222222	中文系
0007	马六	男	1998-07-12 00:00:00	浙江省	13766666666	13788888888	外语系
0008	杨九	男	1998-02-17 00:00:00	重庆市	137999999999	137999999999	计科系
0009	吴刚	男	1996-09-11 00:00:00	内蒙古自治区	13811111111	13811111111	外语系
0010	徐学	女	2000-01-08 00:00:00	内蒙古自治区	13800000000	NULL	计科系
0011	周三丰	男	1999-12-20 00:00:00	NULL	NULL	NULL	NULL
0012	三宝	男	1998-05-15 00:00:00	NULL	NULL	NULL	NULL
0013	塔赛努	男	1997-09-15 00:00:00	内蒙古自治区	NULL	NULL	计科系
0014	呼和…	男	1995-02-16 00:00:00	青海省	0471-6599999	010-88888888	物理系
0015	孔乙己	男	1995-05-29 00:00:00	NULL	NULL	NULL	中文系
0016	鲁十八	男	1997-07-07 00:00:00	NULL	NULL	NULL	中文系

图 13.9　student_copy 表内容

分析图 13.9 后可以发现，student_copy 表和 student 表的数据完全一致，证明 INSERT SELECT 语句编写正确。

本例中因为两个表的表结构相同，而且要将 student 表所有字段的内容都要拷贝过去，所以在 INSERT 子句中没有列出字段列表。如果两个表的表结构不同或者只拷贝表结构相同表的一部分字段，则应当在 INSERT 子句中列出字段列表。

13.1.5　INSERT SELECT 与 SELECT INTO 的区别

在本书的前面章节中，曾经介绍过使用 SELECT INTO 将查询结果保存为新表，刚刚又介绍了使用 INSERT SELECT 将查询结果插入到新创建的数据表。看起来这两个语句完成了同样的功能，没什么区别，实际上它们是有区别的，具体区别如下。

➥　SELECT INTO 在没有数据表存在的情况下，先创建表，然后再将查询结果放进表内。如果要创建的表名和现有表名重复，则会出现错误提示。例如，执行下面的语句会给出错误提示，原因为 student_copy 表已经存在。

```
SELECT    *
INTO    student_copy
FROM    student
```

运行结果如下。

```
Error Code: 1327. Undeclared variable: student_copy
```

若是 SQL Server 环境，错误提示信息如下。

```
服务器: 消息 2714，级别 16，状态 6，行 1
数据库中已存在名为 'student_copy' 的对象。
```

> INSERT SELECT 则必须在数据表存在的前提下，才能向其插入查询结果，它不能自动创建表。如果要插入数据的表不存在，则会出现错误提示。

13.2　通过视图插入数据

如果数据库只有一个用户，则本节的内容完全是多余的；但是一个大型数据库往往会有很多用户，这时如果让所有用户都直接操作表，则会带来非常大的安全隐患。为了防止这种隐患，通常授予用户操作特定视图的权限。每个用户通过拥有权限的视图，对自己能够访问到的数据进行各种操作，这些操作包括查询、插入、更新和删除等。

13.2.1　通过视图插入数据

一般来说，对于一个大型数据库系统，只有数据库管理员（DBA）才能直接操作数据表，而其他用户都必须通过视图操作数据，这样才能使普通用户修改数据的同时 DBA 还能操作表。这里所说的操作表指查询、插入、修改和删除数据。下面介绍通过视图插入数据的具体方法，首先建立一个用于实验的 vw_computer 视图。

```
CREATE VIEW vw_computer
AS
SELECT *
FROM    student
WHERE   institute='计科系'
```

在视图 vw_computer 上运行下面的查询语句。

```
SELECT *
FROM    vw_computer
```

运行结果如图 13.10 所示。

ID	name	sex	birthday	origin	contact1	contact2	institute
0004	周七	女	1997-09-21 00:00:00	北京市	13877777777	13877777777	计科系
0008	杨九	男	1998-02-17 00:00:00	重庆市	137999999999	137999999999	计科系
0010	徐学	女	2000-01-08 00:00:00	内蒙古自治区	13800000000	NULL	计科系
0013	塔赛努	男	1997-09-15 00:00:00	内蒙古自治区	NULL	NULL	计科系

图 13.10　对 vw_computer 视图访问的结果

通过视图插入数据，对用户来说，其实和直接向表插入数据基本相同，区别仅仅在于表名变成了视图名。下面通过例题说明这一点。

【例 13.5】通过 vw_computer 视图向 student 表插入如表 13.4 所示的学生信息。

表 13.4　向 student 表添加的学生信息

学　号	姓　名	性　别	出 生 日 期	来 源 地	联系方式 1	联系方式 2	所 属 院 系
0017	蒋十九	女	1999-05-29	山东省	NULL	NULL	计科系

插入数据的语句如下。

```
INSERT INTO vw_computer
VALUES ('0017','蒋十九','女','1999-05-29','山东省',NULL,NULL,'计科系')
```

运行插入语句后，再次查询 vw_computer 视图，其内容如图 13.11 所示。

图 13.11　插入数据后的 vw_computer 视图内容

向视图插入数据，其实就是向被视图引用的底层表插入数据，在本例中就是向 student 表插入数据。vw_computer 视图只对用户隐藏了行，所以视图拥有表的所有字段。如果创建的视图对用户隐藏列，则那些没有被插入数据的列值会是什么，下面的例题回答了这个问题。首先创建一个 vw_aa 视图。

```
CREATE VIEW vw_aa
AS
SELECT    ID, name, sex, birthday
FROM      student
WHERE     institute='计科系'
```

【例 13.6】分析下面的插入语句。

```
INSERT INTO vw_aa
VALUES ('0018','宋十七','女','1997-11-20')
```

执行插入语句后，在视图 vw_aa 上运行下面的查询语句。

```
SELECT    *
FROM      vw_aa
```

运行结果如图 13.12 所示。

图 13.12　插入数据后的 vw_aa 视图内容

查看图后，发现 vw_aa 视图中没有刚刚插入的学生记录。再查看一下其底层表 student 的内容。

```
SELECT    *
FROM      student
```

运行结果如图 13.13 所示。

ID	name	sex	birthday	origin	contact1	contact2	institute
0001	张三	男	1997-05-29 00:00:00	广东省	1381234567	1381234568	中文系
0002	李燕	女	1999-01-18 00:00:00	浙江省	13744444444	13755555555	外语系
0003	王丽	女	1998-09-01 00:00:00	辽宁省	13700000000	13711111111	物理系
0004	周七	女	1997-09-21 00:00:00	北京市	13877777777	13877777777	计科系
0005	刘八	女	1999-08-21 00:00:00	海南省	15388888888	NULL	中文系
0006	吴学霞	女	1998-02-12 00:00:00	江苏省	13822222222	13822222222	外语系
0007	马六	男	1998-07-12 00:00:00	浙江省	13766666666	13788888888	外语系
0008	杨九	男	1998-02-17 00:00:00	重庆市	13799999999	13799999999	计科系
0009	吴刚	男	1996-09-11 00:00:00	内蒙古自治区	13811111111	13811111111	外语系
0010	徐学	男	2000-01-08 00:00:00	内蒙古自治区	13800000000	NULL	计科系
0011	周三丰	男	1999-12-20 00:00:00	NULL	NULL	NULL	NULL
0012	三宝	男	1998-05-15 00:00:00	NULL	NULL	NULL	NULL
0013	塔赛努	男	1997-09-15 00:00:00	内蒙古自治区	NULL	NULL	计科系
0014	呼和嘎拉	男	1995-02-16 00:00:00	青海省	0471-6599999	010-88888888	物理系
0015	孔乙己	男	1995-05-29 00:00:00	NULL	NULL	NULL	中文系
0016	鲁十八	男	1997-07-07 00:00:00	NULL	NULL	NULL	中文系
0017	燕十九	男	1999-05-29 00:00:00	山东省	NULL	NULL	计科系
0018	宋十七	女	1997-11-20 00:00:00	NULL	NULL	NULL	NULL
NULL	NULL	NULL	NULL	NULL	NULL	NULL	NULL

图 13.13　插入数据后的 student 表内容

从图 13.13 中发现，新记录已经被插入到 student 表，只是后面 4 个字段的值都为 NULL，这就是对用户隐藏列所导致的后果，也正是这个原因导致 vw_aa 中查不到新插入的记录（因为 vw_aa 视图只显示"计科系"学生的信息，而新插入记录的所属院系字段值为 NULL）。所以建立上面的视图时应该包含所属院系 institute 字段，如下面的语句。

```
CREATE VIEW vw_bb
AS
SELECT    ID, name, sex, birthday, institute
FROM      student
WHERE     institute='计科系'
```

13.2.2　使用带有 WITH CHECK OPTION 选项的视图

其实上一节的例题 13.6 又引出了一个安全问题，即计科系的管理员可以通过 vw_bb 视图，插入非计科系的学生信息。如何控制用户只向所属院系字段输入"计科系"成了目前最大的难题。答案是创建视图时加上 WITH CHECK OPTION 选项。因为加上该选项，可以防止用户通过视图对数据进行插入、删除和更新时，无意或故意操作不属于视图范围内的基本表数据。例如，视图被定义为如下形式：

```
CREATE VIEW vw_bb
AS
SELECT    ID, name, sex, birthday, institute
FROM      student
WHERE     institute='计科系'
WITH CHECK OPTION
```

则用户只能向所属院系字段插入字符串"计科系"，插入其他字符串就会使 WHERE 子句中的条件 institute='计科系'为假，从而限制了用户插入非计科系学生信息的权限。如果要插入其他院系的学生信息，则会出现错误，例如下面的语句准备插入物理系学生的信息，所以出现了错误。

```
INSERT INTO vw_bb
VALUES ('0019','汤姆','男','1998-09-09','物理系')
```

运行结果如下。

```
Error Code: 1369. CHECK OPTION failed 'college.vw_bb'
```

如果是在 SQL Server 环境中，错误提示信息如下。

> 服务器: 消息 550，级别 16，状态 1，行 1
> 试图进行的插入或更新已失败，原因是目标视图或者目标视图所跨越的某一视图指定了 WITH CHECK OPTION，
> 而该操作的一个或多个结果行又不符合 CHECK OPTION 约束的条件。
> 语句已终止。

　　综上所述，如果想限制用户通过视图插入不属于视图权限范围内的数据，则应当在建立视图时加上
WITH CHECK OPTION 选项。

第 14 章　更新和删除数据

与前面介绍的查询和插入操作一样，更新和删除操作同样也是 SQL 语言中非常重要的操作。在 SQL 中，更新数据使用 UPDATE 语句，删除数据使用 DELETE 语句。本章将详细介绍这两种语句的使用方法。

14.1　更新表中的数据

在 SQL 中更新数据要使用 UPDATE 语句。该语句与 INSERT 语句一样，同样需要对表有足够的访问权限。在有足够的访问权限的前提下，UPDATE 语句可以更改表内的任何数据。

14.1.1　更新单个字段的数据

本节将介绍 UPDATE 语句最简单的使用方法——更新单个字段的数据，其语法格式如下。

```
UPDATE    表名
SET       字段名=更新值
WHERE     条件表达式
```

其中，UPDATE 子句指定要更改哪个表中的数据，SET 子句指定将哪个字段的数据用什么值替换，WHERE 子句设置要更新记录的条件。这三个子句的执行顺序和工作原理如下。

（1）UPDATE 子句。告诉 DBMS 要使用哪个表，并打开该表。

（2）WHERE 子句。将表中满足条件的记录放入结果集。

（3）SET 子句。更新结果集中所有记录的特定字段的数据。

> **注意**
>
> UPDATE 语句中的 WHERE 子句可以被省略，但是这么做的后果是，更新在所有记录上进行。因此，在省略 WHERE 子句前应当考虑清楚，是否真的要更新所有记录的数据。

下面通过例题说明 UPDATE 语句的具体使用方法。为了方便分析例题，首先查看 student 表的当前内容，如图 14.1 所示。

为了保持更新前的数据，在运行下面的例题前，应当备份数据表的所有内容。备份可以用之前介绍的 SELECT INTO 语句完成，如果运行环境为 Oracle 则应当使用 CREATE TABLE-SELECT 语句完成。具体语句如下。

（1）如果运行环境为 MySQL 或 Oracle，则使用以下语句进行备份。

```
CREATE TABLE student_20181228
AS
SELECT *
FROM   student
```

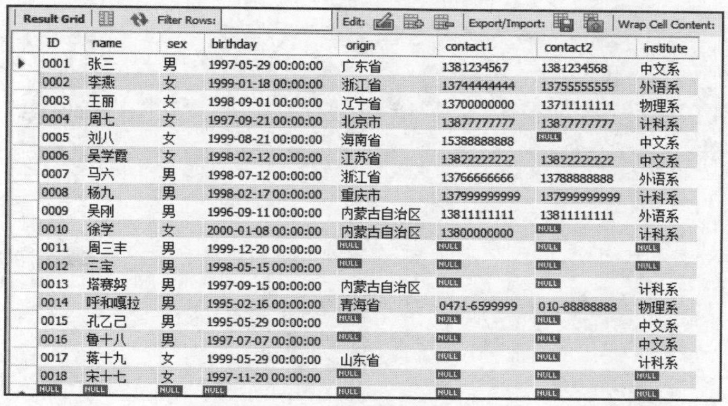

图 14.1　student 表内容

（2）如果运行环境为 SQL Server，则使用下面的语句进行备份。

```
SELECT *
INTO    student_20181228
FROM    student
```

【例 14.1】在 student 表中，将名叫"张三"的学生的联系方式 1 更改为"010-81234567"。

```
UPDATE student
SET contact1='010-81234567'
WHERE name='张三'
```

运行 UPDATE 语句后，再次查询 student 表内容，会发现"张三"的联系方式 1 已经被替换为"010-81234567"，如图 14.2 所示。

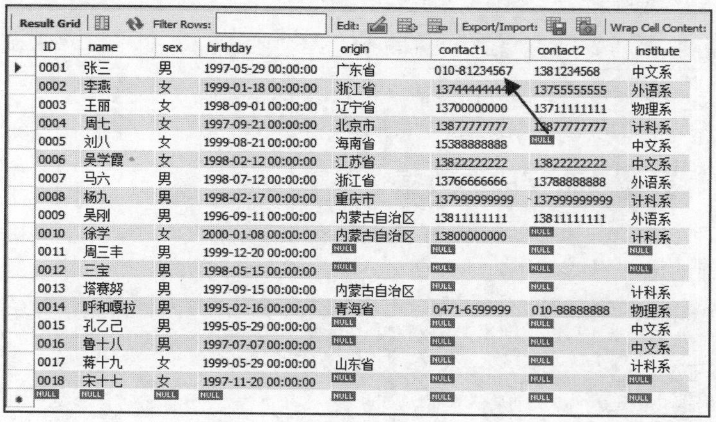

图 14.2　更新数据后的 student 表内容

在 MySQL 环境中运行以上 SQL 语句如果出现以下错误提示。

```
Error Code: 1175. You are using safe update mode and you tried to update a table without a WHERE that uses a
KEY column.   To disable safe mode, toggle the option in Preferences -> SQL Editor and reconnect.
```

这是提示在使用 UPDATE 时，其 WHERE 子句中应该使用主键作为条件。如果要禁止这种安全要求，可在 MySQL Workbench 中选择菜单 Edit / Preferences，弹出如图 14.3 所示的对话框，选择 SQL Editor，在下方取消勾选 Safe Updates(rejects UPDATEs and DELETEs with no retrictions)复选框。然后重新连接 MySQL，即可运行上面的 SQL 语句了。

技巧

在使用 UPDATE 语句更新数据时，首先可以使用 SELECT 语句测试其 WHERE 子句的正确性。这样可以尽量避免更新错误。

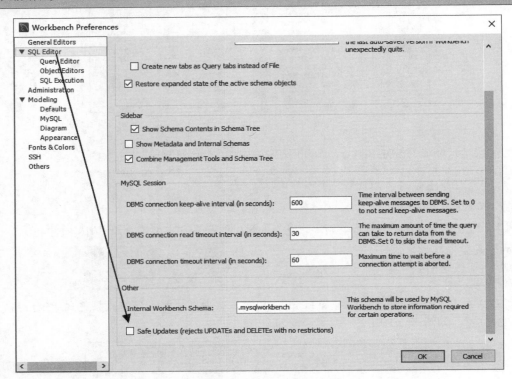

图 14.3　取消 Safe Updates 选项

14.1.2　更新多个字段的数据

更新多个字段数据的语法格式如下。

```
UPDATE    表名
SET       字段名 1=更新值 1,
          字段名 2=更新值 2,
          字段名 3=更新值 3
WHERE     条件表达式
```

其中，SET 子句中的表达式之间用逗号（,）隔开。下面通过例题说明其用法。

【例 14.2】在 student 表中，将所有计科系学生的所属院系值更改为"计算机学院"，联系方式 2 改为"0471-6123456"。

```
UPDATE    student
SET       institute='计算机学院',
          contact2='0471-6123456'
WHERE     institute='计科系'
```

运行 UPDATE 语句后，使用下面的语句查看 student 表内容。

```
SELECT    *
FROM      student
ORDER BY institute
```

运行结果如图 14.4 所示。

图 14.4　更新数据后的 student 表内容

14.1.3　使用子查询更新数据

在 UPDATE 语句的 WHERE 子句中，可以使用子查询选择需要更新的记录。利用其这一特点，UPDATE 语句可以基于其他表中的数据进行更新。

【例 14.3】在 score 表中，将每个学生的"心理学"考试成绩增加 2 分。

首先，查看一下 score 表中所有关于"心理学"课程的信息。

```
SELECT    s_id AS 学号, c_id AS 课号, result1 AS 考试成绩, result2 AS 平时成绩
FROM      score
WHERE     c_id=(SELECT ID
                FROM  course
                WHERE course='心理学')
```

运行结果如图 14.5 所示。

下面是具体的更新语句。

```
UPDATE score
SET       result1=result1+2
WHERE  c_id=(SELECT ID
                FROM  course
                WHERE course='心理学')
```

运行 UPDATE 语句后，再次使用下面的 SELECT 语句，查看 score 表中所有关于"心理学"课程的信息。

```
SELECT  s_id AS 学号, c_id AS 课号, result1 AS 考试成绩, result2 AS 平时成绩
FROM     score
WHERE  c_id=(SELECT ID
                FROM   course
                WHERE course='心理学')
```

运行结果如图 14.6 所示。

图 14.5　score 表中有关"心理学"的信息　　图 14.6　更新数据后的 score 表中有关"心理学"的信息

比较两次查询结果，可以发现 UPDATE 语句更新了所有"心理学"的考试成绩。

14.1.4　使用表连接更新数据

实际上，在 UPDATE 语句中还可以使用 FROM 子句。通过 FROM 子句和 WHERE 子句配合，可以进行多表连接，就是说在 UPDATE 语句中可以通过多表连接进行数据更新。下面通过例题说明使用多表连接更新数据的方法。

【例 14.4】在 score 表中，将每个学生"心理学"的考试成绩减 2 分，将其还原为更新前的分数。

```
UPDATE   score AS s,course AS c
SET      s.result1=s.result1-2
WHERE    c.course='心理学'
         AND    s.c_id=c.ID
```

运行 UPDATE 语句后，使用下面的 SELECT 语句，查看 score 表中所有关于"心理学"课程的信息。

```
SELECT s.s_id AS 学号, s.c_id AS 课号, s.result1 AS 考试成绩, s.result2 AS 平时成绩
FROM    score AS s,course AS c
WHERE   c.course='心理学'
        AND    s.c_id=c.ID
```

运行结果如图 14.7 所示。

本例在 UPDATE 语句中使用了 FROM 子句，以多表连接的方式更新了数据。

图 14.7　例 14.4 运行结果

14.1.5　使用 UPDATE 语句删除指定字段的数据

UPDATE 语句除了更新数据以外，还有一个作用，即删除指定字段的数据。所谓的删除，就是使用 NULL 值替换原有的字段值而已。

注意

用 NULL 值替换字段值时，首先必须保证该字段可以为空，否则会出现错误。

【例 14.5】在 student 表中，将所有外语系学生的联系方式 2 的值删除。

首先，运行下面的语句查看 student 表当前的内容。

```
SELECT    *
FROM    student
ORDER BY institute
```

运行结果如图 14.8 所示。

下面的语句用于删除所有外语系学生的联系方式 2。

```
UPDATE student
SET    contact2=NULL
WHERE    institute='外语系'
```

运行 UPDATE 语句后，再次使用下面的 SELECT 语句，查看 student 表的变化。

```
SELECT    *
FROM    student
ORDER BY institute
```

运行结果如图 14.9 所示。

图 14.8　student 表内容

图 14.9　删除联系方式 2 后的内容

205

14.2 删除表中的数据

在 SQL 中删除数据要使用 DELETE 语句，当然这里所说的删除是删除整个记录，而并非是删除某个字段值。该语句也需要对表有足够的访问权限。

14.2.1 使用 DELETE 语句删除指定记录

首先，必须清楚一点，使用 DELETE 语句删除的是整行记录，而并非是记录中的某个字段值。下面是 DELETE 语句的语法格式。

```
DELETE    FROM  表名
WHERE    条件表达式
```

其中，DELETE FROM 指定要从哪个表删除数据，WHERE 用于设置删除记录的条件。即 DELETE 语句从表中删除那些满足 WHERE 子句条件的所有记录。当省略 WHERE 子句时，DELETE 语句删除表中的所有记录。

为了不破坏 student 表中的数据，下面使用 SELECT INTO 创建一个临时表 stu_temp，本节的例题都将使用该临时表。

```
CREATE TABLE stu_temp
AS
SELECT    *
FROM    student
```

若是 SQL Server 环境，则执行以下 SQL 语句创建临时表。

```
SELECT    *
INTO    stu_temp
FROM    student
```

下面通过例题介绍 DELETE 语句的使用方法。

【例 14.6】从 stu_temp 表中删除名叫"孔乙己"的学生的记录。

```
DELETE FROM    stu_temp
WHERE            name='孔乙己'
```

执行 DELETE 语句后，使用下面的语句查看 stu_temp 表的内容。

```
SELECT    *
FROM    stu_temp
```

运行结果如图 14.10 所示。

 提示

在 MySQL 中执行以上删除 SQL 语句如果出错，可参考例 14.1 中的方法进行设置。

图 14.10 删除 "孔乙己" 后的 stu_temp 表内容

查看运行结果，会发现 "孔乙己" 已经被彻底从 stu_temp 表内删除了。本例中，因为 stu_temp 表内只有一个叫 "孔乙己" 的学生，所以只删除了一条记录。实际上 DELETE 语句可以删除多条记录，例如下面的例题。

【例 14.7】从 stu_temp 表中删除所有所属院系为 NULL 的记录。

```
DELETE FROM    stu_temp
WHERE          institute IS NULL
```

使用下面的语句查看 stu_temp 表的变化。

```
SELECT    *
FROM      stu_temp
```

运行结果如图 14.11 所示。

查看运行结果，会发现所属院系为 NULL 的记录全部被删除掉了，记录总数也从 17 条变成了 14 条。

图 14.11 执行删除语句后的 stu_temp 表内容

14.2.2 在 DELETE 语句中使用多表连接

在 DELETE 语句中也可以使用多表连接，就是说可以根据其他表的数据删除本表记录。下面通过例题说明这种方法。首先创建一个 score 表的复制表 score_copy，创建语句如下。

```
CREATE TABLE score_copy
AS
SELECT    *
FROM      score
```

若是 SQL Server 环境，执行以下 SQL 语句复制表。

```
SELECT    *
INTO      score_copy
FROM      score
```

下面的例题将在 score_copy 表上进行。

【例 14.8】从 score_copy 表中，删除“张三”和“马六”的所有相关记录。

为了便于分析，首先使用下面的查询语句，查看 score_copy 表中关于“张三”和“马六”的全部记录。

```
SELECT    s.s_id AS 学号, s.c_id AS 课号, s.result1 AS 考试成绩, s.result2 AS 平时成绩
FROM      score_copy AS s,stu_temp AS st
WHERE     st.name IN ('张三','马六')
          AND       st.ID=s.s_id
```

运行结果如图 14.12 所示。

其次，使用下面的语句删除记录。

```
DELETE  score_copy
FROM    score_copy ,stu_temp AS st
WHERE   st.name IN ('张三','马六')
        AND       st.ID=score_copy.s_id
```

说明

删除语句中，DELETE 关键字后的表名指定要从哪个数据表删除数据。在本语句中 DELETE 关键字后是 score_copy，因此只删除 score_copy 表中的相关数据，而与 FROM 子句中列出的其他表无关，如与 stu_temp 表无关。

```
SELECT    s.s_id AS 学号, s.c_id AS 课号, s.result1 AS 考试成绩, s.result2 AS 平时成绩
FROM      score_copy AS s,stu_temp AS st
WHERE     st.name IN ('张三','马六')
          AND       st.ID=s.s_id
```

运行结果为空查询结果集，这表示 DELETE 语句从 score_copy 表删除了关于“张三”和“马六”的所有记录。

可以使用如下语句查看 stu_temp 表内容，以证明 DELETE 语句只删除了 score_copy 表的相关记录，而并未删除其他表中的记录。

```
SELECT    *
FROM      stu_temp
```

运行结果如图 14.13 所示。

学号	课号	考试成绩	平时成绩
0001	001	87.00	90.00
0001	002	73.00	95.00
0001	003	81.00	92.00
0001	004	84.00	90.00
0001	005	90.00	95.00
0007	001	74.00	95.00
0007	002	87.00	90.00
0007	003	79.00	95.00
0007	004	90.00	95.00
0007	005	89.00	90.00
0007	006	88.00	90.00

图 14.12　score_copy 表中关于“张三”和“马六”的全部记录

ID	name	sex	birthday	origin	contact1	contact2	institute
0001	张三	男	1997-05-29 00:00:00	广东省	010-81234567	1381234568	中文系
0002	李燕	女	1999-01-18 00:00:00	浙江省	13744444444	NULL	外语系
0003	王丽	女	1998-09-01 00:00:00	辽宁省	13700000000	13711111111	物理系
0004	周七	女	1997-09-21 00:00:00	北京市	13877777777	0471-6123456	计算机学院
0005	刘八	女	1999-08-21 00:00:00	海南省	15388888888	NULL	中文系
0006	吴学霞	女	1998-02-12 00:00:00	江苏省	13822222222	13822222222	中文系
0007	马六	男	1998-07-12 00:00:00	浙江省	13766666666	NULL	外语系
0008	杨九	男	1998-02-17 00:00:00	重庆市	137999999999	0471-6123456	计算机学院
0009	吴刚	男	1996-09-11 00:00:00	内蒙古自治区	13811111111	NULL	外语系
0010	徐学	女	2000-01-08 00:00:00	内蒙古自治区	13800000000	0471-6123456	计算机学院
0013	塔赛努	男	1997-09-15 00:00:00	内蒙古自治区	NULL	0471-6123456	计算机学院
0014	呼和...	男	1995-02-16 00:00:00	青海省	0471-6599999	010-88888888	物理系
0016	鲁十八	男	1997-07-07 00:00:00	NULL	NULL	NULL	中文系
0017	蒋十九	女	1999-05-29 00:00:00	山东省	NULL	0471-6123456	计算机学院

图 14.13　stu_temp 表内容

通过查询结果可以发现，DELETE 语句并没有删除 stu_temp 表中关于"张三"和"马六"的记录。

14.2.3　使用 DELETE 语句删除所有记录

如果 DELETE 语句后不加 WHERE 子句，则会将表内所有记录全部删除。这里需要注意区分的是，DELETE 语句删除的是所有记录，而并不是数据表本身。

【例 14.9】删除 stu_temp 表内的所有记录。

```
DELETE   FROM   stu_temp
```

查看 stu_temp 表。

```
SELECT   *
FROM     stu_temp
```

运行结果如图 14.14 所示。

图 14.14　stu_temp 表内容

查询结果显示，stu_temp 表内没有任何记录，即原有记录全部被删除了。

14.2.4　使用 TRUNCATE 语句删除所有记录

上一节介绍了使用 DELETE 语句删除表中所有记录的方法。实际上使用 DELETE 语句删除表中所有记录的效率有时非常低，这是因为 DBMS 会向事务处理日志写入一些内容，这些内容在删除执行失败时，可以帮助用户将数据回滚（回退）到删除执行前的状态。

TRUNCATE 是删除表中所有记录的另一种语句，与 DELETE 语句相比，其运行效率非常高，因为使用 TRUNCATE 语句时，DBMS 不会写入任何内容，换个角度说，就是 TRUNCATE 语句所做的修改是不能回滚的。这里需要强调一点，TRUNCATE 语句只是删除了表中的所有数据，而并没有删除表本身。下面看一个使用 TRUNCATE 语句的例题。

【例 14.10】删除 stu_temp 表内的所有记录。

如果已经将 stu_temp 表中的数据全部删除，则使用以下语句向 stu_temp 表插入内容。

```
INSERT INTO stu_temp
SELECT    *
FROM     student
```

然后，执行下面的语句。

```
TRUNCATE TABLE stu_temp
```

读者可以自行查看 stu_temp 表的内容。

14.3　通过视图更新表

在 13.2 节通过视图插入数据的内容中，曾经介绍过使用视图更新数据表的重要性，即多用户数据库系统中为不同权限的用户授权不同的视图，以此达到保护表中的数据和用户修改数据的同时数据库管理员（DBA）可以操作表的目的。

14.3.1　不能用于更新的视图

在介绍使用视图更新表之前，首先必须清楚一点，即并不是所有视图都能用于更新数据。下面列出不能用于更新数据的视图种类供读者参考。

➥　SELECT 子句的字段列表中包含了聚合函数的视图不能用于更新数据。例如，下面的视图就不能用于更新数据。

```
CREATE VIEW    vm_aa
AS
SELECT    institute, COUNT(*) AS  人数
FROM student
GROUP BY institute
```

➥　SELECT 语句中包括 GROUP BY 子句的视图不能用于更新数据。例如下面的视图。

```
CREATE VIEW    vm_aa
AS
SELECT    ID, name, sex
FROM student
GROUP BY ID, name, sex
```

➥　SELECT 子句中包含 DISTINCT 关键字的视图不能用于更新数据。例如下面的视图。

```
CREATE VIEW    vm_aa
AS
SELECT    DISTINCT c_id
FROM      course
```

➥　SELECT 语句中包含了计算字段的视图不能用于更新数据。例如下面的视图。

```
CREATE VIEW vm_aa
AS
SELECT name, TIMESTAMPDIFF(YEAR, birthday, CURDATE())    AS  年龄
FROM    student
```

➥　基于多表连接的视图不能用于更新数据。例如下面的视图。

```
CREATE VIEW vm_aa
AS
SELECT st.ID AS  学号,    st.name AS  姓名,    st.institute AS  所属院系, c.course AS  课名, s.result1 AS  考试成绩
FROM    student AS st,Course AS c,score AS s
WHERE st.ID=s.s_id
        AND c.ID= s.c_id
```

➥ 如果视图不包含具有非空约束而且没有默认值的字段，则该视图不能用于更新数据。例如，下面的视图因为没有包含具有非空约束而且没有默认值的"学号"字段，因此不能用于更新数据。

```
CREATE VIEW   vm_aa
AS
SELECT   name AS 姓名, institute   AS  所属院系
FROM student
```

14.3.2　通过视图更新表数据

首先，创建一个可更新的视图 vw_update，用于本节的例题，下面是创建视图的语句。

```
CREATE VIEW vw_update
AS
SELECT   *
FROM    student
WHERE   institute ='计算机学院'
WITH CHECK OPTION
```

在视图 vw_update 上运行下面的查询语句。

```
SELECT   *
FROM     vw_update
```

查询结果如图 14.15 所示。

图 14.15　对 vw_update 视图访问的结果

下面使用一个例题介绍通过视图更新数据的方法。

【例 14.11】通过视图 vw_update 将学生"杨九"的来源地更新为"四川省"。

```
UPDATE   vw_update
SET      origin='四川省'
WHERE    name='杨九'
```

在视图 vw_update 上运行如下查询语句。

```
SELECT   *
FROM     vw_update
```

查询结果如图 14.16 所示。

图 14.16　通过视图更新后的结果

通过本例可以知道，使用视图更新数据和直接更新表中数据的方法是相同的，只是将表名改为视图名即可。通过视图 vw_update 更新数据还有个好处，那就是只能更新"计算机学院"的学生信息，而不能更新其他院系的学生信息，这也是使用视图更新数据的目的。

视图 vw_update 的定义语句中带有 WITH CHECK OPTION 选项，所以不能使用 UPDATE 语句更新所属院系字段的内容。因为如果更新所属院系的内容，则不能满足 WHERE 子句的条件表达式。例如，如果运行下面的语句就会产生错误，不会更新数据。

```
UPDATE    vw_update
SET       origin='数学系'
WHERE     name='杨九'
```

运行结果如下。

```
Error Code: 1064. You have an error in your SQL syntax; check the manual that corresponds to your MySQL
server version for the right syntax to use near "杨九' at line 3
```

若是在 SQL Server 环境中，错误提示信息如下。

```
服务器: 消息 550，级别 16，状态 1，行 1
试图进行的插入或更新已失败，原因是目标视图或者目标视图所跨越的某一视图指定了 WITH CHECK OPTION，
而该操作的一个或多个结果行又不符合 CHECK OPTION 约束的条件。
语句已终止。
```

14.3.3　通过视图删除表数据

本节的例题还是基于前面建立的 stu_temp 表。如果在前面删除了 stu_temp 表的所有内容，则首先使用下面的语句向其插入记录。

```
INSERT INTO stu_temp
SELECT    *
FROM      student
```

然后，创建一个可更新的视图 vw_delete 用于下面的例题，创建视图的语句如下。

```
CREATE VIEW vw_delete
AS
SELECT    *
FROM      stu_temp
WHERE     institute='中文系'
WITH CHECK OPTION
```

在视图 vw_delete 上运行下面的查询语句。

```
SELECT    *
FROM      vw_delete
```

查询结果如图 14.17 所示。

ID	name	sex	birthday	origin	contact1	contact2	institute
0001	张三	男	1997-05-29 00:00:00	广东省	010-81234567	1381234568	中文系
0005	刘八	女	1999-08-21 00:00:00	海南省	15388888888	NULL	中文系
0006	吴学霞	女	1998-02-12 00:00:00	江苏省	13822222222	13822222222	中文系
0015	孔乙己	男	1995-05-29 00:00:00	NULL	NULL	NULL	中文系
0016	鲁十八	男	1997-07-07 00:00:00	NULL	NULL	NULL	中文系
0001	张三	男	1997-05-29 00:00:00	广东省	010-81234567	1381234568	中文系
0005	刘八	女	1999-08-21 00:00:00	海南省	15388888888	NULL	中文系
0006	吴学霞	女	1998-02-12 00:00:00	江苏省	13822222222	13822222222	中文系
0015	孔乙己	男	1995-05-29 00:00:00	NULL	NULL	NULL	中文系
0016	鲁十八	男	1997-07-07 00:00:00	NULL	NULL	NULL	中文系

图 14.17　对 vw_delete 视图访问的结果

下面使用一个例题介绍通过视图删除数据的方法。

【**例 14.12**】通过视图 vw_delete，将来源地为 NULL 的学生删除。

```
DELETE FROM    vw_delete
WHERE          origin IS NULL
```

在视图 vw_delete 上运行如下查询语句。

```
SELECT    *
FROM      vw_delete
```

查询结果如图 14.18 所示。

ID	name	sex	birthday	origin	contact1	contact2	institute
0001	张三	男	1997-05-29 00:00:00	广东省	010-81234567	1381234568	中文系
0005	刘八	女	1999-08-21 00:00:00	海南省	15388888888	NULL	中文系
0006	吴学霞	女	1998-02-12 00:00:00	江苏省	13822222222	13822222222	中文系
0001	张三	男	1997-05-29 00:00:00	广东省	010-81234567	1381234568	中文系
0005	刘八	女	1999-08-21 00:00:00	海南省	15388888888	NULL	中文系
0006	吴学霞	女	1998-02-12 00:00:00	江苏省	13822222222	13822222222	中文系

图 14.18　通过视图更新后的结果

看到结果后，有些读者可能会有疑虑，会不会将 stu_temp 表中所有来源地为 NULL 的记录全部删除了呢？运行下面的语句查看 stu_temp 表的内容。

```
SELECT    *
FROM      stu_temp
```

运行结果如图 14.19 所示。

ID	name	sex	birthday	origin	contact1	contact2	institute
0001	张三	男	1997-05-29 00:00:00	广东省	010-81234567	1381234568	中文系
0002	李燕	女	1999-01-18 00:00:00	浙江省	13744444444	NULL	外语系
0003	王丽	女	1998-09-01 00:00:00	辽宁省	13700000000	13711111111	物理系
0004	周七	女	1997-09-21 00:00:00	北京市	13877777777	0471-6123456	计算机学院
0005	刘八	女	1999-08-21 00:00:00	海南省	15388888888	NULL	计算机学院
0006	吴学霞	女	1998-02-12 00:00:00	江苏省	13822222222	13822222222	中文系
0007	马六	男	1998-07-12 00:00:00	浙江省	13766666666	NULL	外语系
0008	杨九	男	1998-02-17 00:00:00	四川省	13799999999	0471-6123456	计算机学院
0009	吴刚	男	1996-09-11 00:00:00	内蒙古自治区	13811111111	NULL	外语系
0010	徐学	女	2000-01-08 00:00:00	内蒙古自治区	13800000000	0471-6123456	计算机学院
0011	周三丰	男	1999-12-20 00:00:00	NULL	NULL	NULL	NULL
0012	三宝	男	1998-05-15 00:00:00	NULL	NULL	NULL	NULL
0013	塔赛绉	男	1997-09-15 00:00:00	内蒙古自治区	NULL	0471-6123456	计算机学院
0014	呼和	男	1995-02-16 00:00:00	青海省	0471-6599999	010-88888888	物理系
0017	蒋十九	女	1999-05-29 00:00:00	山东省	NULL	0471-6123456	计算机学院
0018	宋十七	女	1997-11-20 00:00:00	NULL	NULL	NULL	NULL

图 14.19　stu_temp 表内容

查看 stu_temp 表的内容会发现，刚才只是删除了视图中可见的数据，而并没有删除在视图中看不到的记录。

通过本例可以知道，使用视图删除数据和直接删除表中数据的方法是相同的，只是将表名改为视图名即可。通过视图删除数据和通过视图更新数据一样，只能删除所能看到的记录数据，而不能删除无法看到的数据。

第 15 章　管理数据库的安全

随着计算机的普及和数据库应用技术的飞速发展，数据库深入到各个领域，数据库中存储的数据越来越多，也越来越有价值，这时安全问题就凸显出来了。本章主要讨论数据库的安全性以及 SQL 对数据库的安全控制功能。

15.1　MySQL 数据库安全

MySQL 是一个多用户数据库，针对多用户的方法，MySQL 具有功能强大的安全控制系统，可以为不同用户指定不同的权限。通常可使用标准 SQL 语句 GRANT 和 REVOKE 语句去修改控制用户访问的权限表。

15.1.1　权限相关的表

授权表存放在 MySQL 数据库中，由 MySL_install_db 脚本初始化。存储用户权限信息的表主要有：user、db、host、tables_priv、columns_priv 和 procs_priv。

MySQL 系统相关的表保存在名为 mysql 的数据库中，在 MySQL Workbench 中 MySQL 数据库在 SCHEMAS 列表中不会显示出来，可按以下步骤操作将其显示出来。

（1）在 MySQL Workbench 中选择菜单 Edit / Perferences，打开如图 15.1 所示对话框。

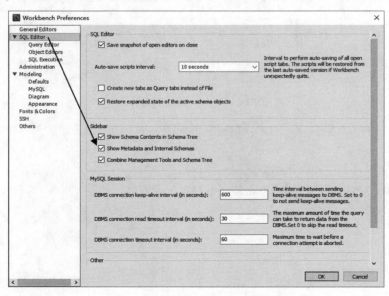

图 15.1　设置显示 MySQL 数据库

（2）在对话框中选择 SQL Editor，在右侧勾选 Show Metadata and Internal Schemas。

（3）关闭对话框。

（4）在 MySQL Workbench 左侧单击 SCHEMAS 中的"刷新"按钮，就可以看到多出了几个数据库，如图 15.2 所示。

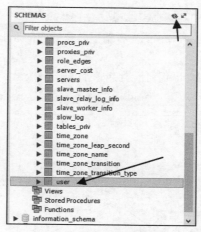

图 15.2　MySQL 数据库

1．user 表

user 表是 MySQL 中最重要的一个权限表，保存了允许连接到 MySQL 服务器的用户账号信息，里面的权限是全局的。如果用户在 user 表中设置了 DELETE 权限，则该用户可以删除 MySQL 服务器上所有数据库中的记录。

在 MySQL 8.0 中 user 表有 50 个字段，可分为 4 类，分别是用户列、权限列、安全列和资源控制列。

2．db 表和 host 表

db 表中保存用户对某个数据库的操作权限，控制用户能从哪个主机操作哪个数据库。

host 表保存某个主机对数据库的操作权限，与 db 表一起可控制指定主机上数据库级操作权限的控制。

db 表和 host 表的结构相似，字段可分为用户列和权限列两类。

3．tables_priv 表和 columns_priv 表

tables_priv 表用来对表设置操作权限，columns_priv 表用来对表的某一列设置权限。

4．procs_priv 表

procs_priv 表可以对存储过程和存储函数设置操作权限。

15.1.2　用 SQL 语句创建用户与授权

1．使用 CREATE USER 语句创建用户

CREATE USER 语句会添加一个新的 MySQL 账户。每添加一个用户，会在 user 表中增加一条记录，新创建的用户没有任何权限。

注意

必须有全局的 CREATE USER 权限或对数据库 MySQL 有 INSERT 权限，才能执行 CREATE USER 语句。

【例 15.1】使用 CREATE USER 创建一个用户，用户名为 newuser1，密码为 123456，主机是 localhost。

```
CREATE USER   'newuser1'@'localhost' IDENTIFIED BY '123456';
```

以上语句，如果只指定了用户名 newuser1，省略了@及后面的 localhost，主机名使用默认值"%"（即对所有主机开放权限）。

运行以上语句后，执行以下 SQL 语句可看到新增加的用户账号，如图 15.3 所示。

```
SELECT *   FROM user
```

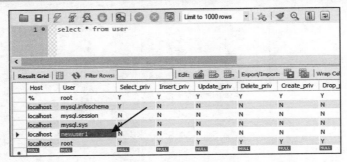

图 15.3　新增的用户账号

2. 使用 GRANT 语句授权

使用 CREATE USER 语句创建的用户账号没有任何权限，还需要使用 GRANT 语句进行权限设置操作。

【例 15.2】使用 GRANT 语句为上例中创建用户进行授权，授予用户 newuser1 对所有表的 SELECT、UPDATE 操作权限。

```
GRANT SELECT, UPDATE ON *.*    TO   'newuser1'@'localhost'
```

运行以上语句后，执行以下 SQL 语句可看到用户 newuser1 的字段 Select_priv 和 Update_priv 的值为 Y，如图 15.4 所示。

```
SELECT *   FROM user
```

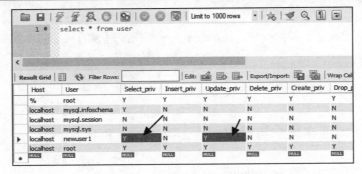

图 15.4　用户 newuser1 的权限

3. 使用 DROP USER 语句删除用户

使用 DROP USER 语句可删除一个或多个 MySQL 用户账号。

【例 15.3】删除例 15.1 创建的用户 newuser1。

```
DROP USER    'newuser1'@'localhost';
```

运行以上语句后，执行以下 SQL 语句可看到 user 表中已经没有用户 newuser1，如图 15.5 所示。

```
SELECT *    FROM user
```

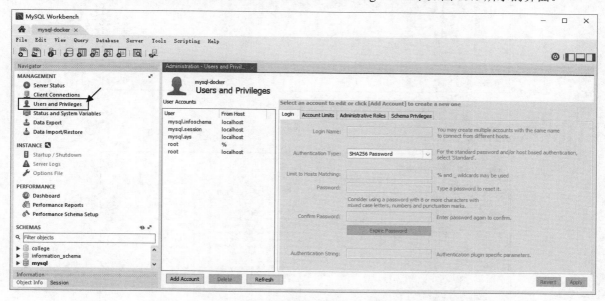

图 15.5   删除用户 newuser1 的结果

15.1.3   MySQL Workbench 创建用户与授权

在 MySQL Workbench 中可以用图形化方式创建用户，以及对用户进行授权操作。下面演示具体的操作步骤。

（1）打开 MySQL Workbench，以 root 账号登录。

（2）单击左侧 MANAGEMENT 列表中的 Users and Privileges，显示如图 15.6 所示的界面。

图 15.6   显示 Users and Privileges

（3）在图 15.6 中可看到当前已有用户列表。单击下方的 Add Account 按钮添加用户，将新建一个名为 newuser 的用户，如图 15.7 所示。

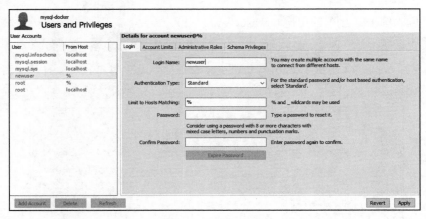

图 15.7　添加用户

（4）在 Login 选项卡中设置登录密码。

（5）在 Account Limits 选项卡中设置用户账号的一些限制，如最大查询数、最大更新数、最大连接数等，如图 15.8 所示。

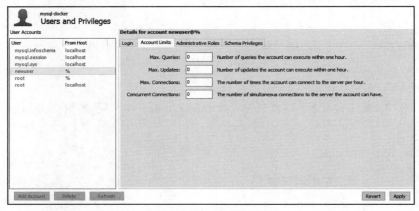

图 15.8　设置账号限制

（6）在 Administrative Roles 选项卡中设置用户账号的角色，如图 15.9 所示。

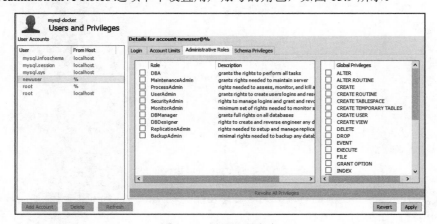

图 15.9　设置账号角色

（7）在 Schema Privileges 选项卡中设置用户账号对哪些数据库有操作权限，如图 15.10 所示。

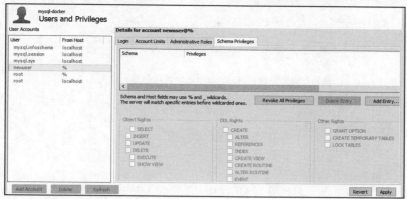

图 15.10 设置账号可操作的数据库

（8）设置好各项参数之后，单击右下角的 Apply 按钮完成用户创建及权限设置。

15.2 Oracle 数据库用户管理

本节将介绍在 Oracle 数据库中创建用户、修改用户、给用户授权、查看用户拥有的权限、取消用户权限和删除用户等内容。

15.2.1 创建用户

在创建数据库时，有些用户就被默认创建了，如 Oracle 的 SYS、SYSTEM 用户，MySQL 的 root 用户，SQL Server 的 SA 用户等。表 15.1 中列出了 Oracle 的所有默认用户。

表 15.1 Oracle 的默认用户

默认用户名	默认口令	登录系统身份
sys	Change_on_install	以 SYSDBA 或 SYSOPER 身份登录，不能以 NORMAL 身份登录
system	Manager	以 SYSDBA 或 NORMAL 身份登录，不能以 SYSOPER 身份登录
scott	Tiger	以 NORMAL 身份登录
aqadm	Aqadm	以 SYSDBA 或 NORMAL 身份登录，是高级队列管理员
dbsnmp	Dbsnmp	以 SYSDBA 或 NORMAL 身份登录，是复制管理员

 说明

在创建数据库时，可以改变默认用户的口令，还可以选择激活哪些默认用户。

除默认用户以外，还有一些用户是通过 CREATE USER 命令后期创建的。本节将要介绍的正是使用 CREATE USER 命令创建用户的具体方法，下面通过例题说明。

【例 15.4】在 Oracle 数据库中创建一个用户 brjd_sqbt，并设置其密码为 Mongolia。其 SQL 语句如下。

```
CREATE USER brjd_sqbt
IDENTIFIED BY Mongolia;
```

运行结果如图 15.11 所示。

图 15.11　创建用户 brjd_sqbt

 说明

在创建用户时，当前登录用户应该具有创建用户的权限。本例中笔者通过 system 用户登录到了数据库。

实际上，在创建用户的同时，还可以给用户指定默认的表空间和在该表空间上的存储空间配额。如果像上例没有指定默认表空间，则该用户就会把 SYSTEM 表空间作为存储数据库对象的默认位置。下面的例题演示了如何在创建用户时指定默认表空间和分配存储空间。

【例 15.5】在 Oracle 数据库中创建一个用户 brjd_Baater，并设置其密码为 a99999，同时指定其默认表空间为 users，并在 users 表空间上分配给该用户 50KB 的存储空间。

```
CREATE USER brjd_baater
IDENTIFIED BY a99999
DEFAULT TABLESPACE users
QUOTA 50K ON users;
```

运行结果如图 15.12 所示。

图 15.12　创建用户 brjd_ baater

 注意

用户被创建后并不能直接使用。因为目前还没有给该用户授予权限。关于授予权限的相关内容，请查阅 15.3.3 节的内容。

 说明

在 Oracle 环境中，使用 CREATE USER 命令创建用户时，除可以指定默认表空间以外，还可以指定临时表空间，如果省略了临时表空间，数据库系统默认使用 system 表空间。

15.2.2　修改用户

有时需要修改已经存在用户的密码、默认表空间、存储空间配额等设置。这时可以用到 ALTER USER 命令。下面通过例题说明修改用户设置的方法。

【例 15.6】将用户 brjd_baater 的密码修改为 a66666，并修改其在 users 表空间上的存储空间配额为 80KB。

```
ALTER USER brjd_baater
IDENTIFIED BY a66666
QUOTA 80K ON users;
```

运行结果如图 15.13 所示。

图 15.13　修改用户 brjd_ baater 的设置

15.2.3　给用户授予 CREATE SESSION 权限

在前面已经创建了两个用户，但目前这些用户并不能使用。只有给用户授予权限后，该用户才能正常使用。其中，最低权限是会话权限——CREATE SESSION，如果没有该权限，用户就无法连接到数据库。

【例 15.7】使用前面创建的 brjd_sqbt 用户登录数据库。

```
connect　brjd_sqbt/mongolia
```

运行结果如图 15.14 所示。

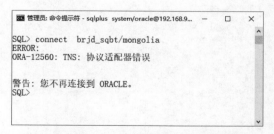

图 15.14　以用户 brjd_sqbt 的身份登录数据库

从图 15.14 中可以看到，出现的系统错误和错误提示，其原因是 brjd_sqbt 用户还没有 CREATE SESSION 权限。授予权限要用到 GRANT 命令。下面的例题给用户授予了最基本 CREATE SESSION 权限。

 说明

在 SQL *Pluse 中使用 connect 命令，可以用其他用户的身份登录数据库。connect 命令的语法格式如下。

```
connect　用户名/密码
```

或
conn　用户名/密码

【例 15.8】授予 brjd_sqbt 用户 CREATE SESSION 权限。

（1）前面因为使用 brjd_sqbt 登录失败，断开了与 Oracle 数据库的连接。所以应该重新以 system（或者其他具有权限的用户）用户的身份登录数据库。

connect　system/oracle

（2）授予 brjd_sqbt 用户 CREATE SESSION 权限。

GRANT CREATE SESSION
TO　brjd_sqbt;

运行结果如图 15.15 所示。

图 15.15　授予用户 CREATE SESSION 权限

当用户被授予了 CREATE SESSION 权限之后，就可以正常登录数据库了，但是，只是正常登录数据库而已，除此之外，用户并不能做其他的工作。原因很简单，还是因为权限不够。读者可以自行分析下面的语句，以及运行结果的原因。

```
SQL> connect brjd_sqbt/Mongolia;
已连接。
SQL> create table aaa(id char(3));
create table aaa(id char(3))
*
第 1 行出现错误:
ORA-01031: 权限不足


SQL> select *
  2   from system.student;
from system.student
              *
第 2 行出现错误:
ORA-00942: 表或视图不存在


SQL> connect system/oracle;
已连接。
SQL> SELECT ID, name
  2   FROM system.student;

ID       NAME
-------- ---------------------------------------
0012     三宝
```

0013	塔赛努
0014	呼和嘎拉
0015	孔乙己
0016	鲁十八
0017	蒋十九
0018	宋十七

15.2.4　给用户授予 SELECT 权限

当用户创建了一个数据库对象（如表）后，该对象的创建者具有该对象的一切权限，而其他用户对该数据库对象不具有任何权限。某用户想要访问其他用户创建的数据库对象，则必须被授予访问权限。

SELECT 权限指的是允许用户通过表（或视图）查询数据。如果想要查询其他用户创建的表或视图，则该用户必须被授予 SELECT 权限。下面通过例题说明具体方法。

【例 15.9】将 system 用户拥有的 student 表的 SELECT 权限授予 brjd_sqbt 用户。

```
GRANT SELECT
ON   student
TO   brjd_sqbt;
```

执行授权语句后，以 brjd_sqbt 用户登录到数据库，并使用 SELECT 语句查询 student 表内容，如图 15.16 所示。可以看到，brjd_sqbt 用户已经能够正常的查询 student 表内容了。

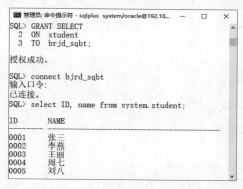

图 15.16　授予用户 SELECT 权限

 说明

本例中执行授权语句的当前用户是 system 用户。

【例 15.10】将 system 用户拥有的 t1 表的 SELECT 权限授予 brjd_sqbt 用户，且允许 brjd_sqbt 用户将 t1 表的 SELECT 权限授予其他用户。

（1）以 system 用户登录数据库（因为 t1 表属于 system 用户），并执行查询语句查看 t1 表的内容。

```
connect system/oracle

SELECT   *
FROM   t1;
```

（2）将 t1 表的 SELECT 权限授予 brjd_sqbt 用户。

```
GRANT SELECT
ON   t1
TO   brjd_sqbt
WITH GRANT OPTION;
```

运行结果如图 15.17 所示。

图 15.17　将 SELECT 权限授予 brjd_sqbt

说明

WITH GRANT OPTION 语句的作用是允许用户将得到的权限授予给其他用户。

为了证明 brjd_sqbt 已经拥有将查询 t1 表的权限授予其他用户的能力，读者可以使用下面的语句进行测试。

```
conn brjd_sqbt/Mongolia

GRANT SELECT
ON system.t1
TO brjd_baater;
```

其运行结果如下。

```
SQL> conn brjd_sqbt/Mongolia
已连接。
SQL>   GRANT SELECT
  2     ON system.t1
  3     TO brjd_baater;

授权成功。

SQL>
```

以上两个例题，都是将数据表的 SELECT 权限授予给了用户。实际上，还可以把视图的 SELECT 权限授予给用户，具体方法与数据表的相同，所以在此不再详述。

15.2.5　给用户授予 INSERT、UPDATE 和 DELETE 权限

除了可以给用户授予表的 SELECT 权限外，还可以给用户授予 INSERT、UPDATE 和 DELETE 权限。

1. 授予 INSERT 权限

INSERT 权限允许用户向数据表添加数据。当某用户被授予了指定表的 INSERT 权限后，该用户才可以向指定表添加数据。

【例 15.11】将 system 用户拥有的 student 表的 INSERT 权限授予 brjd_sqbt 用户。

```
connect system/oracle

GRANT INSERT
ON    student
TO    brjd_sqbt;
```

运行结果如图 15.18 所示。

为测试授权后的效果，可以执行下面的语句，并观察其运行结果。

```
connect brjd_sqbt/Mongolia

INSERT INTO system.student(ID, name)
VALUES('7788','xyz');
```

运行结果如图 15.19 所示。

图 15.18　将 INSERT 权限授予 brjd_sqbt

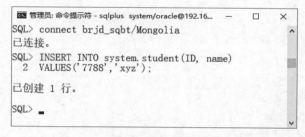

图 15.19　用户 brjd_sqbt 向 student 表插入数据

本例授予 brjd_sqbt 用户的 INSERT 权限是 student 表的所有字段。实际上，授予 INSERT 权限时还可以指定字段，即用户只能向指定字段添加数据，而并不能向所有字段添加数据。例如，下面的语句授权给 brjd_baater 用户，只能向 t1 表的 id 和 name 字段添加数据。

```
GRANT INSERT(id,name)
ON    t1
TO    brjd_baater;
```

注意

如果 t1 表的其他字段有非空约束，则 brjd_baater 用户无法向 t1 表添加数据。

技巧

GRANT INSERT 语句不仅可以将数据表的 INSERT 权限授予用户，还可以将视图的 INSERT 权限授予用户，但该视图必须满足以下两个条件。

➥　视图是可更新的。

➥　授予权限的用户必须对视图的基表具有 INSERT 权限。

2. 授予 UPDATE 权限

UPDATE 权限允许用户更新数据表中的数据。当某用户被授予了指定表的 UPDATE 权限后，该用户才可以更新指定表中的数据。

【例 15.12】将 system 用户拥有的 student 表的 UPDATE 权限授予 brjd_sqbt 用户。

```
connect system/sqbt

GRANT UPDATE
ON    student
TO    brjd_sqbt;
```

为测试授权后的效果，可以执行下面的语句，并观察其运行结果。

```
connect brjd_sqbt/Mongolia

SELECT *
FROM system.student;

UPDATE system.student
SET name='Mike'
WHERE ID='7788';

SELECT *
FROM system.student;
```

其运行结果如下。

```
SQL> connect system/oracle
已连接。
SQL>
SQL> GRANT UPDATE
  2   ON    student
  3   TO    brjd_sqbt;

授权成功。

SQL> connect brjd_sqbt/Mongolia
已连接。
SQL>
SQL> SELECT ID, name
  2   FROM system.student;

ID       NAME
-------- ----------------------------------------
0012     三宝
0013     塔赛努
0014     呼和嘎拉
0015     孔乙己
0016     鲁十八
0017     蒋十九
0018     宋十七
7788     xyz
```

```
SQL> UPDATE system.student
  2   SET name='Mike'
  3   WHERE ID='7788';

已更新 1 行。

SQL>
SQL> SELECT ID, name
  2   FROM system.student;

ID      NAME
------- ------------------------------------
0012    三宝
0013    塔赛努
0014    呼和嘎拉
0015    孔乙己
0016    鲁十八
0017    蒋十九
0018    宋十七
7788    Mike

SQL>
```

给用户授予 UPDATE 权限与授予 INSERT 权限相同，也可以指定字段，即用户只能更新指定字段的数据。例如，下面的语句授权给 brjd_baater 用户，只能更新 foreign_teacher 表的 tname 字段和 sex 字段值。

```
GRANT UPDATE (tname,sex)
ON   foreign_teacher
TO   brjd_baater;
```

3. 授予 DELETE 权限

DELETE 权限允许用户删除数据表中的数据。当某用户被授予了指定表的 DELETE 权限后，该用户才可以删除指定表中的数据。

【例 15.13】将 system 用户拥有的 student 表的 DELETE 权限授予 brjd_sqbt 用户，并允许 brjd_sqbt 用户将 DELETE 权限授予其他用户。

```
connect system/oracle

GRANT DELETE
ON   student
TO   brjd_sqbt
WITH GRANT OPTION;
```

具体测试方法，请读者参考前面的内容自行完成。前面的内容中，每次只给用户授予一种权限。实际上，使用 GRANT 语句可以一次给用户授予多种权限，如下面的语句一次性给 brjd_baater 用户授予了 student 表上的 SELECT、INSERT、UPDATE 和 DELETE 权限。

```
GRANT SELECT, INSERT, UPDATE,DELETE
ON   student
TO   brjd_baater;
```

15.2.6 给用户授予系统权限

前面介绍的 SELECT、INSERT、UPDATE 和 DELETE 权限都属于对象权限。这些权限是基于指定表的。而前面介绍的另一类权限却是基于系统的，如 CREATE SESSION 权限，这类权限被称为系统权限。系统权限除 CREATE SESSION 外，还有 CREATE TABLE、CREATE PROCEDURE、CREATE USER 等。

【例 15.14】授予 brjd_sqbt 用户 CREATE USER 权限。

```
GRANT CREATE TABLE, CREATE USER
TO   brjd_sqbt;
```

下面是在 SQL*Plus 中测试授权的语句和其测试结果。

```
SQL> conn system/oracle
已连接。
SQL>  GRANT CREATE TABLE, CREATE USER
  2   TO   brjd_sqbt;

授权成功。

SQL> conn brjd_sqbt/Mongolia
已连接。
SQL> create user a12
  2  identified by a12;

用户已创建。

SQL>
```

在 GRANT 语句的最后还可以加上 WITH ADMIN OPTION 关键字，其含义为被授权的用户可以把该系统权限再授予其他用户。例如，下面的语句授予 brjd_sqbt 用户 EXECUTE ANY PROCEDURE（执行所有存储过程）权限，且允许 brjd_sqbt 用户可以将该权限再授予其他用户。

```
GRANT EXECUTE ANY PROCEDURE
TO   brjd_sqbt
WITH ADMIN OPTION;
```

15.2.7 给所有用户授予权限

前面的内容都是一条 GRANT 语句给一个用户授权。实际上使用一条 GRANT 语句也可以给所有用户授权。

【例 15.15】授予所有用户查询 student 表的权限。

```
GRANT SELECT
ON   student
TO   PUBLIC;
```

说明

将权限授予 PUBLIC，则表示把权限授予所有用户。

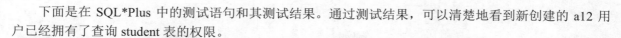

下面是在 SQL*Plus 中的测试语句和其测试结果。通过测试结果，可以清楚地看到新创建的 a12 用户已经拥有了查询 student 表的权限。

```
SQL> GRANT SELECT
  2   ON student
  3   TO public;

授权成功。

SQL> create user a12
  2     identified by qaz;

用户已创建。

SQL> grant CREATE SESSION
  2   to a12;

授权成功。

SQL> conn a12/qaz
已连接。
SQL> SELECT ID, name
  2   FROM system.student;

ID        NAME
--------  --------------------------------------
0012      三宝
0013      塔赛努
0014      呼和嘎拉
0015      孔乙己
0016      鲁十八
0017      蒋十九
0018      宋十七
7788      Mike

SQL>
```

15.2.8　查看用户拥有的权限

有时需要查看用户拥有哪些权限。这时可以通过 user_tab_privs_recd 和 user_sys_privs 两个数据字典视图查看授予了用户哪些对象权限和系统权限。下面通过例题介绍具体的方法。

【例 15.16】查看 brjd_sqbt 用户拥有哪些对象权限和系统权限。

（1）查看 brjd_sqbt 用户拥有哪些对象权限，则应当查询 user_tab_privs_recd 视图。

```
conn brjd_sqbt/Mongolia

SELECT *
FROM user_tab_privs_recd;
```

运行结果如图 15.20 所示。

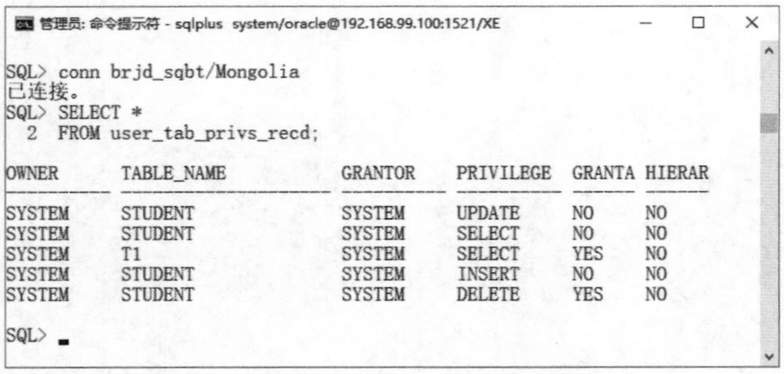

图 15.20　查看 brjd_sqbt 用户的对象权限

（2）查看 brjd_sqbt 用户拥有哪些系统权限，则应当查询 user_sys_privs 视图。

```
SELECT *
FROM user_sys_privs;
```

运行结果如图 15.21 所示。

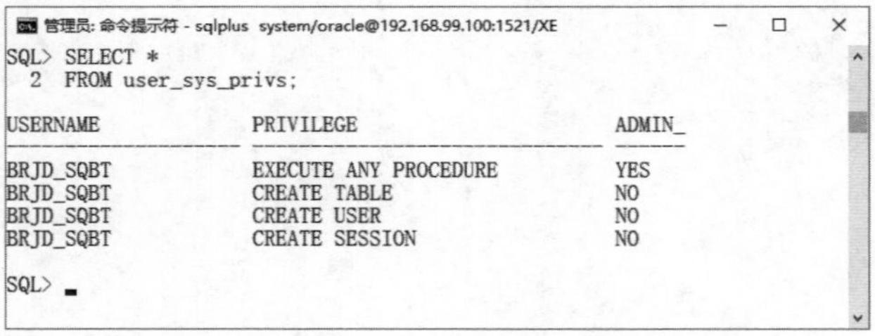

图 15.21　查看 brjd_sqbt 用户的系统权限

15.2.9　取消用户的指定权限

在使用数据库时，可能会需要用到这样一种操作——想要取消用户 brjd_sqbt 的某种权限。取消用户的权限，则要用到 REVOKE 命令。

【例 15.17】取消用户 brjd_sqbt 对 t1 表的 SELECT 权限。

```
connect   system/oracle

REVOKE   SELECT
ON       t1
FROM   brjd_sqbt;
```

其运行结果如图 15.22 所示。

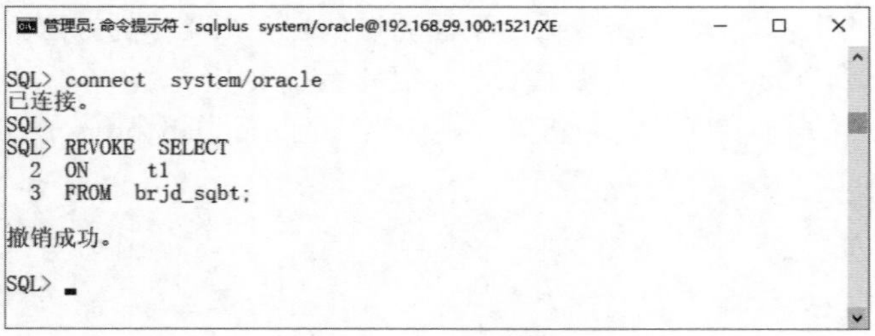

图 15.22　取消用户权限

15.2.10　删除用户

为了方便管理和节省存储空间，需要删除不再使用的用户。删除用户要用到 DROP USER 命令。下面的语句用于删除 15.2.7 节创建的 a12 用户。

```
DROP USER a12;
```

注意

如果将要被删除的用户拥有数据库对象（如数据表等），则应该先将其拥有的数据库对象删除，然后再将用户删除；或者在 DROP USER 命令后加上 CASCADE 关键字。

15.3　Oracle 数据库角色管理

本节将介绍角色的概念、创建角色（CREATE ROLE）、删除角色（DROP ROLE）的方法，以及给角色授权（GRANT）、撤销角色（REVOKE）和将角色授予用户的方法。本节内容均基于 Oracle 环境。

15.3.1　角色的概念

在现实世界中，角色其实就是多种权限组合的一种称呼。例如，市长就是一种角色，这种角色具有管理一个城市的各种权利，当某人被授予市长角色后，他就拥有了市长的所有权限，这样就不必一项一项的授予权限了。有了角色的概念，授予和收回各种权限也就变得简单多了。

数据库管理系统中也引入了角色的概念，其概念与前面所说的现实世界中的角色的概念基本相同。在数据库管理系统中，通过角色也可以很方便地管理各种权限问题。图 15.23 中列出了使用角色的大致步骤。

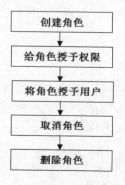

图 15.23　使用角色的大致步骤

15.3.2　创建角色——CREATE ROLE

要想创建角色，则应该使用 CREATE ROLE 语句。下面通过三个例题，介绍如何在 Oracle 中创建角色的方法。

【例 15.18】在 Oracle 数据库中创建一个角色 role_01。

```
CREATE ROLE role_01;
```

其运行结果如图 15.24 所示。

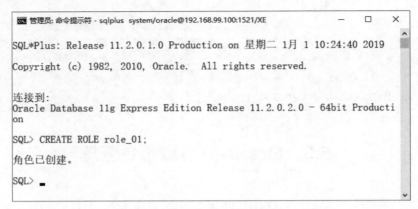

图 15.24　创建角色 role_01

注意

只有数据库管理员和具有创建角色权限的用户才能够创建角色。本例中登录 SQL *Plus 的用户是 system 用户。

【例 15.19】在 Oracle 数据库中创建一个角色 role_02，并给该角色设置口令为 sqbt123。

```
CREATE ROLE role_02
IDENTIFIED BY    sqbt123;
```

创建角色后，还可以使用 ALTER ROLE 语句对其设置进行修改。

【例 15.20】取消 role_02 角色的口令。

```
ALTER ROLE role_02
NOT IDENTIFIED;
```

15.3.3　给角色授权——GRANT

上一节创建了角色，但并没有给角色授予任何权限。这就像创建了一个总督角色，但并没有规定总督应该有哪些权限一样。下面通过例题介绍如何给角色授予权限的方法。

【例 15.21】授予 role_01 角色查询 student 表和向 student 表添加记录的权限。

```
GRANT   SELECT,INSERT
ON    student
TO    role_01;
```

其运行结果如图 15.25 所示。

【例 15.22】授予 role_02 角色查询 student 表和更新 student 表数据的权限。

```
GRANT   SELECT,UPDATE
ON    student
TO    role_02;
```

运行结果如图 15.26 所示。

上面的两个例题分别给角色授予了不同表上的 SELECT、INSERT、UPDATE 权限，这类权限称为对象权限。实际上还可以给角色授予另一类权限，即系统权限，如给角色授予 CREATE TABLE、CREATE USER、CREATE PROCEDURE 等权限。

【例 15.23】授予 role_01 角色创建表、创建用户和创建存储过程的权限。

```
GRANT     CREATE TABLE,
          CREATE USER,
          CREATE PROCEDURE
TO    role_01;
```

其运行结果如图 15.27 所示。

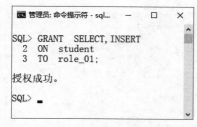

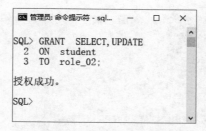

图 15.25　给角色 role_01 授权　　　图 15.26　给角色 role_02 授权　　　图 15.27　例 15.23 运行结果

15.3.4　将角色授予用户——GRANT

给角色授予一定的权限之后，就可以将角色授予给用户了。将角色授予用户时，也要用到 GRANT 语句。下面通过例题介绍将角色授予用户的方法。

【例 15.24】创建一个用户名为 sss、密码为 hahaha 的用户，然后将 role_01 角色授予给该用户。

（1）创建用户 sss。

```
CREATE USER sss
IDENTIFIED BY hahaha;
```

（2）将 role_01 角色授予给用户 sss

```
GRANT role_01 TO sss;
```

其运行结果如图 15.28 所示。

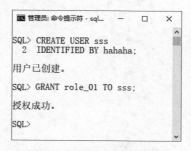

图 15.28　将角色授予用户

如果此时读者想用 sss 用户登录 SQL *Plus，则会出现如下错误。

```
ORA-01045: 用户 SSS 没有 CREATE SESSION 权限; 登录被拒绝
```

解决问题的方法是在 SYSTEM 用户下，给 role_01 角色授予 CREATE SESSION 权限即可。其 SQL 语句如下。

```
GRANT    CREATE SESSION
TO    role_01;
```

说明

上面的 SQL 语句，给 role_01 角色授予 CREATE SESSION 权限后，并不会把 role_01 角色以前拥有的权限替换掉，而是在以前的权限之上又添加了新的权限。

下面是连接 sss 用户和测试 sss 用户权限的过程，读者可以自行分析其中的 SQL 语句以及其运行结果。

```
SQL> GRANT role_01 TO sss;

授权成功。

SQL> connect sss/hahaha
ERROR:
ORA-01045: 用户 SSS 没有 CREATE SESSION 权限; 登录被拒绝


警告: 您不再连接到 ORACLE。
SQL> GRANT    CREATE SESSION
  2    TO    role_01;
SP2-0640: 未连接
SQL> connect system/oracle
已连接。
SQL> GRANT    CREATE SESSION
  2    TO    role_01;

授权成功。

SQL> connect sss/hahaha
已连接。
SQL> SELECT ID, name
  2    FROM    system.student;

ID        NAME
--------  ----------------------------------------
0012      三宝
0013      塔赛努
0014      呼和嘎拉
0015      孔乙己
0016      鲁十八
0017      蒋十九
0018      宋十七
7788      Mike
```

```
SQL> INSERT INTO system.student(ID, name)
  2   VALUES('9999','abcd');

已创建 1 行。

SQL> SELECT   ID, name
  2   FROM    system.student;

ID       NAME
-------  -------------------------------------
0012     三宝
0013     塔赛努
0014     呼和嘎拉
0015     孔乙己
0016     鲁十八
0017     蒋十九
0018     宋十七
7788     Mike
9999     abcd

SQL> DELETE FROM system.student
  2   WHERE ID='9999';
DELETE FROM system.student
                  *
第 1 行出现错误:
ORA-01031: 权限不足


SQL>
```

15.3.5   查看角色的权限

有时需要查看角色有哪些权限。这时可以通过 role_tab_privs 和 role_sys_privs 两个数据字典视图查看授予了角色哪些权限。下面通过例题介绍具体的方法。

【例 15.25】查看 role_01 角色拥有哪些对象权限和哪些系统权限。

（1）查看拥有哪些对象权限，则应当查询 role_tab_privs 视图。

```
connect   system/oracle

select *
from role_tab_privs
where role='ROLE_01';
```

 注意

首先应当以 system 用户登录。因为 sss 用户并没有查询 role_tab_privs 和 role_sys_privs 的权限。角色 role_01 的名称必须写为大写 "ROLE_01"。

其运行结果如图 15.29 所示。

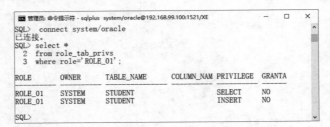

图 15.29　查看 role_01 拥有的对象权限

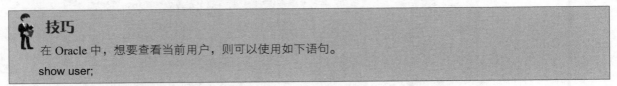

技巧

在 Oracle 中，想要查看当前用户，则可以使用如下语句。

```
show user;
```

（2）查看拥有哪些系统权限，则应当查询 role_sys_privs 视图。

```
select *
from role_sys_privs
where role='ROLE_01';
```

其运行结果如图 15.30 所示。

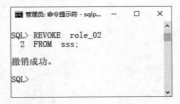

图 15.30　查看 role_01 拥有的系统权限

15.3.6　取消角色——REVOKE

在使用数据库时，可能会需要用到这样一种操作——想要取消用户 sss 的 role_02 角色。下面的例题演示了这一操作。

【例 15.26】取消用户 sss 的角色 role_02。

```
REVOKE   role_02
FROM   sss;
```

其运行结果如图 15.31 所示。

图 15.31　取消角色

说明

上面的取消角色的 SQL 语句是在 system 用户的环境下执行。

15.3.7 删除角色——DROP ROLE

有时需要删除已经存在的角色。这时可以使用 DROP ROLE 语句完成这一任务。下面通过例题介绍删除角色的方法。

【例 15.27】删除角色 role_02。

```
DROP ROLE role_02;
```

15.3.8 Oracle 中系统预定义的角色

前面介绍了使用角色的各种方法。这些角色都是用户通过 CREATE ROLE 语句创建的。实际上，除了用户自己创建的角色以外，在安装 Oracle 的过程中，将执行一些脚本，用于创建预定义的角色。表 15.2 列出了常用系统预定义角色及其功能描述。

表 15.2 Oracle 中系统预定义的角色

系统预定义的角色	功能描述
CONNECT	使用企业管理器创建用户时为用户自动分配的角色，有 ALTER SESSION、CREATE CLUSTER、CREATE DATABASE LINK、CREATE SESSION、CREATE SEQUENCE、CREATE SYNONYM、CREATE TABLE、CREATE VIEW
RESOURCE	RESOURCE 角色包括 CREATA CLUSTER、CREATE INDEXTYPE、CREATE OPERATOR、CREATE PROCEDURE、CREATE SEQUENCE、CREATE TABLE、CREATE TRIGGER、CREATE TYPE 系统权限
DBA	该角色包括所有带管理选项的系统权限
EXP_FULL_DATEBASE	该角色提供了数据库输出的权限，如 SELECT ANY TABLE、BACKUP ANY TABLE、EXECUTE ANY PROCEDURE、EXECUTE ANY TYPE、ADMINISTER RESOURCE MANAGER 等
IMP_FULL_DATEBASE	该角色提供了执行完整的数据库输入所需要的权限
DELETE_CATALOG_ROLE	该角色包括了对系统审计表 AUD$的 DELETE 权限
EXECUTE_CATALOG_ROLE	该角色包括了数据字典中对象的 EXECUTE 权限和 HS_ADMIN_ROLE 角色
SETECT_CATALOG_ROLE	该角色包括了数据字典中对象的 SELECT 权限和 HS_ADMIN_ROLE
HSOL_ADMIN_ROLE	该角色包括了对异构服务的数据字典和包的访问

系统预定义角色的使用方法与用户自定义角色的使用方法基本相同，就是省去了创建角色和给角色授权的操作。例如，下面的语句给 brjd_sqbt 授予了 CONNECT 角色。

```
GRANT CONNECT TO brjd_sqbt;
```

15.4 SQL Server 安全管理

前面用三节的篇幅介绍了 MySQL 与 Oracle 的数据库安全方面的知识。本节将主要介绍 SQL Server 在安全管理方面的各种机制。

15.4.1　SQL Server 的安全认证模式

当用户要使用 SQL Server 时，需要经过两个安全性阶段，分别是身份验证和权限认证。

❧ 身份验证阶段：在连接并登录到 SQL Server 数据库时，首先会进行用户名和口令验证，即身份验证。在身份验证合法后，用户才可以登录到 SQL Server 数据库。

❧ 权限认证阶段：当用户连接并登录到 SQL Server 数据库后，数据库系统会检验该用户的各种权限，用来管理控制该用户的各种操作。

1. 登录 SQL Server

要登录到 SQL Server 数据库，可以用两种身份验证方法，分别是 Windows 身份验证模式与 SQL Server 身份验证模式。

❧ Windows 身份验证：使用 Windows 操作系统的安全机制验证用户身份，如用户通过某账户登录到 Windows 后，即可自动连接到 SQL Server 数据库，而并不用提供 SQL Server 用户名和密码。使用该验证模式须满足下列条件之一：客户端的用户必须有合法的服务器上的 Windows 账户，服务器能够在自己的域中或者信任域中验证该用户，服务器启动了 Guest 账户。

❧ SQL Server 身份验证：使用 SQL Server 实例连接，必须提供登录名与密码。这些信息存储在系统数据库的视图 syslogins 中。它将区分用户账户在 Windows 操作系统下是否可信，对于可信连接用户，系统直接采用 Windows 身份验证机制，否则 SQL Server 会通过账户的存在性和密码的匹配性自行进行验证。

2. 权限认证

通常，数据库的所有者，或者数据库对象的所有者可以授予或者解除其他数据库用户的权限。用户连接后虽然可以发送 SQL 命令，但是这些命令是否能够成功执行，要取决于用户账户是否具有足够的权限。如果发出命令的用户没有执行语句的权限或者没有访问对象的权限，则 SQL Server 将不会执行该命令。所以没有通过数据库中的权限认证，即使用户连接到了 SQL Server 服务器上，也无法使用数据库。

15.4.2　向 SQL Server 添加安全账户

SQL Server 中的安全账户是由登录账户和用户账户两部分组成。登录账户本身并不具备访问数据库对象的权限，所以一个登录账户需要与数据库中的用户账户相关联，只有这样使用登录账户的人才能访问数据库中的对象。向 SQL Server 添加安全账户有两种方法，分别是通过 SQL Server Management Studio 和执行 SQL 语句。

1. 通过 SQL Server Management Studio 添加安全账户

通过 SQL Server Management Studio 添加安全账户的具体操作步骤如下。

（1）在 SQL Server Management Studio 中展开"安全性"，右击"登录名"选项，如图 15.32 所示。

（2）从弹出菜单中选择"新建登录名"命令，打开"登录名 - 新建"对话框，在"常规"选项卡的"登录名"栏中输入 abc，如图 15.33 所示。

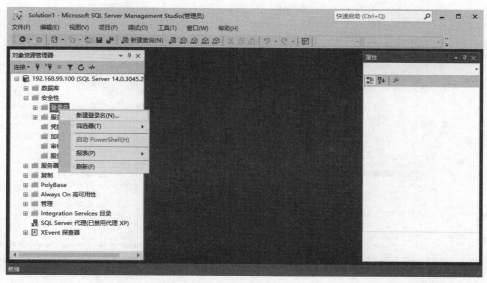

图 15.32 右击"登录名"选项

（3）选择"Windows 身份验证"或"SQL Server 身份验证"，在此选择"SQL Server 身份验证"并设置其密码为 123456。

（4）单击左侧的"服务器角色"，设置登录账户所属的服务器角色，如图 15.34 所示。

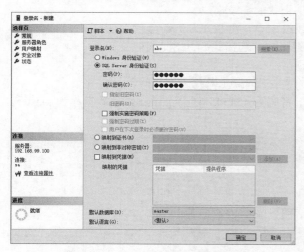

图 15.33 "登录名-新建"对话框

图 15.34 服务器角色设置

（5）单击左侧"用户映射"，选择登录账户可以访问的数据库以及角色，如图 15.35 所示。

注意

当在"用户映射"界面中选择可以访问的数据库后，其后面会有用户名出现，该用户名便是用户账户，默认用户账户的名称与登录账户的名称相同。

（6）设置完毕后，单击"确定"按钮，完成安全账户的创建。这时会在对象窗口中出现用户 abc，如图 15.36 所示。

图 15.35　用户映射

图 15.36　账户 abc 已经成功创建

2. 通过 SQL 语句添加安全账户

在 SQL Server 中，一些系统存储过程提供了管理 SQL Server 安全账户的主要功能。其中管理登录账户的系统过程有以下几种。

➥ Sp_granlogin：可以使一个 Windows NT 用户使用 Windows 身份验证连接到 SQL Server。

➥ Sp_addlogin：创建一个新的 SQL Server 验证模式的登录账户。

➥ Sp_revokelogin：删除 Windows NT 用户（或组账户）在 SQL Server 上的登录信息。

➥ Sp_denylogin：阻止 Windows NT 用户（或组账户）连接到 SQL Server。

➥ Sp_droplogin：删除 SQL Server 中的登录账户。

➥ Sp_helplogins：显示 SQL Server 中的每个数据库中的登录及相关用户的信息。

【例 15.28】创建一个登录账户。账户名称为 xyz，密码为 454545，且不加密、默认数据库为 master。其 SQL 语句如下。

```
exec Sp_addlogin   'xyz',
                   '454545',
                   'master',
                   @encryptopt='skip_encryption'
```

语句执行后成功创建登录账户 xyz。使用下面的语句可显示 xyz 的登录信息。

```
Sp_helplogins @LoginNamePattern='xyz'
```

运行结果如图 15.37 所示。

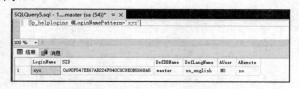

图 15.37　账户 xyz 的登录信息

上面通过系统存储过程创建了登录账户，但是没有用户账户与其关联，登录账户是无法访问数据库的，因此必须创建一个用户账户，并将其与登录账户关联。下面是 SQL Server 中用于管理用户账户的系统存储过程。

- ➥ Sp_grantdbaccess：为 SQL Server 登录或 Windows NT 用户（或组账户）在当前数据库中添加一个安全账户，并使其能够被授予在数据库中执行操作的权限。
- ➥ Sp_revokedbaccess：删除数据库中的用户账户的信息，相关联的登录者将无法使用该数据库。
- ➥ Sp_helpuser：显示当前数据库的用户信息。
- ➥ Sp_dropuser：删除数据库中的用户账户。

【例 15.29】为了能够让登录账户 xyz 访问数据库，为 xyz 建立一个数据库用户账户 zlf。

> Sp_grantdbaccess　'xyz'，'zlf'

运行结果如图 15.38 所示。

使用下面的语句可以查看用户账户 zlf 的相关信息。

> Sp_helpuser　'zlf'

运行结果如图 15.39 所示。可以看到 zlf 的列 LoginName 的值为 xyz。

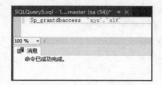

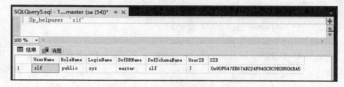

图 15.38　为 xyz 建立用户账户　　　　　　　　　　　图 15.39　zlf 的信息

【例 15.30】通过系统过程查看当前数据库的所有用户信息。

> Sp_helpuser

运行结果如图 15.40 所示。

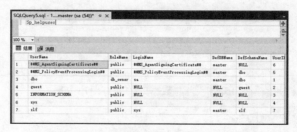

图 15.40　当前数据库的所有用户信息

15.4.3　从 SQL Server 删除安全账户

删除安全账户的方法也有两种，分别是通过 SQL Server Management Studio 和运行 SQL 语句。

1. 通过 SQL Server Management Studio 删除账户

通过 SQL Server Management Studio 可以删除登录账户和用户账户，如删除用户账户 zlf 的具体操作步骤如下。

（1）进入 SQL Server Management Studio，展开"安全性"｜"登录名"，在 SQL Server Management Studio 窗格中会看到默认登录账户和用户建立的其他登录账户，如图 15.41 所示。

（2）右击 xyz 选项，在弹出菜单中选择"属性"命令，则会出现"登录属性 - xyz"对话框，单击左侧"用户映射"选项卡，如图 15.42 所示。

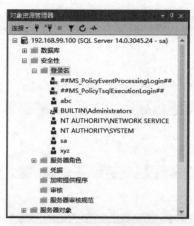

图 15.41　当前数据库的登录账户

图 15.42　"用户映射"界面

（3）将数据库 master 前的"映射"复选框取消勾选，之后单击"确定"按钮。

（4）启动查询分析器，在其"查询"窗口中输入如下代码。

Sp_helpuser

运行结果如图 15.43 所示。可以看到账户 zlf 已经被删除。

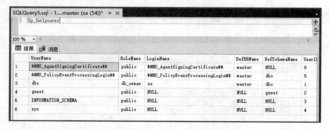

图 15.43　当前数据库的所有用户信息

2．通过 SQL 语句删除安全账户

【例 15.31】通过系统过程删除数据库的登录账户 xyz。

Sp_droplogin 'xyz'

【例 15.32】通过系统过程删除数据库的用户账户 zlf。

Sp_revokedbaccess 'zlf'

15.4.4　SQL Server 权限管理

SQL Server 权限可分为系统权限、对象权限与暗示性权限。

1．系统权限

系统权限是指数据库用户可以对数据库系统进行某种特定操作的权利。数据库管理员可以授予其他用户系统权限。SQL Server 中的系统权限如表 15.3 所示。

表 15.3　SQL Server 系统权限

语　句	功　能	语　句	功　能
CREATE DATABASE	建立数据库	CREATE DEFAULT	建立缺省
CREATE TABLE	建立数据表	CREATE PROCEDURE	建立存储过程
CREATE VIEW	建立视图	BACKUP DATABASE	备份数据库
CREATE RULE	建立规则	BACKUP LOG	备份事务日志

2. 对象权限

对象权限是指用户在指定的数据库对象上进行某种特定的操作。对象权限是由建立表或视图的用户授予其他用户的。SQL Server 中的用户权限如表 15.4 所示。

表 15.4　SQL Server 用户权限

对　象	操　作
表	SELECT、UPDATE、INSERT、DELETE、REFERENCE
视图	SELECT、UPDATE、INSERT、DELETE
列（字段）	SELECT、UPDATE
存储过程	EXECUTE

3. 暗示性权限

主要控制那些只能由预定义系统角色的成员或数据库对象所有者执行的活动。例如，数据库对象所有者可以对所拥有的对象执行一切活动，拥有表的用户可以查看、添加或删除数据，更改表定义，或者控制允许其他用户对表进行操作的权限。

4. 使用 SQL Server Management Studio 管理权限

在 SQL Server 中可以使用 SQL Server Management Studio 进行管理权限。有两种方法，面向单一用户的权限设置与面向数据库对象的权限设置。面向单一用户的权限设置具体操作步骤如下。

（1）启动 SQL Server Management Studio，展开"数据库"|College|"安全性"|"用户"，此时在左边会出现数据库所有用户，如图 15.44 所示。

（2）在数据库用户列表中，右击 abc 选项，从弹出的菜单中选择"属性"命令，此时会出现"数据库用户 - abc"对话框，如图 15.45 所示。

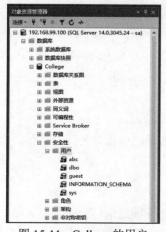

图 15.44　College 的用户

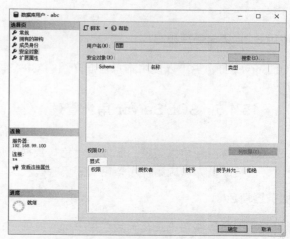

图 15.45　"数据库用户 – abc"对话框

（3）单击"数据库用户 - abc"对话框右侧的"搜索"按钮，会出现"添加对象"对话框，如图 15.46 所示。

（4）选择"属于该架构的所有对象"，从下方架构名称中选择 dbo，单击"确定"按钮，返回"数据库用户 - abc"对话框，可看到安全对象列表，如图 15.47 所示。

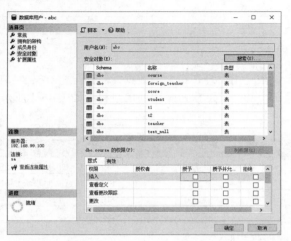

图 15.46　"添加对象"对话框　　　　图 15.47　"数据库用户 – abc"对话框的安全对象列表

（5）在图 15.47 所示对话框中可以对 College 数据库的各种对象进行权限设置，在"安全对象"列表中选择一个表（如选中 course），在下方"dbo.course 的权限"列表中，授予用户 abc 对该表的操作权限。

（6）重复第 5 步操作，完成后单击"确定"按钮，完成用户 abc 在 College 数据库对象上进行的权限设置。

技巧

若在"成员身份"中选择任何一个数据库角色，就可以完成数据库用户语句权限的设置。因为对于系统固定的角色，SQL Server 已经定义了其具有的语句权限。例如，角色 db_owner 具有执行 CREATE DATABASE 的语句权限等。SQL Server 支持两种数据库角色类型：标准角色（包括成员）和应用程序角色（需要密码）。在下一节中会详细介绍关于角色的内容。

5. 使用 SQL 语句管理权限

在 SQL Server 中，也可以使用本章前面介绍的 GRANT、REVOKE 等标准 SQL 语句管理权限。

15.4.5　SQL Server 角色管理

SQL Server 支持两种角色类型：服务器角色与数据库角色，而数据库角色又被分为两种类型，分别是标准角色（包括成员）和应用程序角色（需要密码）。

1. 服务器角色

SQL Server 的服务器角色是在安装过程中定义好的角色。这类角色属于固定角色，一共有 8 个，如表 15.5 所示。用户不能定义服务器角色，但是可以将这些角色授予给用户，以获得相关权限。

表 15.5 服务器角色

服务器角色	功 能 描 述
sysadmin	可以在 SQL Server 中进行任何活动。该角色的权限超越了所有其他服务器角色
serveradmin	配置服务器范围的设置
setupadmin	添加和删除链接服务器，并执行某些系统存储过程
securityadmin	管理服务器登录
processadmin	管理在 SQL Server 实例中运行的进程
dbcreator	创建和改变数据库
diskadmin	管理磁盘文件
bulkadmin	执行 BULK INSERT 语句

2. 数据库角色

数据库角色可以为用户或用户组授予各种数据库的权限，这些权限包括管理或者访问数据库对象。数据库角色的权限归属于具体的数据库，而且一个用户或用户组可以同时拥有多种角色。SQL Server 支持两种数据库角色类型，分别是标准角色和应用程序角色。

标准角色就是系统预定义好的数据库角色，这种角色的权限是 SQL Server 定义的，对其不能进行任何修改。标准角色如表 15.6 所示。

表 15.6 标准角色

标 准 角 色	功 能 描 述
db_owner	数据库的拥有者，可以进行任何操作，例如，创建、删除对象，将对象权限授予其他用户等。该角色包含下面的所有角色的权限
db_accessadmin	可以添加或删除 Windows NT 模式下用户登录者以及 SQL Server 用户
db_datareader	能对数据表进行 SELECT 操作，但是不能进行数据更新操作
db_datawriter	能对表进行 INSERT、DELETE 和 UPDATE 等更新操作，但是不能进行 SELECT 操作
db_addladmin	可以在数据库中创建、删除和更新数据库对象
db_securityadmin	授予和取消数据库的内权限
db_backupoperator	可以进行数据库的备份操作
db_denydatareader	不能查询（SELECT）任何数据库对象
db_denydatawriter	不能更新（INSERT、DELETE、UPDATE）任何数据库对象

应用程序角色就是用户定义的数据库角色。有时想为多个用户设置相同权限，而当标准角色没有这样的权限时，用户就可以创建新的数据库角色来满足要求。

3. 使用 SQL Server Management Studio 创建数据库角色

使用 SQL Server Management Studio 创建数据库标准角色具体步骤如下。

（1）启动 SQL Server Management Studio，展开"数据库"|College|"安全性"|"角色"，右击"角色"选项，在弹出的菜单中选择"新建数据库角色"命令，如图 15.48 所示。

（2）单击菜单中的"新建数据库角色"命令后，会出现"数据库角色 - 新建"对话框，如图 15.49 所示。在"名称"框中输入角色名称 role1，并在"此角色拥有的架构"中勾选 dbo。

图 15.48 右击"角色"选项

图 15.49 "数据库角色 - 新建"对话框

（3）单击"确定"按钮完成角色的创建，但此时的角色不具有任何权限。

（4）创建操作完成后，展开"角色"|"数据库角色"，即可看到新创建的 role1 角色，如图 15.50 所示。

（5）右击 role1 角色选项，在弹出的菜单中选择"属性"命令，此时，将会出现"数据库角色属性 - role1"对话框。单击左侧的"安全对象"，则会出现如图 15.51 所示界面。

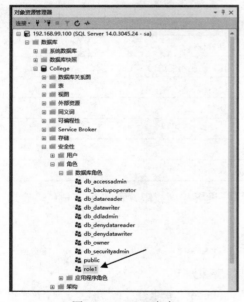

图 15.50 role1 角色

图 15.51 "安全对象"界面

（6）单击右上方的"搜索"按钮，从弹出的对话框中选择"属于该架构的所有对象"，接着选择架构名称为 dbo（参考图 15.46），单击"确定"按钮，返回"数据库角色属性 - role1"对话框，可看到"安全对象"中列出了数据库中的所有表，如图 15.52 所示。

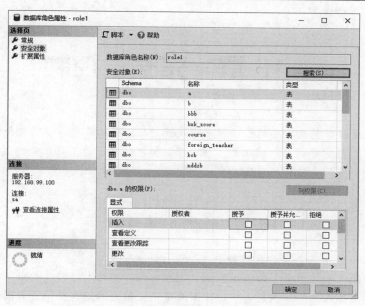

图 15.52　"数据库角色属性 – role1"对话框

（7）在图 15.52 所示对话框中选择表名称，然后在下方可以进行角色权限设置，设置完成后，连续单击"确定"按钮完成操作。

第 16 章　完整性控制

　　数据库的完整性是指保护数据库的正确性和有效性，防止数据库中存在不符合语义的、不正确的数据。SQL 语言提供了相应完整性约束的机制，可确保数据库的完整性，将正确的数据保存到数据库中。本章主要讨论数据库中各种类型的约束及其应用。

16.1　了解完整性约束

　　完整性规则是数据库中的数据必须满足的语义约束条件，也称为完整性约束，简称约束。约束是数据库中的对象用于存放插入到一个表某一字段数据的规则。数据的完整性保证数据的正确性、一致性和相容性。为了保证数据库的完整性，DBMS 必须提供一种机制来检查数据库中的数据是否满足语义的要求，这种功能称为完整性检查。

16.1.1　数据的完整性

　　数据完整性的提出，其实是为了防止数据库中存在非法数据，或者防止用户向数据表输入非法数据。这里所说的非法数据指的是不符合实际情况和规定的数据，如在年龄字段中输入的 3000、在 score 表中输入 student 表中并不存在的学号等。

　　数据完整性被分为 4 大类，分别是实体完整性（Entity Integrity）、域完整性（Domain Integrity）、参照完整性（Referential Integrity）和用户自定义完整性（User-defined Integrity）。下面对其进行简要介绍。

1．实体完整性（Entity Integrity）

　　这类完整性用于防止数据表中有重复的记录存在。在数据表中通过设置主键（PRIMARY KEY）约束、外键（FOREIGN KEY）约束和唯一（UNIQUE）约束，使得表中每一行记录都能表示唯一的一个实体对象。

2．域完整性（Domain Integrity）

　　这类完整性用于防止用户向数据表的具体字段输入非法数值，或不向必填字段输入数据等。要满足域完整性，则可以使用校验约束（CHECK）、非空约束（NOT NULL）或外键（FOREIGN KEY）约束等实现。

3．参照完整性（Referential Integrity）

　　这类完整性防止多个相关表之间的数据不一致。例如，在 score 表中存在"张三"各科成绩的情况下，设置参照完整性可以防止将 student 表中"张三"的记录删除。甚至还可以解决，在 student 表中更改"张三"这条记录的主键"学号"的值时，数据库系统自动更新 score 表中所有"张三"成绩记录的

"学号"值。这样就很好地维护了多个相关表之间的数据一致性。参照完整性可以通过设置主键（PRIMARY KEY）约束和外键（FOREIGN KEY）约束实现。

4．用户自定义完整性（User-defined Integrity）

有时使用数据库系统提供的完整性约束并不能解决用户的需求。所以有些数据库管理系统为用户提供了自定义完整性的功能。

16.1.2　完整性约束的类型

数据库的完整性要通过设置约束来解决。因此，理解约束和使用约束就变得尤为重要。数据库的完整性约束有三种基本类型，分别是与表相关约束、域约束与断言。

- ➥ 与表相关的约束是在表中定义的一种约束，其应用是最多的，并且有多种约束选项，如非空（NOT NULL）约束、主键（PRIMARY KEY）约束、外键（FOREIGN KEY）约束、校验（CHECK）约束、唯一（UNIQUE）约束等。在定义字段时可以定义与表相关的约束，此时称其为字段约束。在定义表时确定的与表相关的约束被称为表约束。
- ➥ 域约束是在域定义中确定的一种约束，它与域中定义的所有字段都有关系。域约束只能使用校验（CHECK）约束选项。
- ➥ 断言是在定义断言时确定的约束，断言可以与一个或多个数据表进行关联。断言只能使用校验（CHECK）约束选项。

图 16.1 展示了完整性约束之间的结构关系。

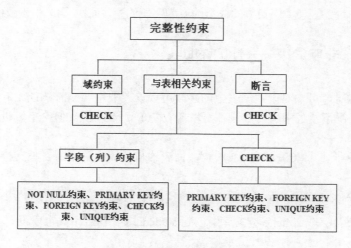

图 16.1　完整性约束的类型

16.2　与表有关的约束

与表有关的约束是数据库中最常见的约束，它包括字段约束与表约束。

字段约束包括非空（NOT NULL）约束、主键（PRIMARY KEY）约束、外键（FOREIGN KEY）约

束、校验（CHECK）约束、唯一（UNIQUE）约束。

表约束包括主键（PRIMARY KEY）约束、外键（FOREIGN KEY）约束、校验（CHECK）约束、唯一（UNIQUE）约束。

16.2.1 字段约束与表约束的创建

字段约束是某字段的特定约束，被包含在字段的定义中，即书写在字段的定义之后用空格分隔开，而不必指定字段名。字段约束的语法格式如下。

```
<字段名> <类型定义> [其他定义] [约束类型],
```

表约束与字段定义相互独立，不包含在字段定义中。表约束通常对多个字段一起进行约束，与字段定义用逗号分隔开。定义表约束时，必须指定所要约束的所有字段名。表约束的语法格式为：

```
[CONSTRAINT 约束名] <约束类型>（字段名 1,字段名 2,...,字段名 n）
```

【例 16.1】创建字段约束与表约束的举例，如 teacher 表的创建，SQL 语句如下。

```
CREATE TABLE teacher (
                ID          char(6) NOT NULL ,   /*(1)*/
                name        char(20) NOT NULL,   /*(2)*/
                sex         char(2) NOT NULL,    /*(3)*/
                age         int,
                title       char(8),
                CONSTRAINT xh_xm PRIMARY KEY(ID, name)   /*(4)*/
                );
```

语句中，注释（1）、（2）、（3）中设置的非空约束为字段约束，而在（4）中设置的主键约束为表约束。

16.2.2 非空约束——NOT NULL

通过上面的例题 16.1，可知对于数据表中的字段可以设置非空（NOT NULL）约束，即把字段设置为必填字段。在默认情况下，表中所有字段都可以接收空值（NULL）。但给字段设置非空约束后，则字段不能再接收空值。

只有字段约束支持非空（NOT NULL）约束，而表约束、域约束、断言不支持非空约束。定义非空约束的语法格式如下。

```
<字段名> <类型定义> [其他定义] [NOT NULL],
```

【例 16.2】在 MySQL 的 College 数据库中创建 student 表，且给相关字段设置非空约束。其 SQL 语句如下。

```
CREATE TABLE student
(
    ID          char(4)    NOT NULL,
    name        char(20)   NOT NULL,
    sex         char(2)    NOT NULL,
    birthday    datetime,
    origin      char(50),
    contact1    char(12),
    contact2    char(12),
```

```
        institute          char(20),
);
```

上面的 SQL 语句，给 ID、name 和 sex 三个字段定义了非空约束。所以为 student 表插入新记录时，ID、name 和 sex 三个字段的值不可以为空（NULL），而其他字段值可以为空。

下面通过向表插入不同的数据，测试非空约束的功能。在 MySQL Workbench 的查询选项卡内输入下面的两条插入语句并执行。

```
INSERT INTO student
VALUES ('3001','张雷','男','1995-5-6','河北省','13847103654','04796527589','计算机学院');

INSERT INTO student
VALUES ('3002','春晓','女','1998-12-3','内蒙古自治区','15847148875',NULL,NULL);
```

使用下面的查询语句查看插入结果。

```
SELECT *
FROM student;
```

其运行结果如图 16.2 所示。

ID	name	sex	birthday	origin	contact1	contact2	institute
0001	张三	男	1997-05-29 00:00:00	广东省	010-81234567	1381234568	中文系
0002	李燕	女	1999-01-18 00:00:00	浙江省	13744444444	NULL	外语系
0003	王丽	女	1998-09-01 00:00:00	辽宁省	13700000000	13711111111	物理系
0004	周七	女	1997-09-21 00:00:00	北京市	13877777777	0471-6123456	计算机学院
0005	刘八	女	1999-08-21 00:00:00	海南省	15388888888	NULL	中文系
0006	吴学霞	女	1998-02-12 00:00:00	江苏省	13822222222	13822222222	中文系
0007	马六	男	1998-07-12 00:00:00	浙江省	13766666666	NULL	外语系
0008	杨九	男	1998-02-17 00:00:00	四川省	137999999999	0471-6123456	计算机学院
0009	吴刚	男	1996-09-11 00:00:00	内蒙古自治区	13811111111	NULL	外语系
0010	徐学	女	2000-01-08 00:00:00	内蒙古自治区	13800000000	0471-6123456	计算机学院
0011	周三丰	男	1999-12-20 00:00:00	NULL	NULL	NULL	NULL
0012	三宝	男	1998-05-15 00:00:00	NULL	NULL	NULL	NULL
0013	塔赛努	男	1997-09-15 00:00:00	内蒙古自治区	NULL	0471-6123456	计算机学院
0014	呼和...	男	1995-02-16 00:00:00	青海省	0471-6599999	010-88888888	物理系
0015	孔乙己	男	1995-05-29 00:00:00	NULL	NULL	NULL	中文系
0016	鲁十八	男	1997-07-07 00:00:00	NULL	NULL	NULL	中文系
0017	蒋十九	女	1999-05-29 00:00:00	山东省	NULL	0471-6123456	计算机学院
0018	宋十七	女	1997-11-20 00:00:00	NULL	NULL	NULL	NULL
3001	张雷	男	1995-05-06 00:00:00	河北省	13847103654	04796527589	计算机学院
3002	春晓	女	1998-12-03 00:00:00	内蒙古	15847148875	NULL	NULL
NULL	NULL	NULL	NULL	NULL	NULL	NULL	NULL

图 16.2　student 表的内容

从运行结果可以看出上面的两条插入语句运行成功。如果使用下面的插入语句则会出现错误提示，如图 16.3 所示。

```
INSERT INTO student
VALUES (NULL,NULL,NULL,'1995-5-6','河北省','13847103654','04796527589','计算机学院');
```

原因是 ID 字段上设置了非空约束，所以不可以接收 NULL 值，因而出现了系统错误，插入失败。

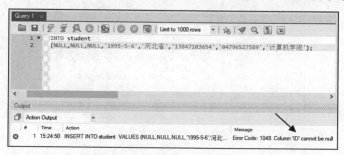

图 16.3　系统错误提示

16.2.3 唯一约束——UNIQUE

唯一约束用于表中的非主键字段，UNIQUE 约束保证一个字段或者多字段的完整性，确保这些字段不会输入重复的值。定义了 UNIQUE 约束的字段称为唯一键，系统自动为唯一键创建唯一索引，从而确保唯一键的唯一性。

唯一键的值可以是 NULL 值，但系统为了确保其唯一性，不允许出现多个 NULL 值而只允许出现一个 NULL 值。唯一约束可以用于字段约束，也可以用于表约束。唯一约束作为字段约束时，将其定义在字段后用空格隔开，其语法格式如下。

`<字段名> <类型定义> [其他定义] [UNIQUE],`

【例 16.3】在 MySQL 环境下，创建 College 数据库中的 teacher1 表，且给相关字段设置唯一约束。其 SQL 语句如下。

```
USE college;
CREATE TABLE teacher1
(
    Tno         char(6)     NOT NULL,
    Tname       char(20)    NOT NULL,
    Tsex        char(2)     NOT NULL,
    Tage        int,
    Tzc         char(8),
    Tid         char(18) UNIQUE,
    PRIMARY KEY(Tno)
);
```

上面的 SQL 语句，为字段 Tid 定义了唯一约束。所以为 teacher1 表插入新记录时，字段 Tid 的值不可重复。

下面通过向表插入不同的数据，测试唯一约束的功能。执行下面的三条插入语句。

```
INSERT INTO teacher1
VALUES ('201001','张三','男',30,'讲师','150102197808231859');
INSERT INTO teacher1
VALUES ('201002','春晓','女',28,'助教','150102198011202120');
INSERT INTO teacher1
VALUES ('201003','王德化','男',NULL,'助教',NULL);
```

使用下面的查询语句查看插入结果。

```
SELECT *
FROM teacher1;
```

其运行结果如图 16.4 所示

Tno	Tname	Tsex	Tage	Tzc	Tid
201001	张三	男	30	讲师	150102197808231859
201002	春晓	女	28	助教	150102198011202120
201003	王德化	男	NULL	助教	NULL
NULL	NULL	NULL	NULL	NULL	NULL

图 16.4 查询结果

但如果继续执行如下插入语句，就会出现错误提示，并终止插入语句，如图 16.5 所示。

```
INSERT INTO teacher
VALUES ('201004','李司','男',31,'讲师','150102197808231859')
```

原因是 Tid 字段上设置了唯一约束，而要插入的"李司"的 Tid 值与"张三"的 Tid 值相同，因而出现了系统错误。

图 16.5　系统错误提示

如果将"李司"的 Tid 值改为 NULL，则会出现什么问题呢，下面将 INSERT 语句中的 Tid 值改为 NULL 进行测试。

```
INSERT INTO teacher
VALUES ('201004','李司','男',31,'讲师',NULL);
```

运行以上 SQL 语句还是出现了系统错误。原因是表中"王德化"的 Tid 值已经是 NULL。所以，设置了唯一约束后，即使是 NULL 也不可以重复。

当唯一约束作为表约束时，将其定义在所有字段之后进行并用逗号隔开，语法格式如下。

```
[CONSTRAINT constraint_name]
UNIQUE(字段名 1,字段名 2,…)
```

【例 16.4】创建 teacher2 表，将唯一约束作为表约束进行设置。

```
USE college
CREATE TABLE teacher2
(
    Tno         char(6) NOT NULL,
    Tname       char(20) NOT NULL,
    Tsex        char(2) NOT NULL,
    Tage        int,
    Tzc         char(8),
    Tid         char(18),
    PRIMARY KEY(Tno)
    CONSTRAINT u_id UNIQUE（Tid）
);
```

其测试方法可以参考例 16.3，在此不再详述。

16.2.4　主键约束——PRIMARY KEY

在数据库表中，通常用一个字段或者几个字段的组合值来唯一标识表中记录。如 student 表中的"学号"字段，score 表中的"学号"+"课号"组合字段等就能够唯一标识表中记录。人们将这一字段或者字段的组合称为主键。通过设置主键（主键约束）可以防止表中有重复记录出现，即保证了实体完整性。主键约束与唯一约束很相似，但有下面的区别。

- 一个数据表中可以设置多个 UNIQUE 约束，但只能设置一个主键。
- 被设置为主键的字段值不能是 NULL 值，而被设置为 UNIQUE 约束的字段值允许是 NULL 值，但在这个字段中 NULL 只能出现一次。

定义主键约束（PRIMARY KEY）时，可以用于字段约束，也可以用于表约束，还可以通过 ALTER TABLE 语句定义。主键约束作为字段约束时，将其定义在字段后用空格隔开，其语法格式如下。

```
<字段名> <类型定义> [其他定义] [PRIMARY KEY],
```

或

```
<字段名> <类型定义> [其他定义] CONSTRAINT constraint_name PRIMARY KEY
```

【例 16.5】在 College 数据库中创建 student1 表，且将 ID 字段设置为主键，并通过插入数据测试主键约束的功能。

（1）创建带有主键的 student 表，其 SQL 语句如下（列举了两种不同的方法）。

方法一：

```
USE college;
CREATE TABLE student1
(
    ID              char(4) NOT NULL PRIMARY KEY ,
    name            char(20) NOT NULL,
    sex             char(2) NOT NULL,
    birthday        datetime,
    origin          char(50),
    contact1        char(12),
    contact2        char(12),
    institute       char(20)
);
```

方法二：

```
USE college;
CREATE TABLE student 1
(
    ID              char(4) CONSTRAINT firstkey PRIMARY KEY NOT NULL ,
    name            char(20) NOT NULL,
    sex             char(2) NOT NULL,
    birthday        datetime,
    origin          char(50),
    contact1        char(12),
    contact2        char(12),
    institute       char(20)
);
```

上面的 SQL 语句，为 ID 字段定义了 PRIMARY KEY 约束。所以向该表插入新记录时，字段 ID 的值不可以为空（NULL），并且不能输入重复学号。

（2）下面通过向表插入不同的数据，测试主键约束的功能。在 SQL Server 的查询分析器内输入下面的两条插入语句并执行。

```
INSERT INTO student1
VALUES ('4001','王明','男','1998-5-26','湖南省','13222553654','0123457852','计算机学院');

INSERT INTO student1
```

VALUES ('4002','韩嫣花','女','1999-10-13','内蒙古','15847144789',NULL,NULL);

使用下面的查询语句查看插入结果。

SELECT *
FROM student1;

其运行结果如图 16.6 所示。

图 16.6　student1 表的内容

从运行结果可以看出上面的两条插入语句成功执行。如果使用下面的插入语句则会出现错误提示，如图 16.7 所示。

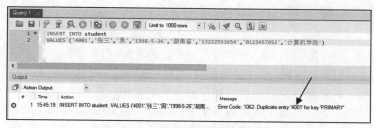

图 16.7　系统错误提示

INSERT INTO student
VALUES ('4001','张三','男','1998-5-26','湖南省','13222553654','0123457852','计算机学院')

原因是"ID"字段上设置了主键约束，而主键值不可以重复。因而出现了系统错误，插入语句执行失败。

当主键约束作为表约束时，将其定义在所有字段之后进行并用逗号隔开。语法格式如下。

[CONSTRAINT constraint_name]
PRIMARY KEY(字段名 1,字段名 2,...)

【例 16.6】创建 student 表，将主键约束作为表约束进行设置。

```
USE college;
CREATE TABLE student2
(
    ID          char(4)    NOT NULL,
    name        char(20)   NOT NULL,
    sex         char(2)    NOT NULL,
    birthday    datetime,
    origin      char(50),
    contact1    char(12),
    contact2    char(12),
    institute   char(20),
    CONSTRAINT x_id PRIMARY KEY（ID）
);
```

如果在创建数据表的过程中，没有设置主键约束，而之后又想设置主键约束，则可以使用 ALTER TABLE 语句完成这一任务。

【例 16.7】使用 ALTER TABLE 语句为创建好的 student2 表的 ID 字段设置主键约束。

```
ALTER TABLE student2
ADD CONSTRAINT x_id PRIMARY KEY（ID）
```

 注意

不能为一个字段或一组字段同时定义 UNIQUE 约束与 PRIMARY KEY 约束。每个表中只能设置一个主键，而且当设置某字段为主键时，该字段必须被设置为必填字段，即有非空（NOT NULL）约束。

 技巧

当 A 表的主键成为 B 表的外键时，不能直接删除 A 表的 PRIMARY KEY 约束。而必须先删除 B 表的 FOREIGN KEY 约束，之后才能删除 A 表的 PRIMARY KEY 约束。

16.2.5　外键约束——FOREIGN KEY

FOREIGN KEY 约束定义 A 表中的数据与 B 表中数据的联系，为表中的一个字段或者多个字段的数据提供数据完整性参照。FOREIGN KEY 约束通常是和 PRIMARY KEY 约束或者 UNIQUE 约束同时使用的。

FOREIGN KEY 约束指定某一个字段或一组字段作为外部键，包括外键的表称为子表，包括外键所引用的主键的表称为父表。表在外键上的取值是父表中主键的值或是取空值，以此确保两个表的连接，保证实体的参照完整性。对于 FOREIGN KEY 约束需要注意以下几点。

- 一个表最多只能参照 253 个不同的数据表，每个表也最多只能有 253 个 FOREIGN KEY 约束。
- FOREIGN KEY 约束不能应用于临时表。
- FOREIGN KEY 字段对应的父表中的字段在父表中必须是主键或是有 UNIQUE 设置的字段。
- 在实施 FOREIGN KEY 约束时，用户必须至少拥有被参照表中参照字段的 SELECT 或者 REFERENCES 权限。
- FOREIGN KEY 约束同时也可以参照自身表中的其他字段。
- FOREIGN KEY 字段上的取值可以是 NULL 值。
- FOREIGN KEY 约束只能参照本身数据库中的某个表，而不能参照其他数据库中的表。跨数据库的参照只能通过触发器来实现。

外键约束可以用于定义字段约束，也可以用于表约束，还可以通过 ALTER TABLE 语句定义。FOREIGN KEY 约束作为字段约束时，将其定义在字段后用空格隔开，语法格式如下。

```
<字段名> <类型定义> [其他定义] REFERENCES 父表名 (父表中的主键字段名),
```

【例 16.8】在 College 数据库中创建 score 表，且给相关字段设置外键约束。其 SQL 语句如下。

```
USE College;
CREATE TABLE score
(
    s_id            char(4) REFERENCES student(ID),
    c_id            char(3) REFERENCES course (ID),
    result1         decimal(9 ,2),
    result2         decimal(9 ,2),
);
```

语句执行后将创建 score 表，并将 s_id 和 c_id 字段设置为外键。因为 score 表中的两个外键，分别参照了 student 表中的主键"学号"，以及 course 表主键"课号"，所以向 score 表中插入新行或修改其中的"学号"和"课号"时，这两个字段的数据值必须在 student 表和 course 表中已经存在，否则将不能执行插入或修改操作。

下面通过向表插入不同的数据，测试外键约束的功能。在 SQL Server 的查询分析器内输入下面的一条插入语句并执行。

```
INSERT INTO score
VALUES ('0009','001',90,78);
```

使用下面的查询语句查看插入结果。

```
SELECT *
FROM score;
```

其运行结果如图 16.8 所示。

从运行结果可以看出上面的插入语句运行成功。如果使用下面的插入语句则会出现错误提示，如图 16.9 所示。

```
INSERT INTO score
VALUES ('9009','001',90,78);
```

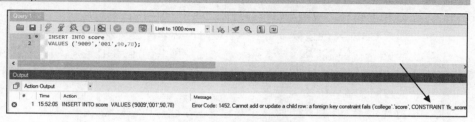

图 16.8　查询结果　　　　　　　　　　　图 16.9　系统错误提示

原因是 student 表中没有学号为"9009"的记录，所以 score 表不可以接收学号为 9009 的值，因而出现了系统错误，导致插入失败。

上面介绍了外键约束作为字段约束的情况，当外键约束作为表约束时，应当将其定义在所有字段之后进行并用逗号隔开，其语法格式如下。

```
CONSTRAINT constraint_name    FOREIGN KEY(字段名)
REFERENCES  父表名 (字段名),
```

【例 16.9】创建 score 表，将 FOREIGN KEY 约束作为表约束进行设置。其 SQL 语句如下。

```
USE college;
CREATE TABLE score
(
    s_id            char(4),
    c_id            char(3),
    result1         decimal(9,2),
    result2         decimal(9,2),
    CONSTRAINT x_wj FOREIGN KEY (s_id) REFERENCES student (ID)
    CONSTRAINT k_wj FOREIGN KEY (c_id) REFERENCES course (ID)
);
```

本例的具体测试方法，与前面例题中的测试方法相同，在此不再详述。实际上作为表约束的外键的作用和作为字段约束的外键的作用是相同的。那为什么还要用表约束的外键呢？通过下面的例子，读者可以找到答案。

【例 16.10】使用 ALTER TABLE 语句为创建好的 score 表的 s_id 和 c_id 字段设置外键约束。其 SQL 语句如下。

```
ALTER TABLE score
ADD CONSTRAINT x_wj FOREIGN KEY (s_id) REFERENCES student (ID);

ALTER TABLE score
ADD CONSTRAINT k_wj FOREIGN KEY (c_id) REFERENCES course (ID);
```

16.2.6　校验约束——CHECK

CHECK 约束可以防止用户向某字段输入非法数值，如可以防止向 teacher 表的教师年龄字段中输入不切实际的数值。CHECK 约束由关键字 CHECK 以及搜索条件组成，当数据库管理系统执行 DELETE、INSERT、UPDATE 语句改变表的内容时，都对这些搜索条件求值。若修改后，搜索条件成立（条件值为 True），则系统允许修改，否则（条件值为 False）系统结束操作并提示错误信息。

CHECK 约束可以被定义为字段约束、表约束、域约束以及断言。使用 CHECK 约束注意的事项如下。

- 在为表中的每个字段建立约束时，每个字段可以拥有多个CHECK约束，但是如果使用CREATE TABLE 语句，只能为每个字段建立一个 CHECK 约束。
- 如果 CHECK 约束被应用于多字段时，必须被定义为表级 CHECK 约束。
- 在表达式中可以输入搜索条件，条件中可以包括 AND 或者 OR 一类的连接词。
- 字段级 CHECK 约束只能参照被约束的字段，而表级 CHECK 约束则只能参照表中的字段，不能参照其他表中的字段。

CHECK 约束作为字段约束时，将其定义在字段后用空格隔开，语法格式如下。

```
<字段名> <类型定义> [其他定义] CHECK (搜索条件),
```

【例 16.11】在 SQL Server 的 College 数据库中创建 score1 表，且给相关字段设置 CHECK 约束。其 SQL 语句如下。

```
USE College
CREATE TABLE score1
(
    学号              char(4),
    课号              char(3),
    考试成绩          decimal(9 ,2) CHECK (考试成绩>=0 AND 考试成绩<=100),
    平时成绩          decimal(9 ,2) CHECK (平时成绩>=0 AND 平时成绩<=100),
);
```

上面的 SQL 语句，给"考试成绩"和"平时成绩"两个字段定义了 CHECK 约束。该约束给"考试成绩"和"平时成绩"两个字段限定了 0～100 的数据范围。当数值在此范围内时，添加和修改都不会出错，然而如果数值不在此范围内，则会出现系统错误。

下面通过向表插入不同的数据，测试 CHECK 约束的功能。在 SQL Server 的查询分析器内输入下面的两条插入语句并执行。

```
INSERT INTO score1
VALUES ('0009','002',99,64);
```

上面的插入语句执行后，会向 score 表成功插入一条新记录，因为值 99 和 64 在 CHECK 的搜索范围之内。使用下面的查询语句查看插入结果。

```
SELECT   *
FROM    score;
```

运行结果如图 16.10 所示。

如果执行下面的插入语句，则会出现系统错误，导致插入失败，如图 16.11 所示。

```
INSERT INTO score1
VALUES ('0003','003',103,78);
```

原因是值 103，不在"考试成绩"字段的 CHECK 约束范围之内，使其搜索条件的值为 False。

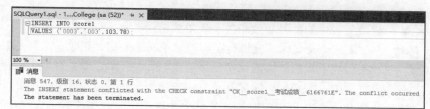

图 16.10　查询结果　　　　　　　　　　图 16.11　系统错误提示

当 CHECK 约束作为表约束时，将其定义在所有字段之后进行并用逗号隔开。其语法格式如下。

```
CONSTRAINT constraint_name    CHECK (搜索条件)
```

【例 16.12】创建 score2 表，将 CHECK 约束作为表约束进行设置。

```
USE College
CREATE TABLE score2
(
    学号              char(4),
    课号              char(3),
    考试成绩          decimal(9,2),
    平时成绩          decimal(9,2),
     CONSTRAINT k_cj CHECK (考试成绩>=0 AND 考试成绩<=100)
);
```

如果在创建数据表时，没有设置 CHECK 约束，则后期可以使用 ALTER TABLE 语句添加 CHECK
约束。

【例 16.13】使用 ALTER TABLE 语句为创建好的 score 表的"平时成绩"字段设置 CHECK 约束。

```
ALTER TABLE score
ADD CONSTRAINT p_cj CHECK (平时成绩>=0 AND 平时成绩<=100);
```

 说明

Oracle 也支持 CHECK 约束，使用方式与 SQL Server 类似。但 MySQL 不支持 CHECK 约束。

16.3　扩展外键约束的内容

在 16.2.5 节内已经介绍了外键约束的相关知识，可以得知 FOREIGN KEY 约束允许数据库中的两个
表建立父子关系，关系数据规定了子表中的每个外键值必须是父表中主键的值，这种约束被称为引用完
整性约束。

在输入或删除记录时，引用完整性保持表之间已定义的关系。引用完整性确保键值在所有表中一致。这样的一致性要求不能引用不存在的值，如果键值更改了，那么在整个数据库中，对该键值的所有引用要进行一致的更改。

在保持子表中的外键约束字段与父表中的主键约束（或唯一约束）字段的引用完整性，数据库管理系统要进行以下破坏引用完整性的检查。

- 向子表插入记录时，数据库管理系统必须确保插入到子表中的每一条新记录的 FOREIGN KEY 约束字段值是父表的参考字段（有主键约束或唯一约束的字段）中有匹配的字段值，否则系统禁止进行插入语句。

- 更改父表中的值并导致相关子表中的记录孤立。

- 从父表中删除记录，但仍存在与该记录匹配的相关记录。如果要删除的父表的记录中，参考字段的值被子表的外键约束字段所引用，则数据库管理系统禁止进行删除记录操作。如果一定要进行删除，则必须先删除其子表中的引用记录，才能删除父表的记录。

- 在更新子表中 FOREIGN KEY 约束字段的值时，要注意子表中新的 FOREIGN KEY 值必须在父表的参考字段中有匹配的字段值，否则数据库管理系统禁止进行记录更新操作。

【例 16.14】图 16.12 是 student 表、course 表和 score 表中的内容。

ID	name	sex	birthday	origin	contact1	contact2	institute
0001	张三	男	1997-05-29 00:00:00	广东省	010-81234567	1381234568	中文系
0002	李燕	女	1999-01-18 00:00:00	浙江省	13744444444	NULL	外语系
0003	王丽	女	1998-09-01 00:00:00	辽宁省	13700000000	13711111111	物理系
0004	周七	女	1997-09-21 00:00:00	北京市	13877777777	0471-6123456	计算机学院
0005	刘八	女	1999-08-21 00:00:00	海南省	15388888888	NULL	中文系
0006	吴学霞	女	1998-02-12 00:00:00	江苏省	13822222222	13822222222	中文系
0007	马六	男	1998-07-12 00:00:00	浙江省	13766666666	NULL	外语系
0008	杨九	男	1998-02-17 00:00:00	四川省	13799999999	0471-6123456	计算机学院
0009	吴刚	男	1996-09-11 00:00:00	内蒙古自治区	13811111111	NULL	外语系

student 表

ID	course	type	credit
001	邓小平理论	必修	3
002	心理学	必修	3
003	教育学	必修	3
004	计算机基础	必修	4
005	大学英语一	必修	4
006	摄影	选修	2
007	足球	选修	2
008	大学语文一	必修	4
009	法律基础	必修	3
010	音乐欣赏	选修	2

course 表

s_id	c_id	result1	result2
0001	001	87.00	90.00
0001	002	73.00	95.00
0001	003	81.00	92.00
0001	004	84.00	90.00
0001	005	90.00	95.00
0002	001	74.00	95.00
0002	002	87.00	90.00
0002	003	79.00	95.00
0002	004	90.00	95.00
0002	005	89.00	90.00
0002	006	88.00	90.00

score 表

图 16.12　student 表、course 表和 score 表

其中，student 表的 ID 是主键，course 表的 ID 是主键，为 score 表中的字段 s_id、c_id 设置了外键约束；score 表（子表）中的字段 s_id 参考 student 表（父表）的字段 ID，字段 c_id 参考 course 表（父表）的字段 ID。关于主键与外键约束的设置在上面的例题中已介绍，如果 score 表中还没有设置外键，可通过以下 SQL 语句添加这两个外键。

```
ALTER TABLE score
ADD CONSTRAINT fk_student FOREIGN KEY (s_id) REFERENCES student(ID);
ALTER TABLE score
ADD CONSTRAINT fk_course FOREIGN KEY (c_id) REFERENCES course(ID);
```

下面通过例题说明引用完整性检查。

如果在查询分析器中执行如下语句（更新父表 student 的"学号"字段的值）。

```
UPDATE student
SET ID='9999'
WHERE ID='0001'
```

则 UPDATE 语句将被终止，原因是字段 ID 的值 0001 被 score 表（子表）中的字段 s_id 引用，系统提示如图 16.13 所示。

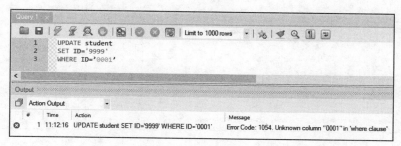

图 16.13　系统错误提示

如图 16.13 所示，在 MySQL 中，出现的错误提示信息不太明确。在 SQL Server 环境中执行以上 SQL 语句时，将出现如下错误提示：

```
消息 547，级别 16，状态 0，第 1 行
The UPDATE statement conflicted with the REFERENCE constraint "fk_score_student". The conflict occurred in
database "College", table "dbo.score", column 's_id'.
The statement has been terminated.
```

从这个提示中可以看到，是指明了更新数据与 score 表中的 s_id 列有冲突。

如果在查询分析器中执行如下语句（从父表 course 中删除记录）。

```
DELETE FROM course
WHERE ID='005'
```

DELETE 语句将被终止，原因是 ID 的值 005 被 score 表（子表）中的字段 c_id 引用，系统提示如图 16.14 所示。

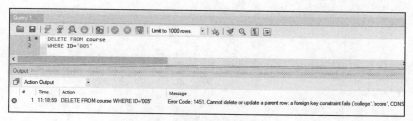

图 16.14　系统错误提示

如果在查询分析器中执行如下语句（更新子表 score 中字段"学号"的值）。

```
UPDATE score
SET s_id='4001'
WHERE s_id='0009'
```

UPDATE 语句将成功执行，更新两条记录，因为父表 student 中存在 4001 的 ID 值，系统提示如图 16.15 所示，score 表的变化如图 16.16 所示。

但是，如果执行下面的语句。

```
UPDATE score
```

```
SET s_id='4004'
WHERE s_id='0004'
```

则 UPDATE 语句将被终止，原因是父表 student 中不存在 4004 的 ID 字段值，系统提示如图 16.17 所示。

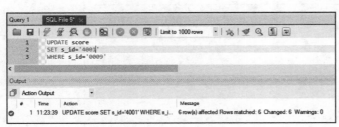

图 16.15　操作成功

图 16.16　score 表的变化

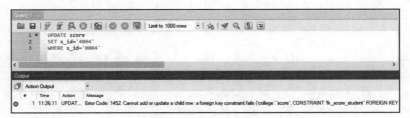

图 16.17　系统错误提示

第 17 章 存储过程和函数

从本章开始将介绍如何使用 DBMS 自身的编程功能编写程序，并且将这些程序存储在数据库之内，需要时使用某条语句调用它们。这些程序主要有三种称呼——存储过程、函数和触发器。本章将介绍存储过程和用户自定义函数的基本概念，在 MySQL、SQL Server 和 Oracle 中创建存储过程的方法和调用方法，下一章将介绍触发器的具体内容。

17.1　存储过程基础

存储过程是一类编译好的程序，它具有一定的功能，并作为数据库的对象存储在数据库中，需要时可以使用调用语句执行它。本节将介绍存储过程的基础知识及其优点。

17.1.1　存储过程基础

使用 DBMS 自身的编程功能可以编写三类程序，分别是存储过程、函数和触发器，既然被称为程序，那肯定是由一系列语句组成，而并非只有单条语句。这些语句有可能是标准的 SQL 语句，也可能是具体 DBMS 的扩展命令语句，如 SQL Server 的 Transact-SQL 语句、Oracle 的 PL/SQL 命令等。因此，存储过程、函数和触发器不像标准 SQL 语句一样，在所有 DBMS 中都通用。

> **说明**
>
> MySQL 5.0 版本开始支持存储过程。

既然这些程序不通用，为什么还要使用它呢？假设，有一个较复杂的数据库操作，此时，只使用一条 SQL 语句又完成不了这个任务，就只能使用多条 SQL 语句，甚至还要加上一些处理逻辑的语句才能完成，这就是编写程序的主要原因。当然它们还有其他优点，后面的章节中将会详细介绍相关的内容。

存储过程作为程序，与具体编程语言中的过程非常类似。例如，要在 MySQL 中创建存储过程，可以像下面这样将 SQL 语句组合起来，放在一个 CREATE PROCEDURE 命令中。

```
CREATE  PROCEDURE  procGetCourseID
AS
…
(变量声明)
BEGIN
…
(SQL 语句)
END
```

当创建了存储过程后，如果需要这一程序的功能，则只用一条简单的语句即可调用它，例如，下面的语句调用了上面建立的存储过程 procGetCourseID。当然，调用存储过程的前提是拥有这一存储过程的使用权限。

```
CALL   procGetCourseID;
```

在 SQL Server 中调用存储过程使用 EXEC。

```
EXECUTE   procGetCourseID;
```

有些存储过程在任何地方使用都是执行一些固定的操作，它们也不向调用程序返回任何值，如删除所有数据库表的存储过程。但是大多数存储过程都需要某种形式的输入和输出信息。这些数据传输是由作为存储过程定义部分的调用参数完成的，每个参数都要设置数据类型，都要被指定为是输入参数还是输出参数。例如，前面的存储过程 procGetCourseID 需要 course_name 作为输入参数，而将 course_id 作为输出参数返回给调用程序，则该存储过程的定义如下。

```
CREATE   PROCEDURE   procGetCourseID
(IN   course_name   char,
OUT   course_id   char )
BEGIN
…
(SQL 语句)
END
```

其中，course_name 参数前的 IN 表示该参数为输入参数，即用于接收调用程序传过来的数据，course_id 前的 OUT 表示该参数为输出参数，即用于将存储过程内的数据传送出去。介绍到这里，估计读者对存储过程已经有了最基本的了解，下面的篇幅中将更详细的介绍相关内容。

在 Oracle 环境中，创建带参数存储过程与上面的语法类似，只是表示输入、输出的 IN 和 OUT 放在参数名后面。

在 SQL Server 环境中，创建带参数存储过程的语法如下。

```
CREATE PROCEDURE procGetCourseID
    @course_name varchar(50),
    @course_id   nvarchar(50) OUT
AS
BEGIN
…
(SQL 语句)
END
```

17.1.2   存储过程的优点

在前面的内容中介绍了使用存储过程的原因，实际上使用存储过程有很多优点，下面列出其具体优点供读者参考。

- ➥ 存储过程可以提高数据库执行速度。存储过程只在创建时进行编译，以后每次执行存储过程都不需要重新编译，而一般 SQL 语句每执行一次就编译一次，所以使用存储过程可提高数据库执行速度。
- ➥ 存储过程可以重复使用。存储过程可以被程序多次调用，而不必重新编写该存储过程中的那些程序语句。
- ➥ 存储过程能够减少网络传输量。假设经常执行的某个任务需要使用 500 条 SQL 语句才能完成，这时客户端必须每次都传送 500 条 SQL 语句给服务器。如果使用存储过程将这 500 条语句包装起来，则客户端每次只传送一条调用语句即可，从而大大减少了网络传输量。

➥ 存储过程具有安全特性。存储过程被创建以后，只有那些被授予了使用权的用户才能使用它。而且对存储过程有使用权，不等于对存储过程中的数据表有使用权，这就又多了一种保护表的方法。

17.2 在 MySQL 中创建和使用存储过程

17.2.1 创建存储过程的语法

在 MySQL 中创建存储过程的语法如下。

```
CREATE   PROCEDURE sp_name ([proc_parameter[,...]])
    [characteristic ...] routine_body
```

在以上语法格式中，sp_name 为存储过程的名称数据库中必须是唯一的。proc_parameter 为存储过程的参数列表，一个存储过程可以没有参数，也可以定义多个参数，参数定义的格式如下。

```
proc_parameter:
    [ IN | OUT | INOUT ] param_name type
```

在每个参数前面使用关键字 IN、OUT、INOUT 来说明参数是输入参数、输出参数或输入输出双向参数，接着是参数名和参数数据类型。

参数之后接着就是存储过程要执行的 SQL 语句了，如果存储过程中有多条 SQL 语句，要使用 BEGIN\END 标签将这些 SQL 语句括起来。

```
BEGIN
    (SQL 语句)
        ...
END
```

在 BEGIN 与 END 之间可以有多条 SQL 语句。这时又会出现一个问题，由于在 MySQL 中每条 SQL 语句是以分号（;）作为分隔符。在定义存储过程时，多条 SQL 语句之间也以分号结束，编译器会把存储过程当成 SQL 语句进行处理，因此编译过程会报错。要解决这个问题，可以先使用 DELIMITER $$声明当前段分隔符，让编译器把两个"$$"之间的内容当作存储过程的代码，不会执行这些代码，最后再使用"DELIMITER;"把分隔符还原即可。

【例 17.1】创建一个存储过程，根据学号查询学生的信息。

```
DELIMITER $$
CREATE PROCEDURE sp_find(IN student_id char(4))
BEGIN
    SELECT * FROM student WHERE ID=student_id;
END $$
DELIMITER ;
```

17.2.2 调用存储过程

在创建完存储过程之后，就可以使用 CALL 语句调用它了。

【例 17.2】调用例 17.1 创建的过储过程，查询学号为 0001 的学生信息。

```
CALL sp_find('0001')
```

执行结果如图 17.1 所示。

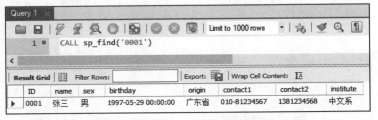

图 17.1 调用存储过程 sp_find 的运行结果

17.2.3 创建带输出参数的存储过程

如果想将存储过程内的数据传递给调用程序，则应该在存储过程中使用输出参数。输出参数用 OUT 关键字指定。

【例 17.3】创建一个存储过程 sp_fact，用于求指定数值的阶乘。

分析：存储过程应该有两个参数，分别是用于接收指定数值的输入参数和用于将结果传递出去的输出参数。

```
DELIMITER $$
CREATE PROCEDURE sp_fact(IN num INT, OUT f BIGINT)
BEGIN
DECLARE i INT;                          /*临时变量*/
    DECLARE t BIGINT;                   /*临时变量*/
    SET i=1,t=1;                        /*临时变量赋初值*/
    WHILE i<=num DO                     /*循环相乘*/
        SET t=t*i;
        SET i=i+1;
    END WHILE;
    SET f=t;                            /*阶乘结果保存到输出变量*/
END $$
DELIMITER ;
```

说明如下。

- ↪ DECLARE 关键字用来声明变量，在 MySQL 中使用变量前应当声明变量。DECLARE 声明变量的语法是：DECLARE 变量名 数据类型。

- ↪ 在 MySQL 中给变量赋值时，要使用 SET 关键字。例如，SET i=1,t=1。

- ↪ WHILE 语句是循环语句，当 WHILE 关键字后的条件为 True 时，不断重复执行循环内的语句，直到条件为 False 时结束。DO…END WHILE 用来标记循环体的开始和结束。

创建完存储过程后,使用其计算 6 的阶乘的调用语句如下。

```
CALL sp_fact(6,@fact);          /*调用存储过程 sp_fact,并提供了参数值*/
SELECT @fact;                   /*输出变量 fact 的值 */
```

说明

调用语句将参数值 6 传递给 sp_fact 的输入参数 num,并将 sp_fact 的输出参数 f 的值存放到变量 fact 内。

运行结果如图 17.2 所示。

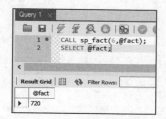

图 17.2 调用 sp_fact 计算 6 的阶乘的结果

17.2.4 删除存储过程

当不再需要某存储过程时应将其删除,删除存储过程的语法如下。

```
DROP PROCEDURE procedure_name
```

【例 17.4】删除例 17.1 创建的存储过程 sp_find。

```
DROP PROCEDURE sp_find
```

删除存储过程后,再次使用 CALL 语句调用它时就会出现错误。

在删除存储过程时,如果指定的存储过程不存在,则删除操作会产生一个错误。这时可在删除时判断是否存在,如果存在指定的存储过程则删除。

【例 17.5】如果存在存储过程 sp_find,则将其删除。

```
DROP PROCEDURE IF EXISTS sp_find
```

这样即使没有存储过程 sp_find,以上 SQL 语句执行也不会出错。

17.3　在 SQL Server 中创建和使用存储过程

在 SQL Server 中,存储过程分为两类——系统存储过程和用户自定义存储过程。系统存储过程主要存储在 master 数据库中,这些存储过程的明显特点是,以“sp_”为名称的前缀。它们主要的功能是从系统表中获取各种信息。用户自定义存储过程由用户自己创建,并能完成某一特定功能。

17.3.1　SQL Server 的系统存储过程

SQL Server 中的许多管理活动是通过一种称为系统存储过程的特殊过程执行的。系统存储过程在

master 数据库中创建并存储，带有"sp_"前缀。可以从任何数据库中执行系统存储过程，而无需使用 master 数据库名称来完全限定该存储过程的名称。例如，图 17.3 为在查询分析器中执行 sp_help 系统存储过程的结果。

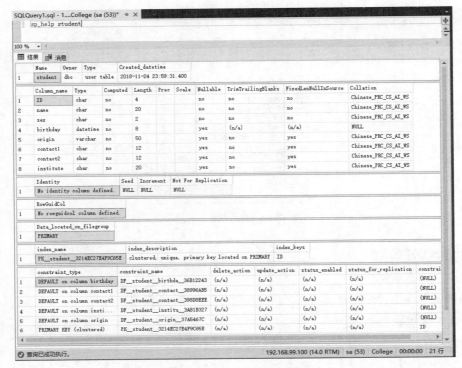

图 17.3　使用 sp_help 的结果

 说明

sp_help 用于获得有关数据库对象（**sysobjects** 表中列出的任何对象）、用户定义数据类型或 SQL Server 中所提供的数据类型的信息。图 17.3 中使用 sp_help 得到了 student 表的相关信息。关于 SQL Server 系统存储过程的详细内容请参考用户手册。

注意

强烈建议不要创建以"sp_"为前缀的用户存储过程。如果用户创建的存储过程与系统存储过程同名，则永远不会执行用户创建的存储过程。

17.3.2　创建存储过程的语法

前面介绍了存储过程的一种——系统存储过程，本小节将详细介绍另一种存储过程，即用户自定义存储过程的创建语法。在 SQL Server 中创建存储过程的语法如下。

```
CREATE PROC [ EDURE ] procedure_name [ ; number ]
    [ { @parameter data_type }
        [ VARYING ] [ = default ] [ OUTPUT ]
```

```
   ] [ ,...n ]
[ WITH
{ RECOMPILE | ENCRYPTION | RECOMPILE , ENCRYPTION } ]
[ FOR REPLICATION ]
AS
sql_statement [ ...n ]
```

虽然创建语法看起来很复杂，但是其中只有两个参数是必选的，那就是创建存储过程所需的 procedure_name（存储过程的名称）和 sql_statement（存储过程内容），其他参数都是可选参数。下面详细介绍每个参数的含义。

➥ procedure_name 必须遵照数据库系统标准命名约定，而且在数据库中必须是唯一的。要创建局部临时过程，可以在 procedure_name 前面加一个井字符（#），如#procedure_name；要创建全局临时过程，可以在 procedure_name 前面加两个井字符，如##procedure_name。存储过程完整的名称（包括 # 或 ##）不能超过 128 个字符。

➥ sql_statement 中可以包含任何合法的 SQL 语句和 Transact SQL 的命令。

➥ ;number 是可选的整数，用来对同名的过程分组，以便用一条 DROP PROCEDURE 语句即可将同组的过程全部删除。例如，假设两个存储过程被命名为 proc;1 和 proc;2，此时，如果使用如下语句：

```
DROP PROCEDURE   proc
```

则会将这两个存储过程全部删除。

➥ @parameter 存储过程中的参数。在 CREATE PROCEDURE 语句中可以声明一个或多个参数。用户必须在执行过程时提供每个所声明参数的值（除非定义了该参数的默认值）。存储过程最多可以有 2100 个参数。使用 @ 符号作为第一个字符来指定参数名称。参数名称必须符合标识符的规则。每个过程的参数仅用于该过程本身；相同的参数名称可以用在其他过程中。默认情况下，参数只能代替常量，而不能用于代替表名、列名或其他数据库对象的名称。

➥ data_type 参数的数据类型。所有数据类型（包括 text、ntext 和 image）均可以用作存储过程的参数。不过 cursor 数据类型只能用于 OUTPUT 参数。如果指定的数据类型为 cursor，也必须同时指定 VARYING 和 OUTPUT 关键字。对于可以是 cursor 数据类型的输出参数，没有最大数目的限制。

➥ VARYING 指定作为输出参数支持的结果集（由存储过程动态构造，内容可以变化）。仅适用于游标参数。

➥ default 参数的默认值。如果定义了默认值，不必指定该参数的值即可执行过程。默认值必须是常量或 NULL。如果过程将对该参数使用 LIKE 关键字，那么默认值中可以包含通配符（%、_、[] 和 [^]）。

➥ OUTPUT 表明参数是返回参数。该选项的值可以返回给 EXEC[UTE]。使用 OUTPUT 参数可将信息返回给调用过程。text、ntext 和 image 参数可用作 OUTPUT 参数。使用 OUTPUT 关键字的输出参数可以是游标占位符。

➥ n 表示最多可以指定 2100 个参数的占位符。

➥ {RECOMPILE | ENCRYPTION | RECOMPILE, ENCRYPTION}RECOMPILE 表明不会缓存该过程的计划，该过程将在运行时重新编译。在使用非典型值或临时值而不希望覆盖缓存在内存中的执行计划时，请使用 RECOMPILE 选项。

➥ ENCRYPTION 表示 SQL Server 加密 syscomments 表中包含 CREATE PROCEDURE 语句文本

的条目。使用 ENCRYPTION 可防止将过程作为复制的一部分发布。

➥ FOR REPLICATION 指定不能在订阅服务器上执行为复制创建的存储过程。使用 FOR REPLICATION 选项创建的存储过程可用作存储过程筛选，且只能在复制过程中执行。本选项不能和 WITH RECOMPILE 选项一起使用。

➥ AS 指定过程要执行的操作。

➥ n 是表示此过程可以包含多条 Transact SQL 语句的占位符。

17.3.3 调用语句 EXECUTE 的语法

在创建完存储过程之后，就可以使用 EXECUTE 语句调用它了，该语句的语法如下。

```
[{EXEC|EXECUTE}]
{
  [@return_status=]
  {procedure_name[;number]|@procedure_name_var}
    [[@parameter=]{value|@variable[OUTPUT]|[DEFAULT]}]
  [ ,...n ]
  [WITH RECOMPILE]
}
```

其中，大部分的参数与上面介绍的 CREATE PROCEDURE 的参数含义相同，只有@return_status 和 @procedure_name_var 两个参数需要说明，具体说明如下。

➥ @return_status 是一个可选的整型变量，保存存储过程的返回状态。这个变量在用于 EXECUTE 语句前，必须在批处理、存储过程或函数中声明过。

➥ @procedure_name_var 是局部定义变量名，代表存储过程名称。

17.3.4 创建简单存储过程

在介绍了创建存储过程的语法后，下面通过一个简单的例题，介绍存储过程的具体创建方法和运行方法。

【例 17.6】首先，在 College 数据库中创建一个名为 procGetStudent 的存储过程，用于查询 student 表中的所有记录。其次，使用 EXECUTE 语句调用该存储过程。

（1）在查询分析器中输入如下语句并运行。

```
CREATE PROC procGetStudent
AS
SELECT    *
FROM     student
```

运行结果如图 17.4 所示。

 注意

在运行创建语句前，一定要先选择 College 数据库，如图 17.4 中方框选择的地方。

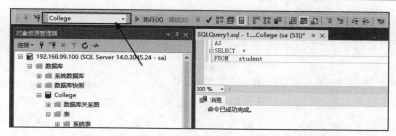

图 17.4 创建存储过程 procGetStudent 的运行结果

（2）创建成功后，在查询分析器中输入并运行如下语句。

```
EXEC    procGetStudent
```

运行结果如图 17.5 所示。

	ID	name	sex	birthday	origin	contact1	contact2	institute
1	0001	张三	男	1997-05-29 00:00:00.000	广东省	1381234567	1381234568	中文系
2	0002	李燕	女	1999-01-18 00:00:00.000	浙江省	13744444444	13755555555	外语系
3	0003	王丽	女	1998-09-01 00:00:00.000	辽宁省	13700000000	13711111111	物理系
4	0004	周七	女	1997-09-21 00:00:00.000	北京市	13877777777	13877777777	计科系
5	0005	刘八	男	1999-08-21 00:00:00.000	海南省	15388888888	NULL	中文系
6	0006	吴学霞	女	1998-02-12 00:00:00.000	江苏省	13822222222	13822222222	中文系
7	0007	马六	男	1998-07-12 00:00:00.000	浙江省	13766666666	13788888888	外语系
8	0008	杨九	男	1998-02-17 00:00:00.000	重庆市	137999999999	137999999999	计科系
9	0009	吴刚	男	1996-09-11 00:00:00.000	内蒙古自治区	13811111111	13811111111	外语系

图 17.5 调用 procGetStudent 的结果

本例中创建的存储过程非常简单，没有任何输入和输出数据。但是大多数存储过程并非如此，它们都需要某种形式的输入和输出数据，而这些数据的传输是通过参数完成的，下一节将介绍带有参数的存储过程。

17.3.5 创建带输入参数的存储过程

在数据库中使用的存储过程，大多数都带有参数。这些参数的作用是在存储过程和调用程序（或调用语句）之间传递数据。从调用程序向存储过程传递数据时会被过程内的输入参数接收，而想将存储过程内的数据传递给调用程序时，则会通过输出参数传递。本节将介绍如何创建带输入参数的存储过程和其使用方法。下面看一个具体例子，通过该例介绍相关内容。

【例 17.7】首先，在 College 数据库中创建一个名为 procGetAvgMaxMin 的存储过程，用于查询特定课程的考试成绩平均分、最高分和最低分。其次，使用 EXECUTE 语句调用该存储过程查询"心理学"的各项分数。

（1）在查询分析器中输入如下语句并运行。

```
CREATE PROC procGetAvgMaxMin
          @course_name    char(20)
AS
SELECT   AVG(result1) AS  平均分,
          MAX(result1) AS  最高分,
```

```
            MIN(result1) AS  最低分
FROM        score AS s
            INNER JOIN course AS c
            ON s.c_id=c.ID
WHERE       c.course=@course_name
```

其中，变量@course_name 为输入参数，用于从调用程序接收数据。在 SQL Server 中，局部变量必须以@开头，全局变量以@@开头。

（2）创建成功后，使用如下调用语句，查询"心理学"的各项分数。

```
EXEC    procGetAvgMaxMin   '心理学'
```

其中，procGetAvgMaxMin 后的"心理学"会被传送给存储过程的输入参数@course_name，从而查询出"心理学"课程的平均分、最高分和最低分。运行结果如图 17.6 所示。

平均分	最高分	最低分
82.800000	93.00	70.00

图 17.6　调用带参数过程的结果

上面举例的存储过程只有一个输入参数，但实际上，在 CREATE PROCEDURE 语句中可以声明一个或多个参数。用户必须在调用过程时提供每个所声明参数的值。

17.3.6　给输入参数设置默认值

上一节讲到在存储过程内可以声明一个或多个输入参数，而且在调用它时，必须提供每个所声明参数的值。这就引起了一个思考。有些存储过程具有很多输入参数，并在大多时间调用它时都传递相同的值，只有很少情况下才传递不同的值。这种情况下怎样避免每次都输入大量的相同值呢？解决方案就是使用默认值。

给输入参数设置默认值的方法非常简单，如创建存储过程时，给输入参数@course_name，设置默认值为"心理学"的方法如下。

```
CREATE PROC procGetAvgMaxMin
        @course_name    char(20)='心理学'
AS
…
```

有了默认值后，当用户使用 EXEC 调用过程时，如果没有提供该参数值，则会自动将"心理学"作为输入参数的值。

输入参数的默认值也可以是 NULL 值。在这种情况下，如果用户不提供参数值，SQL Server 按照它的其他语句执行该存储过程，不会显示任何错误提示。当然，过程定义中也可以编写，用户不提供参数时应该执行的语句。

【例 17.8】阅读分析下面的存储过程。

```
CREATE PROC proc1
        @course_name    char(20)=NULL
AS
IF @course_name IS NULL
```

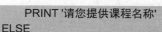

```
        PRINT '请您提供课程名称'
ELSE
SELECT    AVG(result1) AS  平均分,
          MAX(result1) AS  最高分,
          MIN(result1) AS  最低分
FROM      score AS s
              INNER JOIN course AS c
              ON s.c_id=c.ID
WHERE     c.course=@course_name
```

分析：本存储过程中，给输入参数 @course_name 设置了默认值 NULL，并且在过程定义中使用了 IF…ELSE 语句，用其处理了用户提供和不提供参数值时的两种情况。

❯　当用户不提供参数值时，@course_name 取其默认值 NULL，此时，"@course_name IS NULL"的值为 True，就会执行 IF 下的打印语句"PRINT '请您提供课程名称'"。

❯　当用户提供参数值时，条件表达式"@course_name IS NULL"的值为 False，就会执行 ELSE 下的 SELECT 语句。

下面是具体的调用语句和调用结果。

（1）不提供参数值的调用语句。

```
EXEC proc1
```

运行结果如图 17.7 所示。

（2）提供参数值的调用语句。

```
EXEC proc1 '计算机基础'
```

运行结果如图 17.8 所示。

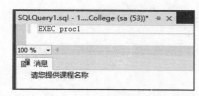

图 17.7　不提供参数值的调用语句结果

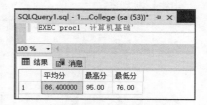

图 17.8　提供参数值的调用语句结果

17.3.7　创建带输出参数的存储过程

如果想将存储过程内的数据传递给调用程序，则应该在存储过程中使用输出参数。输出参数用 OUTPUT 关键字指定。

【例 17.9】创建一个存储过程 proc2，用于求指定数值的阶乘。

分析：存储过程应该有两个参数，分别是用于接收指定数值的输入参数和用于将结果传递出去的输出参数。

```
CREATE PROC proc2
        @x int,
        @y int OUTPUT /*声明变量 y 为输出参数*/
AS
/*声明两个局部变量 i 和 t，并给其分别赋值为 1*/
DECLARE @i int,@t int
```

```
SELECT @i=1,@t=1
/*使用循环语句，计算 x 的阶乘*/
WHILE @i<=@x
    BEGIN
        SELECT @t=@t*@i
        SELECT @i=@i+1
    END
/*将 t 的值，赋值给了输出参数 y*/
SELECT @y=@t
```

说明如下。

- ◣ DECLARE 关键字用来声明变量，在 SQL Server 中使用变量前应当声明变量。DECLARE 声明变量的语法是：DECLARE 变量名,数据类型。
- ◣ 在 SQL Server 中给变量赋值时，要使用 SELECT 关键字。例如，SELECT @i=1,@t=1。
- ◣ WHILE 语句是循环语句，当 WHILE 关键字后的条件为 True 时，不断重复执行循环内的语句，直到条件为 False 时结束。BEGIN…END 用来标记循环体的开始和结束。

创建完存储过程后，使用其计算 5 的阶乘的调用语句如下。

```
DECLARE @fact int              /*声明变量 fact 为整型*/
EXEC proc2  5,@fact OUTPUT     /*调用存储过程 proc2，并提供了参数值*/
SELECT @fact                   /*输出变量 fact 的值 */
```

 说明

调用语句将参数值 5 传递给 proc2 的输入参数 x，并将 proc2 的输出参数 y 的值存放到变量 fact 内。

运行结果如图 17.9 所示。

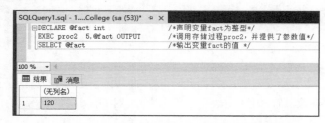

图 17.9 调用 proc2 计算 5 的阶乘的结果

17.3.8 创建有多条 SQL 语句的存储过程

存储过程内可以有多条 SQL 语句和 DBMS 提供的编程语句。这时调用存储过程后会返回多个查询结果集。

【例 17.10】创建一个存储过程 proc3，能够查询特定课程的平均分、最高分和最低分，同时还能查询高于平均分的所有学生的信息。

```
CREATE PROC proc3
        @course_name   char(20)
AS
DECLARE @avg_score int
/*下面的语句用于查询显示平均分，最高分和最低分*/
```

```
SELECT    AVG(result1) AS  平均分,
          MAX(result1) AS  最高分,
          MIN(result1) AS  最低分
FROM      score AS s
          INNER JOIN course AS c
          ON s.c_id=c.ID
WHERE     c.course=@course_name
/*下面的语句用于将考试成绩平均分赋值给变量@avg_score */
SELECT    @avg_score =AVG(result1)
FROM      score AS s
          INNER JOIN course AS c
          ON s.c_id=c.ID
WHERE     c.course=@course_name
/*下面的语句用于显示特定课程的分数高于平均分的学生信息*/
SELECT st.ID AS  学号,st.name AS  姓名,st.institute   AS  所属院系,s.result1 AS  考试成绩,s.result2 AS  平时成绩
FROM      student AS st
          INNER JOIN score AS s
          ON st.ID=s.s_id
          INNER JOIN course AS c
          ON s.c_id=c.ID
WHERE     c.course=@course_name
          AND s.result1>@avg_score
```

　　调用存储过程 proc3，查询"心理学"的平均分、最高分、最低分和所有考试成绩大于平均分的学生信息。

```
EXEC proc3 '心理学'
```

　　运行结果如图 17.10 所示。

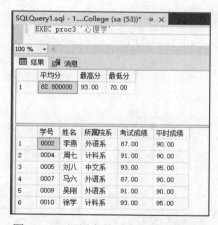

图 17.10　调用存储过程 proc3 的结果

17.3.9　删除存储过程

　　当不再需要某存储过程时应将其删除，删除存储过程的语法如下。

```
DROP PROCEDURE procedure_name
```

　　【例 17.11】删除前面创建的存储过程 procGetAvgMaxMin。

```
DROP PROCEDURE procGetAvgMaxMin
```

删除存储过程后，再次使用 EXEC 语句调用它时就会出现错误。例如，运行下面的语句。

```
EXEC   procGetAvgMaxMin   '心理学'
```

运行结果为：

服务器: 消息 2812，级别 16，状态 62，行 1
未能找到存储过程 'procGetAvgMaxMin'。

在创建存储过程前有时需要判断数据库中是否存在同名的存储过程，如果存在则先将其删除，然后再执行创建语句。如果想这么做，首先必须清楚 SQL Server 将对象信息放到了什么地方，答案是当前数据库的 sysobjects 表中。对本书来说，就是放在了 College 数据库的 sysobjects 表中。

【例 17.12】判断 College 数据库中是否存在名为 proc1 的对象。

分析：执行下面的 SELECT 语句，如果查询结果集为非空，则证明数据库中存在 proc1 对象；否则，证明不存在。

```
SELECT *
FROM sysobjects
WHERE name='proc1'
```

运行结果如图 17.11 所示。

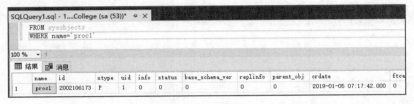

图 17.11　判断是否存在名为 proc1 的存储过程

结果集中有一条记录，说明数据库中存在名为 proc1 的对象，而且通过查看记录的 xtype 字段的值（P），可以得知该对象为存储过程。用这种方法还可以判断数据库中是否存在某个表、某个视图等数据库对象。

通过上例知道了判断的方法，那如何在程序中实现这一判断的逻辑呢？例如，下面的语句判断了是否存在 proc1 对象，如果存在则将其删除。

```
IF EXISTS (SELECT *
        FROM sysobjects
        WHERE name='proc1')
    DROP proc1
```

> **说明**
>
> EXISTS 是一个 SQL 运算符，其后跟随一个子查询，当子查询的查询结果集非空时，EXISTS 表达式的值就为 True。如果子查询的结果集为空，则 EXISTS 表达式的值为 False。

17.4　在 SQL Server 中创建和使用函数

前面曾经介绍过一些函数的使用方法（如 GETDATE()、SUM()等），这些函数都是系统函数，本节要介绍的函数属于用户定义函数。实际上，有些用户定义函数的使用方法和前面所讲的系统函数的用法是相同的，如标量值函数。

在 SQL Server 中根据函数返回值的形式，将用户定义函数分为两大类，分别是标量值函数和表值函数，其中表值函数又被分为内嵌表值函数和多语句表值函数。

17.4.1　标量值函数

如果函数返回值为标量数据类型，则函数为标量值函数。可以使用多条 Transact-SQL 语句定义标量值函数。标量值函数的语法如下。

```
CREATE FUNCTION [ owner_name.] function_name
   ( [ { @parameter_name [AS] scalar_parameter_data_type [ = default ] } ] [ ,...n ] ] )
RETURNS scalar_return_data_type
[ WITH < function_option> [ [,] ...n] ]
[ AS ]
BEGIN
   function_body
   RETURN scalar_expression
END
```

说明如下。

- ➘ owner_name：拥有该用户定义函数的用户名称。owner_name 必须是已有的用户 ID。
- ➘ function_name：用户定义函数的名称。函数名称必须符合标识符的规则，对其所有者来说，该名称在数据库中必须唯一。
- ➘ @parameter_name：用户定义函数的参数名。CREATE FUNCTION 语句中可以声明一个或多个参数。函数最多可以有 1024 个参数。函数执行时每个已声明参数的值必须由用户指定，除非已经定义了该参数的默认值。如果函数的参数有默认值，在调用该函数时必须指定 default 关键字才能获得默认值。这种行为不同于存储过程中有默认值的参数，在存储过程中省略参数也意味着使用默认值。
- ➘ scalar_parameter_data_type：参数的数据类型。所有标量数据类型（包括 bigint 和 sql_variant）都可用作用户定义函数的参数。不支持 timestamp 数据类型和用户定义数据类型。不能指定非标量类型（如 cursor 和 table）。
- ➘ scalar_return_data_type：函数返回值的数据类型。scalar_return_data_type 可以是 SQL Server 支持的任何标量数据类型（text、ntext、image 和 timestamp 除外）。
- ➘ ENCRYPTION：指出 SQL Server 加密包含 CREATE FUNCTION 语句文本的系统表列。使用 ENCRYPTION 可以避免将函数作为 SQL Server 复制的一部分发布。
- ➘ SCHEMABINDING：指定将函数绑定到它所引用的数据库对象上。如果函数是用 SCHEMABINDING 选项创建的，则不能更改（使用 ALTER 语句）或除去（使用 DROP 语句）该函数引用的数据库对象。
- ➘ function_body：由多条 Transact-SQL 语句组成的函数体。
- ➘ scalar_expression：用户定义函数要返回的标量值表达式。

下面通过例题说明创建和使用标量值函数的方法。

【例 17.13】创建一个用户定义函数 funcGetAge，功能为可以根据出生日期和当前日期计算年龄，并将年龄返回给调用语句。

分析：因为要求返回的是年龄，是一个整数值，因此应当创建的是标量值函数。该函数应该有两个参数，分别用来接收外面（调用语句）传来的出生日期和当前日期。其创建语句如下。

```
CREATE FUNCTION funcGetAge
    (@birth_date datetime,@now_date datetime)      /*声明了两个变量，分别用于存放出生日期和当前日期*/
RETURNS int                                        /*指定返回值类型为 int 型*/
AS
BEGIN
    RETURN(DATEDIFF(year,@birth_date,@now_date))   /*返回计算结果*/
END
```

创建完标量值函数后就可以像使用 SQL Server 的系统函数一样使用它。例如，下面的 SELECT 语句，在 SELECT 子句中使用了该标量函数。

```
SELECT name AS 姓名,dbo.funcGetAge(birthday,GETDATE()) AS 年龄
FROM student
ORDER BY 年龄 DESC
```

运行结果如图 17.12 所示。

	姓名	年龄
1	呼和嘎拉	24
2	孔乙己	24
3	吴刚	23
4	张三	22
5	周七	22
6	鲁十八	22
7	塔赛努	22
8	宋十七	22
9	三宝	21
10	王丽	21
11	吴学霞	21
12	马六	21
13	杨九	21
14	刘八	20
15	李燕	20
16	周三丰	20
17	蒋十九	20
18	徐学	19

图 17.12　使用 funcGetAge 函数查询到的结果

17.4.2　表值函数

如果函数返回值为 TABLE（表），则函数为表值函数。根据函数主体的定义方式，表值函数又可分为内嵌表值函数和多语句表值函数。

1．内嵌表值函数

如果 RETURNS 子句指定的 TABLE 不附带字段列表，则该函数为内嵌表值函数。这种类型的函数由单个 SELECT 语句定义。该函数返回的表的字段（包括数据类型）来自定义该函数的 SELECT 语句的字段列表。内嵌表值函数的语法如下。

```
CREATE FUNCTION [ owner_name.] function_name
  ( [ { @parameter_name [AS] scalar_parameter_data_type [ = default ] } [ ,...n ] ] )
RETURNS TABLE
[ WITH < function_option > [ [,] ...n ] ]
```

[AS]
RETURN [( ) select-stmt [ ]]

说明如下。

➥　　TABLE：指定返回值为 TABLE（表）。

➥　　select-stmt：单条 SELECT 语句。

其他参数的含义与标量值函数的参数含义相同。下面通过例题说明内嵌表值函数的创建方法和使用方法。

【例 17.14】创建一个用户定义函数 funcGetStuDepa，功能为根据传递来的院系名称，将指定院系的所有学生的信息，以表的形式返回给调用程序。

```
CREATE FUNCTION funcGetStuDepa
    ( @depa_name char(20))
RETURNS TABLE
AS
RETURN(SELECT *
    FROM     student
    WHERE    institute= @depa_name)
```

创建内嵌表值函数后，由于函数的返回值为表，因此可以将其名称放在 SELECT 语句的 FROM 子句中调用它。例如下面的语句。

```
SELECT *
FROM     funcGetStuDepa('计科系')
```

运行结果如图 17.13 所示。

	ID	name	sex	birthday	origin	contact1	contact2	institute
1	0004	周七	女	1997-09-21 00:00:00.000	北京市	13877777777	13877777777	计科系
2	0008	杨九	男	1998-02-17 00:00:00.000	重庆市	137999999999	137999999999	计科系
3	0010	徐学	女	2000-01-08 00:00:00.000	内蒙古自治区	13800000000	NULL	计科系

图 17.13　计科系所有学生的信息

2．多语句表值函数

如果 RETURNS 子句指定的 TABLE 类型带有字段及其数据类型，则该函数是多语句表值函数。多语句表值函数的主体中允许使用多种语句。下面列出允许使用的语句，除下面列出的语句以外，不能在函数主体中使用其他语句。

➥　　赋值语句。

➥　　控制流语句。

➥　　DECLARE 语句，该语句定义函数局部的数据变量和游标。

➥　　SELECT 语句，该语句包含带有表达式的选择列表，其中的表达式将值赋予函数的局部变量。

➥　　游标操作，该操作引用在函数中声明、打开、关闭和释放的局部游标。只允许使用以 INTO 子句向局部变量赋值的 FETCH 语句，不允许使用将数据返回到客户端的 FETCH 语句。

➥　　INSERT、UPDATE、DELETE 语句，这些语句修改函数的局部 table 类型的变量。

➥　　调用存储过程的 EXECUTE 语句。

下面是多语句表值函数的语法格式。

```
CREATE FUNCTION [ owner_name.] function_name
  ( [ { @parameter_name [AS] scalar_parameter_data_type [ = default ] } ] [ ,...n ] ] )
RETURNS @return_variable TABLE < table_type_definition >
```

```
[ WITH < function_option > [ [,] ...n ] ]
[ AS ]
BEGIN
  function_body
  RETURN
END
```

其中，@return_variable：table 类型的变量。当调用程序调用函数时，函数返回的就是该变量的值。

【例 17.15】创建一个用户定义函数 funcGetStuScore，功能为根据传递来的学生姓名，将其所有课程的考试成绩返回给调用程序。

```
CREATE FUNCTION funcGetStuScore
    (@stu_name char(20))
RETURNS @temp TABLE
    (姓名   char(20),
     课名   char(20),
     平时成绩   int,
     考试成绩   int)
AS
BEGIN
  /*下面的语句将 SELECT 语句的查询结果插入到临时表变量@temp 中*/
  INSERT INTO @temp
  SELECT st.name AS 姓名,c.course AS 课名,s.result2 AS 平时成绩,s.result1 AS 考试成绩
  FROM     student AS st
     INNER JOIN score AS s
     ON     st.ID=s.s_id
     INNER JOIN course AS c
     ON     c.ID=s.c_id
  WHERE    st.name=@stu_name
  ORDER BY s.result1 DESC
  RETURN     /*将临时表变量@temp 的结果返回给调用语句*/
END
```

下面的语句调用函数 funcGetStuScore，查询"张三"的所有课程的成绩。

```
SELECT *
FROM    funcGetStuScore('张三')
```

运行结果如图 17.14 所示。

	姓名	课名	平时成绩	考试成绩
1	张三	邓小平理论	90	87
2	张三	心理学	95	73
3	张三	教育学	92	81
4	张三	计算机基础	90	84
5	张三	大学英语一	95	90

图 17.14　"张三"各科的成绩

17.4.3　删除用户定义函数

删除用户定义函数的语法如下。

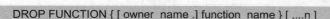

```
DROP FUNCTION { [ owner_name .] function_name } [ ,...n ]
```

例如，要删除用户定义函数 func1 的语句如下。

```
DROP FUNCTION   func1
```

17.5　SQL Server 几个系统存储过程的使用

本节将介绍几个系统存储过程的使用方法，这些系统存储过程有 sp_rename、sp_help、sp_helptext 和 sp_depends。

17.5.1　使用 sp_rename 重命名对象

使用系统存储过程 sp_rename 可以重命名数据库中的对象，这些对象可以是表、视图、存储过程、触发器等数据库对象。

【例 17.16】使用 sp_rename 将函数 func1 的名称改为 funcSum。

```
sp_rename   func1,funcSum
```

 注意

使用 sp_rename 重命名某表，会破坏基于这个表的视图、存储过程、函数和触发器等，所以重命名表时，应当特别注意。

17.5.2　使用 sp_depends 显示引用对象

上一小节讲到，如果要重命名某表的名称时应特别注意。因为可能有视图、存储过程、函数或触发器等数据库对象引用了这个表。如果改变了表名，这些数据库对象就会失去作用。那如何知道某表是不是被其他对象引用或者被哪些对象引用了呢？答案是使用系统存储过程 sp_depends。下面通过例题说明其用法。

【例 17.17】查询表 student 被哪些数据库对象引用。

```
sp_depends student
```

运行结果如图 17.15 所示。可以清楚地看到，student 表被 4 个对象引用。

使用 sp_depends 不仅可以查到某表被哪些对象引用，而且还能查询某个视图、存储过程或函数中引用了哪些表和表中的哪些字段。例如下面的例题。

【例 17.18】查询函数 funcGetStuScore 中引用了哪些表和字段。

```
sp_depends   funcGetStuScore
```

运行结果如图 17.16 所示。

图 17.15　引用 student 表的对象信息　　　图 17.16　函数 funcGetStuScore 中引用的表和字段信息

17.5.3　使用 sp_help 显示对象信息

使用系统存储过程 sp_help，可以得到数据库对象的各种信息。例如，下面的语句使用 sp_help 得到了用户定义函数 funcGetStuScore 的各项信息。

```
sp_help  funcGetStuScore
```

运行结果如图 17.17 所示。

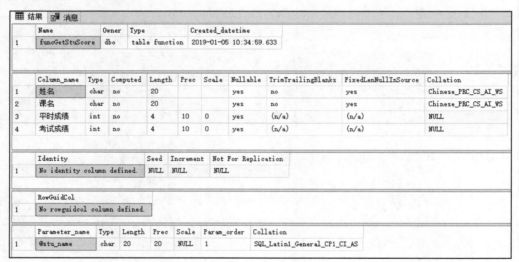

图 17.17　函数 funcGetStuScore 的各项信息

17.5.4　使用 sp_helptext 显示对象的源码

有时希望能看到存储过程或者函数的源码。这时就可以使用 sp_helptext 存储过程。例如，下面的语句使用了 sp_helptext 显示了函数 funcGetStuScore 的源码。

```
sp_helptext  funcGetStuScore
```

运行结果如图 17.18 所示。

除了上面介绍的系统存储过程以外，SQL Server 中还有其他更多的系统存储过程。由于介绍这些存储过程已经远远超出了本书范围，因此就不一一介绍了，如果读者感兴趣可以参阅 SQL Server 的联机帮助文档。

	Text
1	CREATE FUNCTION funcGetStuScore
2	(@stu_name char(20))
3	RETURNS @temp TABLE
4	(姓名 char(20),
5	课名 char(20),
6	平时成绩 int,
7	考试成绩 int)
8	AS
9	BEGIN
10	/*下面的语句将SELECT语句的查询结果,插入到临时表变量@temp中*/
11	INSERT INTO @temp
12	SELECT st.name AS 姓名,c.course AS 课名,s.result2 AS 平时成绩,s.result1 AS 考试成绩
13	FROM student AS st
14	INNER JOIN score AS s
15	ON st.ID=s.s_id
16	INNER JOIN course AS c
17	ON c.ID=s.c_id
18	WHERE st.name=@stu_name
19	ORDER BY s.result1 DESC
20	RETURN /*将临时表变量@temp的结果返回给调用语句*/
21	END

图 17.18 函数 funcGetStuScore 的源码

17.6 Oracle 中的存储过程和函数

本节将介绍在 Oracle 中创建和使用存储过程的方法。在 Oracle 中编写程序要使用 Oracle 中的 PL/SQL 语言。

17.6.1 在 Oracle 中使用存储过程

前面曾经介绍过存储过程和函数,其实就是存储在数据库中的程序。这些程序是由标准 SQL 语句和具体 DBMS 的扩展语言编写而成的。在 SQL Server 中使用的是 Transact SQL,而在 Oracle 中则使用 PL/SQL 语言。它们是不同的语言,就像一个是英语,另一个是德语一样。但不管哪种语言,程序逻辑都是相同的,只是语法不同而已。下面是 Oracle 中创建存储过程的简单语法。

```
CREATE PROCEDURE    procedure_name
(声明输入和输出参数)
AS
(变量声明)
BEGIN
 (SQL 和 PL/SQL 语句)
EXCEPTION
(异常处理语句)
END;
```

说明如下。

➥ 在 Oracle 中指定参数为输入参数时,要使用 IN 关键字;指定参数为输出参数时,要使用 OUT 关键字,如果指定参数既可以输入又可以输出,则使用 IN OUT。

- 在存储过程内声明参数（变量）时，只指定类型，不能指定长度（对于有长度的数据类型）。
- 异常处理部分是可选的。
- 上面的第一条语句也可以写为 CREATE OR REPLACE PROCEDURE procedure_name，含义为如果存在同名存储过程，则将其替换为新的存储过程。

【例 17.19】创建一个存储过程 procDelStu，根据输入的学生姓名，从表 student 中删除该学生记录。

```
CREATE OR REPLACE PROCEDURE procDelStu
  (stu_name IN varchar2)
AS
BEGIN
   DELETE FROM student
   WHERE name=stu_name;
END;
/
```

说明

在 SQL *Plus 中编写存储过程、函数和触发器时，最后要加 "/" 符号，回车后才能回到命令行状态。下面的例题中不再说明，并省去 "/" 符号。

创建完存储过程后，就可以使用 EXECUTE 调用它了。例如，下面的语句调用了存储过程 procDelStu 删除了 "张三"。

```
EXECUTE procDelStu('张三');
```

注意

在 SQL Server 中，使用 EXECUTE 时，不必将存储过程后的参数值放在圆括号内，而在 Oracle 中，必须将参数值放在圆括号内。

17.6.2 在 Oracle 中使用函数

在 Oracle 中创建用户定义函数的简单语法如下。

```
CREATE FUNCTION   function_name
(声明输入和输出参数)
RETURN   返回值类型
AS
(变量声明)
BEGIN
(SQL 和 PL/SQL 语句)
RETURN  返回值
EXCEPTION
(异常处理语句)
END;
```

其语法说明与创建存储过程的语法说明相同，因此不再重复叙述。下面通过简单例题介绍创建函数的方法。

【例 17.20】创建一个函数 funcAdd，用于计算两个数的和。

```
CREATE FUNCTION   funcAdd
```

```
(x  IN number, y  IN  number)
RETURN  number
AS
z number;
BEGIN
    z :=x+y;
    RETURN z;
END;
```

创建完函数后就可以像使用系统函数一样使用它们了。例如，下面的语句调用了函数 funcadd 计算 3 加 5 的值。

```
SELECT  funcadd(3,5)  FROM  dual;
```

运行结果如下。

```
FUNCADD(3,5)
-------------------
            8
```

17.6.3 在 Oracle 中使用 user_source 获取信息

有时用户想知道数据库中存放了哪些程序，这时就可以通过访问视图 user_source 来得到信息。下面通过两个例题说明其用法。

【例 17.21】编写 SQL 语句，查询数据库中有哪些存储的程序。

```
SELECT UNIQUE(name)
FROM user_source;
```

运行结果为数据库中所有存储的程序的名称。通过视图 user_source 还可以查看具体程序的源码，例如下面的例题。

【例 17.22】编写 SQL 语句，查看存储过程 procDelStu 的源码。

```
SELECT text
FROM user_source
WHERE name='procDelStu';
```

运行结果如下。

```
TEXT
----------------------------------------------------------------------------
PROCEDURE procDelStu
   (stu_name IN varchar2)
AS
BEGIN
    DELETE FROM student
    WHERE name=stu_name;
END;
```

第 18 章 SQL 触发器

上一章介绍了存储在数据库中的两种程序，即存储过程和函数。本章将介绍另一种存储在数据库中的程序——触发器（trigger）。尽管存储过程和函数在调用时可以提供强大的功能，但有些时候用户更希望当发生某种事件时，能够自动执行某种输入，这就是触发器的作用。

18.1 SQL 触发器基础

实际上，触发器是一种特殊的存储过程，只是不用人为调用，而是当某种事件发生时，自动调用的一种存储过程。触发器没有任何输入输出参数。

SQL 触发器有 3 种类型，分别是 INSERT、UPDATE 和 DELETE。当向表插入数据时，INSERT 触发器会被自动调用；当更新数据时，UPDATE 触发器会被自动调用；而当删除数据时，DELETE 触发器就会被自动调用。这里所说的插入、更新和删除，不仅仅只是使用 SQL 语句进行的操作，也包括其他操作，如通过窗口操作。

有些数据库管理系统，如 SQL Server 调用触发器的时候是当 INSERT、UPDATE 和 DELETE 语句执行完成之后才被调用；而另一些数据库管理系统，如 MySQL、Oracle 可以设置是在数据修改之前还是数据修改之后调用触发器。

触发器是被定义在表或视图上的对象，可以说某表（或视图）和定义在该表上的触发器是一个整体，是不可分开的。当删除了某表时，定义在该表上的触发器也会被自动删除。这一点不像存储过程。因为即使删除了与存储过程相关的表，存储过程还会在数据库中存在。

触发器对于维护数据完整性具有很大的作用，例如，当要向 score 表插入新记录时，INSERT 触发器就会被自动调用，如果该触发器中编写了程序，判断了新记录的学号字段值和课号字段值是否在 student 表和 course 表中存在，如果不存在，则取消插入操作，从而可以避免插入不在 student 表中的学生和不在 course 表中的课程的记录，维护了数据的完整性。

18.2 在 SQL Server 中创建和使用触发器

本节将介绍 SQL Server 的触发器，包括 INSERT、UPDATE、DELETE 和 INSTEAD OF 等触发器。下面通过例题说明每种触发器的创建方法和运行效果。

18.2.1 创建触发器的语法

下面是 SQL Server 中创建触发器的语法。虽然整个语法看起来很复杂，但大部分都是可选项。

```
CREATE TRIGGER trigger_name
ON { table | view }
[ WITH ENCRYPTION ]
{
    { { FOR | AFTER | INSTEAD OF } { [INSERT] [ , ] [DELETE] [ , ] [UPDATE] }
        [ WITH APPEND ]
        [ NOT FOR REPLICATION ]
AS
[{ IF UPDATE ( column )
[ { AND | or } UPDATE ( column ) ]
                    [ ...n ]
| IF ( COLUMNS_UPDATED ( ) { bitwise_operator } ) updated _bitmask )
                        { comparison_operator } column_bitmask [ ...n ]
} ]
sql_statement [ ...n ]
}
}
```

说明如下。

➤ trigger_name：是触发器的名称。触发器名称必须符合标识符规则，并且在数据库中必须唯一。
可以选择是否指定触发器所有者名称。

➤ table | view：是在其上执行触发器的表或视图，有时称为触发器表或触发器视图。可以选择是
否指定表或视图的所有者名称。

➤ WITH ENCRYPTION：加密 syscomments 表中包含 CREATE TRIGGER 语句文本的条目，以
便防止获取触发器的源码。

➤ AFTER：指定触发器只有在触发 SQL 语句中指定的所有操作都已成功执行后才激发。所有的
引用级联操作和约束检查也必须成功完成后，才能执行该触发器。如果只有 FOR 关键字，则
默认为是 AFTER 触发器。不能在视图上定义 AFTER 触发器。

➤ INSTEAD OF：指定执行触发器而不是执行触发 SQL 语句，从而替代触发语句的操作。在表
或视图上，每条 INSERT、UPDATE 或 DELETE 语句最多可以定义一个 INSTEAD OF 触发
器。INSTEAD OF 触发器不能在 WITH CHECK OPTION 的可更新视图上定义。如果向指定
了 WITH CHECK OPTION 选项的可更新视图添加 INSTEAD OF 触发器，SQL Server 将产
生一个错误。用户必须用 ALTER VIEW 删除该选项后才能定义 INSTEAD OF 触发器。

➤ { [INSERT] [,] [DELETE] [,] [UPDATE] }：指定当执行哪种操作时，将激活触发器，必须至少
指定一个选项。在触发器定义中允许任意顺序组合这三个关键字。如果指定的选项多于一个，
需用逗号分隔。

➤ NOT FOR REPLICATION：表示当复制表时，涉及该表的触发器不能执行。

➤ AS：表示其后是触发器要执行的操作。

➤ IF UPDATE (column)：判断在指定的字段上进行的是 INSERT 操作，还是 UPDATE 操作。不
能用于判断 DELETE 操作。表达式中可以指定多个字段。若要判断在多个字段上进行的
INSERT 或 UPDATE 操作，则需要在第一个操作后指定单独的 UPDATE(column) 子句。在
INSERT 操作中 IF UPDATE 将返回 True，因为这些字段中插入了新值（包括 NULL）。其中，
column 是判断 INSERT 还是 UPDATE 操作的字段名，该字段不能是计算字段。

➤ IF (COLUMNS_UPDATED( )…)：只能在 INSERT 和 UPDATE 类型的触发器中使用，判断是否
插入或更新了指定的字段。

- bitwise_operator：用于比较运算的位运算符。
- updated_bitmask：整型位掩码，表示实际更新或插入的字段。例如，表 t1 包含 C1、C2、C3、C4 和 C5 等 5 个字段。假设表 t1 上有 INSERT 触发器，如果要判断 C2 和 C3 字段是否都有更新，则 updated_bitmask 应当取值 6（二进制 110）；如果要判断是否只有 C3 有更新，则 updated_bitmask 应当取值 4（二进制 100）。
- comparison_operator：比较运算符。使用等号（=）判断 updated_bitmask 中指定的所有字段是否都进行了更新；使用大于号（>）检查 updated_bitmask 中指定的任一字段或某些字段是否已更新。
- column_bitmask：要判断的字段的整型位掩码，用来检查是否已更新或插入了这些字段。例如，要判断 t1 表的 C2 和 C3 字段的任意一个字段或者两个字段被插入值，则上述判断表达式 IF (COLUMNS_UPDATED()…)应当被写为 IF (COLUMNS_UPDATED()&6)>0)；而要判断 t1 表中，是否 C2 和 C3 两个字段都被插入值，则应写为 IF (COLUMNS_UPDATED( )&6)=6)。
- sql_statement：触发器中的处理语句。

18.2.2　使用 INSERT 触发器

下面通过例题说明 INSERT 触发器的创建方法和运行效果。

【例 18.1】在 score 表上创建触发器 score_ins，当向 score 表中插入新记录时，要求新记录的学号字段值在 student 表中存在，课号字段值在 course 表中存在，否则取消插入操作。试验步骤如下。

（1）创建触发器 score_ins，其语句如下。

```
CREATE TRIGGER score_ins
ON score
FOR INSERT
AS
DECLARE @sid char(5),@cid char(5)
/*将 INSERTED 表中的"s_id""c_id"两个字段的值
分别赋值给@sid 和@cid 两个变量，INSERTED 表是一个
虚表，用于临时存放插入语句中的记录值*/
SELECT    @sid=s_id,@cid=c_id
FROM      INSERTED
/*判断插入记录中的学号字段值是否在 student 表中存在。
如果不存在，则执行取消操作，并打印错误提示*/
IF @sid NOT IN(SELECT ID FROM student)
BEGIN
    ROLLBACK TRANSACTION    /*取消操作*/
    PRINT '您输入了 student 表中不存在的学号，插入操作已被取消！'
END
/*判断插入记录中的课号字段值是否在 course 表中存在。
如果不存在，则执行取消操作，并打印错误提示*/
IF @cid NOT IN(SELECT ID FROM course)
BEGIN
    ROLLBACK TRANSACTION
    PRINT '您输入了 course 表中不存在的课号，插入操作已被取消！'
END
```

（2）运行下面的插入语句。

```
INSERT INTO score
VALUES ('9999','001',80,90)
```

运行结果如图 18.1 所示。

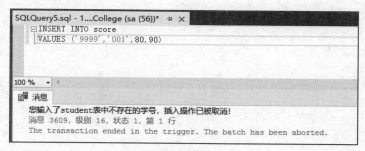

图 18.1　插入错误提示

 提示

如果 score 表有外键约束，如 s_id 与 student 表中的 ID 创建了外键约束，则该外键约束将先触发错误，而不是触发器触发错误。

　　分析：当执行 INSERT 语句向 score 表插入记录时，触发器 score_ins 被自动调用，从而会执行触发器内的命令语句。首先，判断学号是否在 student 表中存在。如果不存在，则执行 ROLLBACK TRANSACTION 语句，取消插入操作，并执行 PRINT 语句给出错误提示；如果学号存在，则继续判断课号是否在 course 表中存在，如果不存在，则执行 ROLLBACK TRANSACTION 语句，取消插入操作，并执行 PRINT 语句给出错误提示。

　　与 MySQL 类似，SQL Server 也使用了一个虚表来保存插入语句的记录值。只是 MySQL 中使用的是关键字 NEW，而 SQL Server 中使用的是关键字 INSERTED。

 注意

INSERTED 表只在触发器定义体之内使用。

　　本例中，如果插入语句为：

```
INSERT INTO score
VALUES ('0010','001',80,90)
```

则会插入成功。学号和课号分别存在于 student 表和 course 表内，两个 IF 语句都不执行，即两个取消操作都不执行，所以插入语句会正常执行。

18.2.3　使用 DELETE 触发器

　　下面通过例题说明 DELETE 触发器的创建方法和运行效果。

　　【例 18.2】在 course 表上创建触发器 course_del，当要删除 course 表中某课程记录时，查询该课程的课号是否在 score 表中存在（即查询是否有学生选修了这门课程），如果存在则不允许删除。试验步骤如下。

（1）创建触发器 course_del，其语句如下。

```
CREATE TRIGGER course_del
ON course
FOR DELETE
AS
DECLARE @cid char(5)
/*将 DELETED 表中的"c_id"字段的值赋值给@cid 变量，
DELETED 表是一个虚表，用于临时存放被删除的记录值*/
SELECT    @cid=ID
FROM      DELETED
/*判断被删除记录中的课号字段值是否在 score 表中存在。
如果存在，则执行取消操作，并打印提示信息*/
IF @cid IN(SELECT c_id FROM score)
BEGIN
    ROLLBACK TRANSACTION
    PRINT '您要删除的课程，已经有学生选修，因此不能删除，删除操作已被取消！'
END
```

（2）运行下面的删除语句。

```
DELETE FROM course
WHERE    课名='邓小平理论'
```

运行结果如图 18.2 所示。

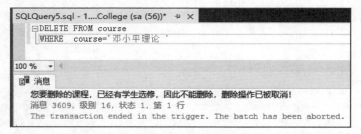

图 18.2　删除错误提示

分析：当执行 DELETE 语句删除 course 表中记录时，触发器 course_del 就被自动调用，从而会执行触发器内的命令语句，判断将要删除记录的课号是否在 score 表中存在，如果存在则执行 ROLLBACK TRANSACTION 语句，取消删除操作，并执行 PRINT 语句给出错误提示。

代码中的 DELETED 表和 INSERTED 表相同，也是一个虚表，只是 DELETED 表用来临时存放被删除的记录值。

注意
DELETED 表只在触发器定义体之内使用。

本例中，如果将被删除的记录课号不存在 score 表中，则删除操作会正常完成。例如，首先执行下面的插入语句，向 course 表插入一条新记录。

```
INSERT INTO course
VALUES ('000','aaaa','bb',9)
```

查看 course 表内容。

```
SELECT *
FROM   course
```

运行结果如图 18.3 所示。

执行如下删除语句，删除刚才插入的课程记录。

```
DELETE FROM course
WHERE   course='aaaa '
```

再次查看 course 表内容，如图 18.4 所示，由于课号 000 不存在于 score 表中，所以删除操作正常完成。

図 18.3　course 表内容

図 18.4　删除记录后的 course 表内容

18.2.4　使用 UPDATE 触发器

下面通过例题说明 UPDATE 触发器的创建方法和运行效果。首先，使用如下 SELECT…INTO 语句创建一个 course_avg_score 表，其中存放的内容主要是所有必修课的平均考试成绩信息。

```
SELECT c.ID AS 课号,c.course AS 课名,AVG(s.result1) AS 平均考试成绩
INTO course_avg_score
FROM   score AS s
    INNER JOIN course AS c
    ON   s.c_id=c.ID
GROUP BY c.ID, c.course
ORDER BY 3 DESC
```

查看 course_avg_score 表内容。

```
SELECT   *
FROM   course_avg_score
```

运行结果如图 18.5 所示。

図 18.5　course_avg_score 表内容

【例 18.3】在 score 表上创建触发器 score_up，当更新 score 表中某记录的课号或考试成绩字段值时，将 course_avg_score 表中的内容也进行相应的更新。试验步骤如下。

（1）创建触发器 score_up，其语句如下。

```
CREATE TRIGGER score_up
ON score
FOR UPDATE
AS
/*判断是否课号或考试成绩字段值的任一字段值被更新，其中，使用 6 作为掩码的原因是，
6 的二进制为 110，正好代表第二个字段课号和第三个字段考试成绩*/
IF (COLUMNS_UPDATED()&6)>0
BEGIN
    /*删除表 course_avg_score 中所有记录*/
    TRUNCATE TABLE course_avg_score
    /*重新向表 course_avg_score 插入统计数据*/
    INSERT INTO course_avg_score
    SELECT c.ID AS 课号,c.course AS 课名,AVG(s.result1) AS 平均考试成绩
    FROM    score AS s
        INNER JOIN course AS c
        ON    s.c_id=c.ID
    GROUP BY c.ID, c.course
    ORDER BY 3 DESC
    PRINT '表 course_avg_score 同步更新成功！'
END
```

说明

上面的程序不是最佳程序，因为重新在整个表上执行了统计查询，而不是只对修改分数或课号的记录进行统计查询。

（2）运行下面的更新语句，将学号为 0001 的学生的"邓小平理论"课的成绩更新为 100 分。

```
UPDATE score
SET result1=100
FROM score AS s
    INNER JOIN course AS c
    ON s.c_id=c.ID
    INNER JOIN student AS st
    ON st.ID=s.s_id
WHERE st.ID='0001'
    AND    c.course='邓小平理论'
```

其运行结果如下。从运行结果中可以看出 score_up 触发器被执行了。

```
(6 行受影响)
表 course_avg_score 同步更新成功！

(1 行受影响)
```

下面，再次查看 course_avg_score 表的内容。

```
SELECT *
FROM    course_avg_score
```

运行结果如图 18.6 所示。

图 18.6　course_avg_score 表内容

在查询结果集中可以看到"邓小平理论"的平均考试成绩和排序名次都有了变化，这表明在 score 表上的 UPDATE 触发器 score_up 确实被自动执行了。

在使用 UPDATE 触发器时，应该知道一件事情，那就是 UPDATE=DELETE+INSERT，这就是说更新某个记录数据，实际上是先将该记录删除，然后再将新记录插入。知道这一点，就可以在编写 UPDATE 触发器时，使用 DELETED 和 INSERTED 两个虚表获取更新前的数据和更新后的数据了。

18.2.5　使用 INSTEAD OF 触发器

英文 INSTEAD OF 在汉语里的意思是"替代"，即本节要介绍的是"替代触发器"。当执行 INSERT、DELETE、UPDATE 等操作时，这种触发器就会被自动调用，然后它就替代了 INSERT、DELETE、UPDATE 等操作。举个例子，如果在某表上创建了一个 INSTEAD OF INSERT 触发器，当对该表进行插入操作时，只会自动执行触发器内的代码，而绝对不会真正执行那条插入语句。

人们使用 INSTEAD OF 触发器很大的原因是，更新那些通常意义上不能被更新的视图。下面通过例题说明这一点。首先，创建一个数据表 tele，其创建语句如下。

```
CREATE TABLE   tele
(
    姓名  char(20),
    区号  char(5),
    电话  char(9)
)
```

基于 tele 表创建一个视图 vw_tele，下面是创建语句。

```
CREATE VIEW vw_tele
AS
SELECT  姓名,区号 + '-' +电话  AS  电话号码
FROM tele
```

在正常情况下，因为视图 vw_tele 有连接字段，所以不能通过其向 tele 表插入数据。但是，通过 INSTEAD OF 触发器却可以更新视图。但是有一个前提条件，那就是必须对 INSERT 语句如何提供"电话号码"字段值有相应的规则，让触发器能够确定字符串的哪部分应放在"区号"字段中，而哪部分应放在"电话"字段中。

【例 18.4】在 vw_tele 视图上创建触发器 vw_tele_ins，使能够通过 vw_tele 视图向 tele 表插入数据。假设 INSERT 语句提供"电话号码"字段值的规则是"区号-电话"。试验步骤如下。

（1）创建触发器 vw_tele_ins，其语句如下。

```
CREATE TRIGGER vw_tele_ins
ON   vw_tele
INSTEAD OF INSERT
```

```
AS
BEGIN
    INSERT INTO tele
    SELECT  姓名,
            /*获取"电话号码"的区号部分*/
            SUBSTRING(电话号码,
1,
(CHARINDEX('-', 电话号码) - 1)
),
            /*获取"电话号码"的电话部分*/
            SUBSTRING(电话号码,
(CHARINDEX('-', 电话号码) + 1),
                    DATALENGTH(电话号码)
                    )
    FROM inserted
END
```

（2）运行下面的插入语句，通过 vw_tele 视图向 tele 表插入数据。

```
INSERT vw_tele
VALUES ('张三','0471-6518496')
```

运行结果如下。

```
(1 行受影响)
```

```
(1 行受影响)
```

从结果可以看出，插入语句执行成功。其中的原因就是在 vw_tele 视图上使用了 INSTEAD OF 触发器。为了确保无误，下面查看 tele 表的内容。

```
SELECT   *
FROM     tele
```

运行结果如图 18.7 所示。

	姓名	区号	电话
1	张三	0471	6518496

图 18.7　tele 表内容

分析：在执行 INSERT 语句后，触发器 vw_tele_ins 便会自动调用，然后执行了其内的语句，将 0471-6518496 拆分，向 tele 表插入了正确的数据。

18.2.6　使用条件插入触发器

有这样一个例子，由于 INSERT 触发器的原因，当向某表插入 5 条记录时，因为其中一条记录是不可接受的，导致所有插入都被撤销。但实际上，这种撤销是不必要的，可以避免的。本小节将通过例题介绍解决这种问题的方法。为了在例题中使用，下面的语句创建了两个表，分别是 newscore 和 testscore。

```
CREATE TABLE  newscore
(
    学号  char(5),
    课号  char(5),
```

```
    考试成绩  int,
    平时成绩  int
);
/*使用 SELECT…INTO 语句创建 testscore 表*/
SELECT *
INTO   testscore
FROM newscore
```

在创建了两个表之后，向 newscore 表插入 5 条记录，记录内容如表 18.1 所示。

表 18.1　将要插入到 newscore 表的内容

学　　号	课　　号	考 试 成 绩	平 时 成 绩
0010	001	83	87
9999	001	65	70
0012	**999**	90	90
0013	002	85	92
8888	001	82	80

说明

表中加粗的数字是不在 student 表中的学号和不在 course 表中的课号。

下面是一部分插入语句，其他插入语句与其类似。

```
INSERT INTO newscore
VALUES ('0010','001',83,87);

INSERT INTO newscore
VALUES ('9999','001',65,70)

…
```

【例 18.5】在 testscore 表上创建触发器 test_ins，判断插入记录的学号和课号是否分别在 student 表和 course 表中存在，如果不存在则撤销插入操作。附加要求为当插入多条记录时，只将不符合条件的插入操作撤销掉，保留符合条件的插入操作。

```
CREATE TRIGGER test_ins
ON testscore
FOR INSERT
AS
/* 判断 student 和 inserted 两个表中，按学号匹配连接的记录个数，
是否等于插入记录的个数。如果不相等，则从 testscore 中删除那些
学号不在 student 表中的插入记录*/
IF (
    SELECT COUNT(*)
    FROM   student
        INNER JOIN inserted
        ON student.ID=inserted.学号
    )<>@@ROWCOUNT
BEGIN
    DELETE testscore
    FROM     testscore
            INNER JOIN inserted
```

```
                ON testscore.学号=inserted.学号
        WHERE   inserted.学号 NOT IN (SELECT ID FROM   student)
        PRINT '只有学号在 student 表中的记录被正确插入！其他记录被自动删除！'
END
/* 判断 course 和 inserted 两个表中，按课号匹配连接的记录个数，
是否等于插入记录的个数。如果不相等，则从 testscore 中删除那些
课号不在 course 表中的插入记录*/
IF (
    SELECT COUNT(*)
    FROM   course
        INNER JOIN inserted
        ON course.ID=inserted.课号
  )<>@@ROWCOUNT
BEGIN
    DELETE testscore
    FROM   testscore
            INNER JOIN inserted
            ON testscore. 课号=inserted. 课号
    WHERE   inserted.课号 NOT IN (SELECT ID   FROM    course)
        PRINT '只有课号在 course 表中的记录被正确插入！其他记录被自动删除！'
END
```

说明

@@ROWCOUNT 是 SQL Server 的系统变量，它存放由最近的数据修改操作影响的行数。例如，当用 INSERT 语句插入 5 条记录时，@@ROWCOUNT 变量的值为 5。人们通常用@@ROWCOUNT 变量测试是否插入、删除或更新了多条记录。

创建完触发器后，运行如下插入语句，向 testscore 表插入数据。

```
INSERT INTO testscore
SELECT *
FROM newscore
```

运行结果如下。

```
(2 行受影响)
只有学号在 student 表中的记录被正确插入！其他记录被自动删除！

(1 行受影响)
只有课号在 course 表中的记录被正确插入！其他记录被自动删除！

(5 行受影响)
```

查看 testscore 表内容。

```
SELECT   *
FROM    testscore
```

运行结果如图 18.8 所示。

	学号	课号	考试成绩	平时成绩
1	0010	001	83	87
2	0013	002	85	92

图 18.8　testscore 表内容

分析查询结果，可知不符合插入条件的记录都被撤销掉了，而符合插入条件的都被正确插入到了 testscore 表中。

18.2.7　删除触发器

使用触发器对维护数据完整性非常有益，但是它也会带来一些问题，如当改变数据时，增加数据库开销。因此，当不需要某个触发器时，应当将其删除。删除触发器的语法如下。

```
DROP TRIGGER trigger_name
```

如果用户习惯于使用 SQL Server 图形界面 SQL Server Management Studio，则应当注意，触发器不是单独存放的，而是附在它所影响的表或视图上。因此，在删除触发器时，应当按照下面的步骤执行。

（1）找到触发器所在的表或视图。

（2）单击表或视图名，在展开列表中单击"触发器"。

（3）在"触发器"列表中选择要删除的触发器名称，单击右键弹出快捷菜单，如图 18.9 所示。

图 18.9　触发器快捷菜单

（4）在快捷菜单中选择"删除"命令。

18.3　在 Oracle 中创建和使用触发器

Oracle 中的触发器，在执行数据修改操作（INSERT、DELETE、UPDATE）时能被调用以外，还可以在启动、关闭数据库时自动调用。而且 Oracle 中还可以设置触发器是在执行数据修改操作之前调用还是之后调用。

18.3.1　创建触发器的语法

Oracle 创建触发器的语法与 SQL Server 的相比有很大不同。下面是 Oracle 创建触发器的语法。

```
CREATE [OR REPLACE] TRIGGER   trigger_name
{BEFORE | AFTER}   trigger_event
ON   table
[FOR EACH ROW [WHEN (condition)] ]
PL/SQL 命令语句
```

说明如下。

- ↘ trigger_name：是触发器的名称。触发器名称必须符合标识符规则。在 Oracle 中 trigger_name 可以和表或存储过程等有相同的名字。这在 SQL Server 中是不允许的。
- ↘ {BEFORE | AFTER}：用于指明触发器是在数据修改操作之前执行还是操作之后执行。
- ↘ trigger_event：表示触发事件，如 DELETE、INSERT、UPDATE 等操作。
- ↘ table：是在其上执行触发器的表。
- ↘ FOR EACH ROW：表示对每一条记录都要调用一次触发器，如某条 DELETE 语句要删除 3 条记录，则该触发器就被调用 3 次。
- ↘ WHEN：用于定义搜索条件，限制调用触发器时的搜索范围。

18.3.2   行级触发器

人们通常称带有 FOR EACH ROW 关键字的触发器为行级触发器。该关键字的作用是对数据修改操作语句影响的每一条记录都调用一次触发器。下面通过例题说明。首先，创建两个数据表 test1 和 test2，创建语句和插入数据的语句如下。

```
CREATE TABLE test1(c1    number) ;
CREATE TABLE test2(c1    number) ;
INSERT INTO test2
VALUES (100) ;
INSERT INTO test2
VALUES (200) ;
INSERT INTO test2
VALUES (300) ;
```

其中，test1 表中没有任何记录，test2 表中有三条记录。

【例 18.6】在 test1 表上创建触发器 t_ins，当向表每插入一条记录后，都会输出提示信息。试验步骤如下。

（1）创建触发器 t_ins，其语句如下。

```
CREATE OR REPLACE TRIGGER   t_ins
AFTER   INSERT
ON   test1
FOR EACH ROW
BEGIN
 DBMS_OUTPUT.PUT_LINE('调用了触发器 t_ins !');
END;
```

（2）使用下面的 INSERT 语句向表 test1 插入一条记录。

```
INSERT INTO test1
VALUES(10) ;
```

运行结果如下，打印了一条提示信息。

调用了触发器 t_ins !

（3）使用 INSERT…SELECT 语句向表 test1 插入 3 条记录。

```
INSERT INTO test1
SELECT *
FROM    test2;
```

运行结果如下，打印了 3 条提示信息。

```
调用了触发器 t_ins !
调用了触发器 t_ins !
调用了触发器 t_ins !
```

通过本例可以知道，Oracle 的行级触发器在插入每一条记录或者更新、删除每一条记录时，都会调用一次触发器，而并非是对每条语句（INSERT、UPDATE、DELETE 等）调用一次触发器。

注意

在 Oracle 中要使输出语句 DBMS_OUTPUT.PUT_LINE('调用了触发器 t_ins !')起作用，则必须先运行 SET SERVEROUTPUT ON 命令。

18.3.3　语句级触发器

如果没有在触发器定义体内使用 FOR EACH ROW 关键字，则被称为语句级触发器。这种类型的触发器，即使某 UPDATE 语句更新了 10000 行记录，它也只被调用一次；而如果是行级触发器，则会被调用 10000 次。下面通过例题证明这一点。

【例 18.7】在 test1 表上创建触发器 t_up，当更新表中的数据时，输出提示信息。试验步骤如下。

（1）查看 test1 表内容。

```
SELECT *
FROM    test1;
```

运行结果如下。

```
        C1
---------------
        10
        100
        200
        300
```

（2）创建触发器 t_up。

```
CREATE OR REPLACE TRIGGER    t_up
AFTER    UPDATE
ON    test1
BEGIN
    DBMS_OUTPUT.PUT_LINE('调用了触发器 t_up !');
END;
```

（3）执行如下更新语句，更新 test1 表中所有记录。

```
UPDATE test1
SET c1=1000;
```

运行结果如下。

> 调用了触发器 t_up！

从运行结果可以看出，虽然更新语句涉及了 4 条记录，但是触发器 t_up 却只被调用了一次。这就是语句级触发器。

18.3.4 判断所执行的数据修改操作

在 Oracle 中，同一个触发器可以被插入、更新和删除三种语句触发。例如，类似下面的触发器。

```
CREATE OR REPLACE TRIGGER   xx
AFTER   INSERT OR UPDATE OR DELETE
…
```

这时就出现了一个问题，如何判断是哪种操作语句触发了触发器呢？为此，Oracle 提供了 3 种条件谓词。下面对其进行说明。

- ❯ INSERTING：当执行 INSERT 语句时，INSERTING 的值就会为 True。
- ❯ UPDATING：当执行 UPDATE 语句时，UPDATING 的值就会为 True。
- ❯ DELETING：当执行 DELETE 语句时，DELETING 的值就会为 True。

因此，可以在触发器定义体中使用如下语句判断所执行的是哪种操作。

```
IF INSERTING THEN
…
ELSEIF UPDATING THEN
…
ELSEIF DELETING THEN
…
ENDIF;
```

18.3.5 系统触发器

Oracle 有一种系统触发器，当执行数据库系统事件（登录、启动等）时便会自动调用。例如，下面的触发器当用户登录后会被触发。

```
CREATE OR REPLACE TRIGGER   tr_logon
AFTER   LOGON
ON   DATABASE
BEGIN
 …
END;
```

其中，关键字 LOGON 的含义是"登录"事件，下面列出了 Oracle 的数据库系统事件和其说明供读者参考。

- ❯ 启动（STARTUP）：该事件只能与 AFTER 配合使用，即"启动"后触发器才会被调用。
- ❯ 关闭（SHUTDOWN）：该事件只能与 BEFORE 配合使用，即"关闭"前调用触发器。

 说明

SHUTDOWN ABORT 命令不会触发 SHUTDOWN 事件，即不会调用系统触发器。

❧ 登录（LOGON）：该事件只能与 AFTER 配合使用，即"登录"后触发器才会被调用。

❧ 退出（LOGOFF）：该事件只能与 BEFORE 配合使用，即"退出"前调用触发器。

❧ 服务器错误（SERVERERROR）：该事件只能与 AFTER 配合使用，即产生错误后触发器才会
被调用。

Oracle 还可以在执行 DDL 语句（CREATE、ALTER、DROP 等）时，触发系统触发器，有时也称这
类触发器为 DDL 触发器。例如，下面的触发器当使用 DDL 语句后会被触发。

```
CREATE OR REPLACE TRIGGER   tr_ddl
AFTER   DDL
ON   DATABASE
BEGIN
  …
END;
```

使用系统触发器可以在用户登录或启动时，对数据库各种对象进行初始化，还可以记录数据库与用
户的各种操作信息等，后面的内容中将介绍这些知识。

18.3.6　追踪数据库启动与关闭信息

有时需要记录每次数据库启动与关闭的详细信息，这时系统触发器就起到了很大的作用。下面列出
了追踪数据库启动与关闭的方法和试验步骤，供读者参考。

（1）创建一个用于存放数据库启动与关闭信息的数据表 start_shut_table，下面是具体创建过程。

```
SQL> CREATE TABLE start_shut_table
  2  (
  3  uname     varchar2(30),
  4  event     varchar2(30),
  5  time      date
  6  );

表已创建。

SQL>
```

说明

本次试验的登录用户名为 SYSTEM。

（2）创建一个 tr_startup 触发器，用于将数据库启动信息存入 start_shut_table 表中。

```
SQL> CREATE OR REPLACE TRIGGER tr_startup
  2  AFTER startup
  3  ON   DATABASE
  4  BEGIN
  5      INSERT INTO start_shut_table
  6  VALUES (user,'启动',sysdate);
  7  END;
  8  /

触发器已创建
```

```
SQL>
```

 说明

该触发器在数据库启动之后自动调用。

（3）创建一个 tr_shutdown 触发器，用于将数据库关闭信息存入 start_shut_table 表中。

```
SQL> CREATE OR REPLACE TRIGGER tr_shutdown
  2   BEFORE   shutdown
  3   ON    DATABASE
  4   BEGIN
  5      INSERT INTO start_shut_table
  6   VALUES (user,'关闭',sysdate);
  7   END;
  8   /

触发器已创建

SQL>
```

 说明

该触发器在数据库关闭之前自动调用。

（4）执行如下查询语句，查看 start_shut_table 表内容。

```
SQL> SELECT   *
  2   FROM    start_shut_table ;

未选定行

SQL>
```

没有返回任何查询结果，即 start_shut_table 表为空表。

（5）执行 shutdown 命令，关闭数据库。

```
SQL> CONN SYS/SQBT AS SYSDBA;
已连接。
SQL> SHUTDOWN IMMEDIATE;
数据库已经关闭。
已经卸载数据库。
ORACLE 例程已经关闭。
SQL>
```

 说明

第一条语句的意思是 SYS 用户以 DBA 的身份登录到数据库，其中，SQBT 是用户密码。

（6）执行 startup 命令，启动数据库。

```
SQL> STARTUP;
ORACLE 例程已经启动。
```

```
Total System Global Area    171966464 bytes
Fixed Size                      787988 bytes
Variable Size               145488364 bytes
Database Buffers             25165824 bytes
Redo Buffers                   524288 bytes
数据库装载完毕。
数据库已经打开。
SQL>
```

（7）查询 SYSTEM 用户的 start_shut_table 表的内容。

```
SQL> SELECT *
  2  FROM SYSTEM.start_shut_table ;

UNAME                         EVENT                         TIME
----------------------------  ----------------------------  ------------------------------------
SYS                           关闭                           01-5 月 -08
SYS                           启动                           01-5 月 -08

SQL>
```

从结果可以看出，触发器起到了作用，但遗憾的是 TIME 字段中显示的日期没有带时间，因此并不能查到具体启动和关闭的时间。下面解决这个问题。

（8）将 Oracle 默认的日期格式更改为带 24 小时制日期的格式，并重新运行查询语句。

```
SQL> alter session set nls_date_format = 'yyyy-mm-dd hh24:mi:ss';

会话已更改。

SQL> SELECT *
  2  FROM SYSTEM.start_shut_table ;

UNAME                         EVENT                         TIME
----------------------------  ----------------------------  ------------------------------------
SYS                           关闭                           2019-01-07 12:57:34

SYS                           启动                           2019-01-07 13:03:15

SQL>
```

从本次查询结果中很清楚地看到了启动和关闭日期时间。以后数据库每次的启动和关闭信息都会被存入 SYSTEM 用户的 start_shut_table 表中。

18.3.7　追踪用户 DDL 操作信息

使用系统触发器还可以追踪用户的 DDL 操作，下面列出了追踪用户 DDL 操作的方法和试验步骤，供读者参考。

（1）创建一个用于存放数据库启动与关闭信息的数据表 ddl_table，下面是具体创建过程。假设登录用户为 SYS。

```
SQL> CREATE TABLE ddl_table
  2  (
```

```
3      uname      varchar2(30),
4      event      varchar2(30),
5      time       date
6      );
```

表已创建。

SQL>

（2）创建一个 tr_ddl 触发器，用于将 DDL 操作信息存入 ddl_table 表中。

```
SQL> CREATE OR REPLACE TRIGGER   tr_ddl
2    AFTER   DDL
3    ON   DATABASE
4    BEGIN
5    INSERT INTO ddl_table
6    VALUES(USER,ORA_SYSEVENT,SYSDATE);
7    END;
8    /
```

触发器已创建

SQL>

（3）执行下面的语句，并观察运行结果。

```
SQL> SELECT *
2    FROM ddl_table;
```

未选定行

```
SQL> CREATE TABLE t01
2    (
3    c1 varchar(10)
4    );
```

表已创建。

```
SQL> CREATE TABLE t02
2    (
3    c1 number
4    );
```

表已创建。

```
SQL>   SELECT *
2    FROM ddl_table;
```

UNAME	EVENT	TIME
SYS	CREATE	2019-01-07 13:51:23
SYS	CREATE	2019-01-07 13:52:22

说明

通过查看 ddl_table 表可知，触发器将两次 CREATE 操作的信息全部存入了 ddl_table 表。

```
SQL> ALTER TABLE t01
  2   MODIFY(c1 number);

表已更改。

SQL>    SELECT *
  2      FROM ddl_table;
```

UNAME	EVENT	TIME
SYS	CREATE	2019-01-07 13:51:23
SYS	CREATE	2019-01-07 13:52:22
SYS	ALTER	2019-01-07 13:54:54

 说明

通过查看 ddl_table 表可知，触发器将 ALTER 操作的信息也存入了 ddl_table 表。

```
SQL> CONN SYSTEM
请输入口令:   ****
已连接。
SQL> CREATE TABLE t03
  2   (
  3   c1 date
  4   )
  5   ;

表已创建。

SQL> SELECT *
  2   FROM SYS.ddl_table;
```

UNAME	EVENT	TIME
SYS	CREATE	07-1月 -19
SYS	CREATE	07-1月 -19
SYS	ALTER	07-1月 -19
SYSTEM	CREATE	07-1月 -19

```
SQL> DROP TABLE t03;

表已删除。
```

```
SQL> SELECT *
  2  FROM SYS.ddl_table;

UNAME                    EVENT                              TIME
------------------ --------------   ------------------------------   --------------------------------------
SYS                      CREATE                             07-1 月 -19
SYS                      CREATE                             07-1 月 -19
SYSTEM                   DROP                               07-1 月 -19
SYS                      ALTER                              07-1 月 -19
SYSTEM                   CREATE                             07-1 月 -19

SQL>
```

说明

触发器将 DROP 操作的信息也存入了 ddl_table 表。

18.3.8 禁用和删除触发器

使用触发器虽然会带来很多好处，但它也会导致系统性能的下降。因此当不再需要某个触发器时可以将其禁用，需要时再启用；如果认为确实不再需要了，那就干脆删除它。

1．禁用与启用触发器

禁用与启用触发器有两种方法。语法分别如下。

方法（一）：ALTER TRIGGER [user.] trigger_name {ENABLE | DISABLE}
方法（二）：ALTER TABLE [user.]table_name {ENABLE | DISABLE} ALL TRIGGERS

说明如下。

➥ DISABLE：指定当执行触发语句时不激活该触发器，即禁用触发器。
➥ ENABLE：指定当执行触发语句时激活该触发器，即启用触发器。

例如，禁用触发器 tr_ins 的语句如下。

ALTER TRIGGER system. tr_ins DISABLE

如果想启用已被禁用的触发器 tr_ins，则其语句如下。

ALTER TRIGGER system. tr_ins ENABLE

如果想禁用 test1 表上的所有触发器，则其语句如下。

ALTER TABLE test1 DISABLE ALL TRIGGERS

2．删除触发器

删除触发器的语法如下。

DROP TRIGGER [user.] trigger_name

例如，要删除触发器 tr_ins 的语句如下。

DROP TRIGGER tr_ins

18.3.9　从 user_triggers 中查询触发器信息

在创建了大量的触发器后，必须进行适当管理。首先，遇到的第一个问题就是如何查询当前用户中有哪些触发器；其次，就是如何查看某个触发器的源码。

Oracle 将触发器信息存储在 user_triggers、all_triggers 和 dba_triggers 等数据字典视图中，下面介绍使用 user_triggers 获得触发器信息的两个例子。

查看当前用户有哪些触发器。

```
SELECT    TRIGGER_NAME
FROM     user_triggers;
```

运行结果如下。

```
TRIGGER_NAME
----------------------------
T_UP
T_INS
REPCATLOGTRIG
DEF$_PROPAGATOR_TRIG
TR_DDL
```

下面的语句用来查看 T_UP 触发器的内容。

```
SELECT TRIGGER_BODY
FROM     user_triggers
WHERE    TRIGGER_NAME='T_UP';
```

运行结果如下。

```
TRIGGER_BODY
-----------------------------------------------------------------------
BEGIN
  DBMS_OUTPUT.PUT_LINE('调用了触发器 t_up !');
END;
```

18.4　在 MySQL 中创建和使用触发器

MySQL 从 5.0 开始支持触发器的功能，其触发器功能没有 SQL Server 和 Oracle 功能强。本节将介绍 MySQL 的触发器，包括 INSERT、UPDATE、DELETE 等触发器。

18.4.1　创建触发器的语法

下面是 MySQL 中创建触发器的语法。

```
CREATE TRIGGER trigger_name trigger_time trigger_event
ON   table_name FOR EACH ROW
trigger_stmt
```

说明如下。

- ↘ trigger_name：触发器的名称，用户自行指定。
- ↘ trigger_time：标识触发时机，可以指定为 before 或 after。
- ↘ trigger_event：标识触发事件，包括 INSERT、UPDATE 和 DELETE。
- ↘ table_name：在其上执行触发器的表，即在哪张表上建立触发器。
- ↘ trigger_stmt：触发器执行的 SQL 语句。

18.4.2 使用 INSERT 触发器

下面通过例题说明 INSERT 触发器的创建方法和运行效果。

【例 18.8】在 score 表上创建触发器 score_ins，当向 score 表中插入新记录时，要求新记录的"学号"字段值在 student 表中存在，"课号"字段值在 course 表中存在，否则取消插入操作。试验步骤如下。

（1）创建触发器 score_ins，其语句如下。

```
DELIMITER $$
CREATE TRIGGER score_ins BEFORE INSERT
ON score   FOR EACH ROW
BEGIN
  DECLARE stu_cnt INT DEFAULT 0;
  DECLARE course_cnt INT DEFAULT 0;
  DECLARE msg VARCHAR(255);
  SELECT count(*) INTO stu_cnt FROM student WHERE ID=NEW.s_id;
  IF (stu_cnt=0) THEN
      SET msg = "不存在该学号，不允许新增其成绩！";
      SIGNAL SQLSTATE 'HY000' SET mysql_errno = 22, message_text = msg;
  ELSE
      SELECT count(*) INTO course_cnt FROM course WHERE ID=NEW.c_id;
      IF (course_cnt=0) THEN
          SET msg = "不存在该课号，不允许新增其成绩！";
          SIGNAL SQLSTATE 'HY000' SET mysql_errno = 22, message_text = msg;
      END IF;
  END IF;
END$$
DELIMITER ;
```

（2）运行下面的插入语句。

```
INSERT INTO score
VALUES ('9999','001',80,90)
```

运行结果如图 18.10 所示。

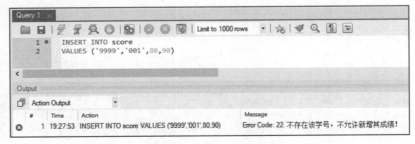

图 18.10　插入错误提示

　　分析：当执行 INSERT 语句向 score 表插入记录时，触发器 score_ins 被自动调用，从而会执行触发器内的命令语句。首先，判断学号是否在 student 表中存在。如果不存在，则执行 ROLLBACK TRANSACTION 语句，取消插入操作，并执行 PRINT 语句给出错误提示。如果学号存在，则继续判断课号是否在 course 表中存在，如果不存在，则执行 SIGNAL 语句抛出错误，取消插入操作。

　　代码中的 NEW.s_id 使用了关键字 NEW，这里的 NEW 是一个虚表，用来临时存放插入语句的记录值。

注意

　NEW 表只在触发器定义体之内使用。

　　本例中，如果插入语句如下。

```
INSERT INTO score
VALUES ('0010','001',80,90)
```

　　则会插入成功。因为学号和课号分别存在于 student 表和 course 表内，两个 IF 语句都不执行，即两个取消操作都不执行，所以插入语句会正常执行。

　　UPDATE、DELETE 触发器与 INSERT 触发器类似，就不逐一举例了。

18.4.3　删除触发器

　　在 MySQL 中，删除触发器的语法如下。

```
DROP TRIGGER trigger_name;
```

　　也可使用以下 SQL 语句在删除前判断指定的触发器是否存在。

```
DROP TRIGGER IF EXISTS trigger_name;
```

第 19 章　控制流语句

前面在介绍存储过程和触发器的内容中，其实都用到了控制流语句。控制流语句在编写数据库中的程序时非常有用。因为程序不可能只是线性程序，有可能会根据某个条件执行不同的程序段。控制流语句主要是选择和循环语句。本章主要介绍 SQL Server、Oracle 和 MySQL 的控制流语句。

19.1　SQL Server 的控制流语句

本节主要介绍 SQL Server 的一些控制流语句，其中有 IF…ELSE 语句、WHILE 语句、WAITFOR 语句等，除此之外，还将介绍 BREAK 和 CONTINUE 命令的用法。

19.1.1　BEGIN…END 语句

SQL Server 使用 BEGIN 和 END 来标记一个程序语句块的开始和结束。它经常与 IF…ELSE 和 WHILE 循环一起使用。BEGIN 和 END 的语法如下。

```
BEGIN
    语句 1
    语句 2
    语句 3
    …
END
```

19.1.2　IF…ELSE 语句

IF…ELSE 语句用于判断条件，并根据条件的真假执行不同的程序段，人们将其称为选择结构。其语法如下。

```
IF 条件
BEGIN
    语句块 1
END
[ELSE
BEGIN
    语句块 2
END]
```

说明如下。

➥　如果条件为真，则执行语句块 1，不执行语句块 2。
➥　如果条件为假，则执行语句块 2，不执行语句块 1。

- 语句块 1 和语句块 2 永远不会同时执行。
- ELSE 部分为可选。
- 在 IF 或 ELSE 中还可以嵌套其他 IF 语句。

【例 19.1】下面的程序用于求两数之商，如果除数不为 0，则求出正确结果；如果为 0，则给出提示。

```
DECLARE @x real,@y real,@z real
SELECT @x=9,@y=5
IF @y<>0
BEGIN
    SELECT @z=@x/@y
    PRINT '结果为：'+CAST(@z AS char)
END
ELSE
    PRINT '除数不能为零！'
```

运行结果如图 19.1 所示。

如果给变量@y 赋值为 0，则运行结果如图 19.2 所示。本例中用 IF 语句判断了变量@y 是否等于 0，并根据判断结果执行了不同的语句。

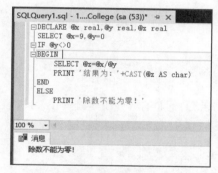

图 19.1　例 19.1 运行结果 1　　　　图 19.2　例 19.1 运行结果 2

 说明

如果 IF 或 ELSE 中只有一条语句，则可以省略 BEGIN 和 END 标记。

19.1.3　WHILE 语句

WHILE 语句用于循环执行某个程序段，其语法如下。

```
WHILE  循环条件
BEGIN
    语句块(循环体)
END
```

说明：循环条件为真，则执行语句块；循环条件为假，则不执行语句块。

【例 19.2】编程计算 1+2+3+…+100 的结果。

```
DECLARE @x int,@s int
SELECT @x=1,@s=0
WHILE @x<=100
```

```
BEGIN
    SELECT @s=@s+@x
    SELECT @x=@x+1
END
PRINT '结果为：'+CAST(@s AS char)
```

运行结果如图 19.3 所示。

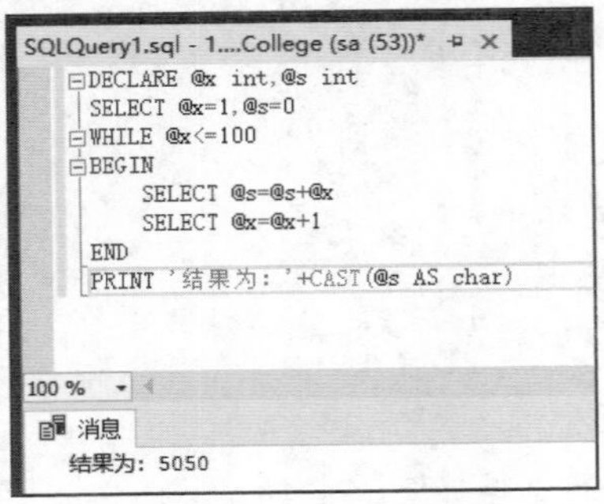

图 19.3　例 19.2 运行结果

19.1.4　BREAK 命令

BREAK 命令会使程序流从循环中跳出来，即强制结束当前循环。该命令通常和 IF…ELSE 语句配合使用。

【例 19.3】下面的程序用于打印 1～4 的整数。

```
DECLARE @x int
SELECT @x=1
WHILE @x<=10
BEGIN
    IF @x=5    /*判断是否为 5，如果是则结束循环 */
        BREAK
    ELSE
        PRINT CAST(@x AS char)
    SELECT @x=@x+1
END
```

运行结果如图 19.4 所示。

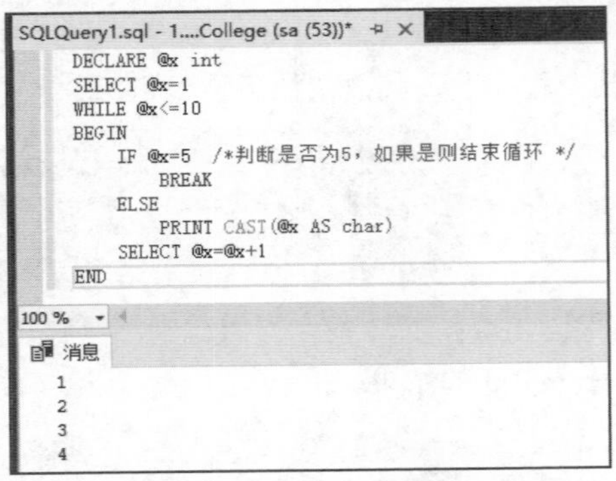

图 19.4　例 19.3 运行结果

19.1.5　CONTINUE 命令

CONTINUE 命令也用于 WHILE 循环。它会令循环立即从 BEGIN 处开始重新执行，也就是说不再执行其语句块中剩下的部分。通常 CONTINUE 也和 IF…ELSE 语句配合使用。

【例 19.4】下面的程序用于打印 1～5 之间的所有奇数。

```
DECLARE @x int
SELECT @x=0
WHILE @x<=5
BEGIN
    SELECT @x=@x+1
    IF @x%2=0      /*判断是否为偶数，如果是则重新开始循环 */
        CONTINUE
    PRINT CAST(@x AS char)
END
```

运行结果如图 19.5 所示。

图 19.5　例 19.4 运行结果

19.1.6　WAITFOR 语句

WAITFOR 语句用于定义某一个时刻到来时，自动执行某段程序。其语法如下。

```
WAITFOR { DELAY   'time' | TIME   'time' }
```

说明如下。

➥　DELAY 指定要等待多长时间以后，才向下执行下一条语句。

➥　TIME 指定到达某时间时，执行下一条语句。

【例 19.5】下面的程序用于打印当前时间和 10 秒以后的时间。

```
SELECT GETDATE()
WAITFOR DELAY '00:00:10' /*等待 10 秒*/
SELECT GETDATE()
```

运行结果如图 19.6 所示。

图 19.6　例 19.5 运行结果

【例 19.6】下面的程序段用于在晚上 23:00 时，执行存储过程 proc_update。

```
BEGIN
    WAITFOR TIME '23:00:00'
    EXEC proc_update
END
```

19.2　Oracle 的控制流语句

本节介绍 Oracle 的一些控制流语句，其中有 IF…THEN…ELSE 语句、LOOP 语句、WHILE 语句和 FOR 语句等。

19.2.1　IF…THEN…ELSE 语句

在 Oracle 中实现选择结构，则要使用 IF…THEN…ELSE 语句，其语法如下。

```
IF   条件  THEN
    语句块 1
[ELSE
    语句块 2]
END IF;
```

【例 19.7】下面的程序用于求两数之商，如果除数不为 0，则求出正确结果；如果为 0，则给出提示。

```
DECLARE
x number;
y number;
z number;
BEGIN
    x:=9;
    y:=3;
    IF   y<>0 THEN
        z:= x/y;
        DBMS_OUTPUT.PUT_LINE('结果为：'||TO_CHAR(z));
    ELSE
```

```
            DBMS_OUTPUT.PUT_LINE('除数不能为零！');
        END IF;
    END;
```

读者可与前面的 SQL Server 的相应例题进行比较加深理解。

19.2.2   IF…THEN…ELSIF 语句

Oracle 对于多分支选择提供了 IF…THEN…ELSIF 语句，其语法如下。

```
IF  条件 1 THEN
    语句块 1
ELSIF  条件 2 THEN
    语句块 2
…
ELSIF  条件 n THEN
    语句块 n
ELSE
    语句块 n+1
END IF;
```

19.2.3   LOOP 语句

Oracle 中可以使用 LOOP 语句设置循环。LOOP 语句的语法如下。

```
LOOP
    语句
    …
    EXIT 命令
    语句
    …
END LOOP;
```

说明

EXIT 命令用于结束循环，如果 LOOP 循环中没有 EXIT 命令，则会成为死循环。

【例 19.8】下面的程序用于打印 1～5。

```
DECLARE
    x number;
BEGIN
    x:=1
    LOOP
        EXIT WHEN x=6;    /*如果 x 等于 6，则结束循环。*/
        DBMS_OUTPUT.PUT_LINE(TO_CHAR(x));
        x:= x+1;
    END LOOP;
END;
```

19.2.4 WHILE 语句

Oracle 中也可以使用 WHILE 语句设置循环，只是其语法和 Transact SQL 的语法有些不同。下面是 WHILE 语句的语法。

```
WHILE  循环条件
LOOP
    语句块
END LOOP;
```

【例 19.9】下面的程序使用 WHILE 语句打印 1～5。

```
DECLARE
    x number;
BEGIN
    x:=1
    WHILE x<6
    LOOP
        DBMS_OUTPUT.PUT_LINE(TO_CHAR(x));
        x:= x+1;
    END LOOP;
END;
```

19.2.5 FOR 语句

几乎所有编程语言中都用 FOR 作为执行固定次数循环的语句。Oracle 中也提供了 FOR 语句，其语法如下。

```
FOR  循环变量 IN 起始值 ..终止值 LOOP
    语句块
END LOOP;
```

【例 19.10】下面的程序使用 FOR 语句打印 1～5。

```
DECLARE
    x number;
BEGIN
    x:=1
    FOR x IN 1 ..5 LOOP
        DBMS_OUTPUT.PUT_LINE(TO_CHAR(x));
    END LOOP;
END;
```

19.3 MySQL 的控制流语句

本节介绍 MySQL 的一些控制流语句，其中有 IF…THEN…ELSE 语句、REPEAT 语句、LOOP 语句、WHILE 语句等。

19.3.1　IF…THEN…ELSE 语句

在 MySQL 中实现选择结构与 Oracle 类似，使用 IF…THEN…ELSE 语句，其语法如下。

```
IF  条件 1 THEN
    语句块 1
[ELSEIF  条件 2 THEN
    语句块 2]
[ELSE
    语句块 3]
END IF;
```

【例 19.11】下面的程序用于求两数之商，如果除数不为 0，则求出正确结果；如果为 0，则给出提示。

```
DELIMITER $$
DROP PROCEDURE IF EXISTS sp_19_11;
CREATE PROCEDURE sp_19_9()
BEGIN
  DECLARE x,y,z INT;
  SET x=9,y=3;
  IF  y<>0 THEN
    SET z= x/y;
    SELECT  z AS '结果';
  ELSE
    SELECT '除数不能为零！' AS  '结果';
  END IF;
END$$
DELIMITER ;
```

读者可与前面的 SQL Server 的相应例题进行比较加深理解。

MySQL 的这些控制语句必须写在存储过程中，然后调用存储过程才能执行，不能像 SQL Server 那样直接在查询窗口中调用执行。另外，在 MySQL 中没有专门的输出语句，这里就使用 SELECT 来输出结果。

19.3.2　LOOP 语句

MySQL 可以使用 LOOP 语句设置循环。LOOP 语句的语法如下。

```
[标签 1:]LOOP
    语句
    …
    [LEAVE [标签 1];
    语句
    …]
END LOOP[标签 1];
```

在 LOOP 关键字前面可以加上一个标签，与 END LOOP 后面的标签成对出现，两者必须相同。

说明

LEAVE 语句用于结束循环，如果 LOOP 循环中没有 LEAVE 语句则会成为死循环。

【例 19.12】下面的程序用于打印 1～5。

```
DELIMITER $$
CREATE PROCEDURE sp_19_12()
BEGIN
  DECLARE x INT DEFAULT 1;                    /*定义循环初始变量*/
  DECLARE str VARCHAR(255) DEFAULT '';        /*保存输出结果的临时变量*/
  label1:LOOP
    SET str = CONCAT(str," ", x);             /*保存 x 的一次输出结果*/
    SET x=x+1;                                /*循环变量增加值*/
    IF (x>5) THEN                             /*判断是否达到退出循环条件*/
      LEAVE label1;                           /*退出循环*/
    END IF;
  END LOOP label1;
  SELECT str;                                 /*输出结果*/
END$$
DELIMITER ;
```

19.3.3 REPEAT 语句

REPEAT 语句与 LOOP 类似，也是用来设置循环的。其语法格式如下。

```
[标签 1:]REPEAT
    语句
    …
    [LEAVE [标签 1];
    语句
    …]
UNTIL [循环条件]
END REPEAT[标签 1];
```

与 LOOP 循环结构不同，REPEAT 循环语句每循环一次会使用 UNTIL 进行一次逻辑判断，当逻辑值为真时退出循环。

【例 19.13】用 REPEAT 循环改写例 19.12，用于打印 1～5。

```
DELIMITER $$
CREATE PROCEDURE sp_19_13()
BEGIN
  DECLARE x INT DEFAULT 1;
  DECLARE str VARCHAR(255) DEFAULT '';
  REPEAT
    SET str = CONCAT(str," ", x);
    SET x=x+1;
  UNTIL x>5
  END REPEAT;
  SELECT str;
END$$
DELIMITER ;
```

19.3.4 WHILE 语句

MySQL 还可以使用 WHILE 语句设置循环，下面是 WHILE 语句的语法。

```
[标签 1:]WHILE 循环条件
DO
    语句块
    …
    [LEAVE [标签 1];
    语句
    …]
END WHILE[标签 1:];
```

　　与 REPEAT 循环语句类似，WHILE 语句在执行循环之前先进行循环条件的判断，若循环条件为真，则执行循环，否则就退出循环。

　　【例 19.14】用 WHILE 循环改写例 19.12，用于打印 1～5。

```
DELIMITER $$
CREATE PROCEDURE sp_19_14()
BEGIN
  DECLARE x INT DEFAULT 1;
  DECLARE str VARCHAR(255) DEFAULT '';
  WHILE x<=5
  DO
    SET str = CONCAT(str," ", x);
    SET x=x+1;
  END WHILE ;
  SELECT str;
END$$
DELIMITER ;
```

19.4　控制流语句的应用

　　本节将介绍几个控制流语句的应用，包括判断数据库对象是否存在、向日志表循环插入日期数据、使用游标和循环提取数据等。

19.4.1　判断数据库对象是否存在

　　有时候，用户需要知道数据库中有哪些用户表存在、有没有指定名称的存储过程存在等，然后根据不同情况做出不同的操作，这时就会用到控制流语句。

1. 在 SQL Server 中判断数据库对象是否存在

　　在数据库内每次创建一个对象，都会在系统表 sysobjects 中加入一条该对象的相关记录。sysobjects 表的结构及其说明如表 19.1 所示。

表 19.1　sysobjects 表的结构及其说明

字 段 名	数 据 类 型	说　　明
name	sysname	对象名
Id	int	对象标识号

续表

字 段 名	数 据 类 型	说　　明
xtype	char(2)	对象类型。可以是下列对象类型中的一种： C = CHECK 约束 D = 默认值或 DEFAULT 约束 F = FOREIGN KEY 约束 L = 日志 FN = 标量函数 IF = 内嵌表函数 P = 存储过程 PK = PRIMARY KEY 约束（类型是 K） RF = 复制筛选存储过程 S = 系统表 TF = 表函数 TR = 触发器 U = 用户表 UQ = UNIQUE 约束（类型是 K） V = 视图 X = 扩展存储过程
uid	smallint	所有者对象的用户 ID
info	smallint	保留。仅限内部使用
status	int	保留。仅限内部使用
base_schema_ ver	int	保留。仅限内部使用
replinfo	int	保留。供复复制使用
parent_obj	int	父对象的对象标识号（例如，对于触发器或约束，该标识号为表 ID）
crdate	datetime	对象的创建日期
ftcatid	smallint	为全文索引注册的所有用户表的全文目录标识符，对于没有注册的所有用户表则为 0
schema_ver	int	版本号。该版本号在每次表的架构更改时都增加
stats_schema_ ver	int	保留。仅限内部使用
type	char(2)	对象类型
userstat	smallint	保留
sysstat	smallint	内部状态信息
indexdel	smallint	保留
refdate	datetime	留作以后使用
version	int	留作以后使用
deltrig	int	保留
instrig	int	保留
updtrig	int	保留
seltrig	int	保留
category	int	用于发布、约束和标识
cache	smallint	保留

　　因此，在 SQL Server 中判断对象是否存在的关键是使用带 WHERE 子句的 SELECT 语句查询 sysobjects 表。

　　【例 19.15】查询数据库 College 中有哪些用户表。

```
SELECT *
FROM College.dbo.sysobjects
WHERE xtype='U'
```

　　运行结果如图 19.7 所示。

	name	id	xtype	uid	info	status	base_schema_ver	replinfo	parent_obj	crdate	ftcatid
1	testnull	18099105	U	1	0	0	0	0	0	2018-12-02 03:33:40.320	0
2	course_avg_score	30623152	U	1	0	0	0	0	0	2019-01-05 12:05:01.400	0
3	tele	46623209	U	1	0	0	0	0	0	2019-01-05 12:09:16.523	0
4	newscore	94623380	U	1	0	0	0	0	0	2019-01-05 12:12:15.247	0
5	testscore	110623437	U	1	0	0	0	0	0	2019-01-05 12:12:15.250	0
6	test_null	354100302	U	1	0	0	0	0	0	2018-12-22 02:53:36.980	0
7	t1	370100359	U	1	0	0	0	0	0	2018-12-23 02:47:41.800	0
8	t2	402100473	U	1	0	0	0	0	0	2018-12-23 02:48:06.603	0
9	a	658101385	U	1	0	0	0	0	0	2019-01-01 06:16:34.550	0
10	b	690101499	U	1	0	0	0	0	0	2019-01-01 06:17:18.730	0
11	bbb	738101670	U	1	0	0	0	0	0	2019-01-01 06:19:04.763	0
12	bxk_score	770101784	U	1	0	0	0	0	0	2019-01-01 06:20:17.930	0
13	kcb	802101898	U	1	0	0	0	0	0	2019-01-01 06:21:19.067	0
14	nddzb	834102012	U	1	0	0	0	0	0	2019-01-01 06:22:14.460	0
15	student	885578193	U	1	0	0	0	0	0	2018-11-24 23:59:31.400	0
16	score_copy	898102240	U	1	0	0	0	0	0	2019-01-01 06:23:09.050	0
17	stu_temp	978102525	U	1	0	0	0	0	0	2019-01-01 06:25:03.580	0
18	student_20181228	1090102924	U	1	0	0	0	0	0	2019-01-01 06:27:45.363	0
19	student_copy	1202103323	U	1	0	0	0	0	0	2019-01-01 06:29:55.907	0
20	course	1205579333	U	1	0	0	0	0	0	2018-11-25 12:03:59.127	0
21	score	1333579789	U	1	0	0	0	0	0	2018-11-25 12:05:41.217	0
22	teacher	1445580188	U	1	0	0	0	0	0	2018-11-25 12:06:47.663	0
23	testuni	1509580416	U	1	0	0	0	0	0	2018-11-25 12:07:17.843	0
24	totalscore	1557580587	U	1	0	0	0	0	0	2018-11-25 12:08:10.600	0
25	score1	1618104805	U	1	0	0	0	0	0	2019-01-05 02:38:57.703	0
26	foreign_teacher	1845581613	U	1	0	0	0	0	0	2018-12-02 02:10:55.120	0

图 19.7　数据库 College 中的所有用户表

　　【例 19.16】判断数据库 College 中是否存在名称为 proc165 的存储过程，并给出相应的提示。

```
IF EXISTS (SELECT name
        FROM   sysobjects
        WHERE name= 'proc165 ')
    PRINT '存在名称为 proc165 的存储过程'
ELSE
    PRINT '不存在名称为 proc165 的存储过程'
```

　　运行结果如图 19.8 所示。

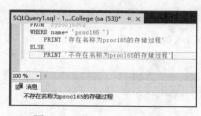

图 19.8　例 19.16 运行结果

2. 在 Oracle 中判断数据库对象是否存在

在 Oracle 中判断数据库对象是否存在的方法，与 SQL Server 中的方法有些不同。因为，Oracle 将不同的对象的信息放在不同的视图中。例如，将用户表的信息放在 user_tables 视图，将触发器的信息放在 user_triggers 视图。

【例 19.17】判断当前用户中有没有 TEMP 表存在。

```
SELECT DECODE(COUNT(*),0,'不存在','存在')
FROM   user_tables
WHERE TABLE_NAME='TEMP';
```

运行结果如下。

```
DECODE
----------
存在
```

如果想查询有没有某个触发器存在，则应该访问 user_triggers 视图，如下面是查询触发器 tr_up 是否存在的语句。

```
SELECT DECODE(COUNT(*),0,'不存在','存在')
FROM user_triggers
WHERE TRIGGER_NAME ='tr_up'
```

 注意

Oracle 存储对象名称时都按大写字母存放，而且 Oracle 认为大写的对象名和小写的对象名是不同的两个对象。例如，'TEMP'和'temp'在 Oracle 中是不同的两个对象。

19.4.2　向日志表循环插入日期数据

本节的内容是使用循环语句向数据表插入数据。有些时候表中某字段的值互相存在着某种数值关系，例如，日志表中需要记录日期的字段，因为每条记录代表一天，并且每一天都要记录，因此该字段值之间的数值关系是递增，在这种情况下，就可以使用循环语句向表插入数据。

【例 19.18】使用循环语句向 2019 年的日志表 daily_record 插入日期数据。

1. SQL Server 环境

（1）创建 daily_record 表，其创建语句如下。

```
CREATE TABLE daily_record
(
    日期  smalldatetime,
    信息  varchar(50)
)
```

（2）编写如下程序，向表循环插入数据。

```
DECLARE @x smalldatetime
SELECT @x=CAST('2019-1-1' AS smalldatetime)
WHILE   @x<=CAST('2019-12-31' AS smalldatetime)
BEGIN
    INSERT INTO daily_record
```

```
    VALUES (@x,NULL)
    SELECT @x=@x+1
END
```

（3）查询 daily_record 表。

```
SELECT *
FROM daily_record
```

运行结果如图 19.9 所示。

	日期	信息
1	2019-01-01 00:00:00	NULL
2	2019-01-02 00:00:00	NULL
3	2019-01-03 00:00:00	NULL
4	2019-01-04 00:00:00	NULL
5	2019-01-05 00:00:00	NULL
6	2019-01-06 00:00:00	NULL
7	2019-01-07 00:00:00	NULL
8	2019-01-08 00:00:00	NULL
9	2019-01-09 00:00:00	NULL
10	2019-01-10 00:00:00	NULL
11	2019-01-11 00:00:00	NULL
12	2019-01-12 00:00:00	NULL
13	2019-01-13 00:00:00	NULL
14	2019-01-14 00:00:00	NULL
15	2019-01-15 00:00:00	NULL

图 19.9　daily_record 表内容（截图）

2．Oracle 环境

（1）创建 daily_record 表，其创建语句如下。

```
CREATE TABLE daily_record
(
    日期  date,
    信息  varchar2 (50)
);
```

（2）编写如下程序，向表循环插入数据。

```
DECLARE
 x   date;
 BEGIN
 x :=TO_DATE('2019-1-1','yyyy,mm,dd');
 WHILE   x<= TO_DATE ('2019-12-31','yyyy,mm,dd')
 LOOP
    INSERT INTO daily_record
    VALUES (x,NULL);
    x :=x+1;
 END LOOP;
 END;
/
```

（3）查询 daily_record 表。

```
SELECT *
FROM daily_record;
```

运行结果如下。

```
日期            信息
------------- --------------------------------------------
01-1 月 -19
02-1 月 -19
03-1 月 -19
04-1 月 -19
05-1 月 -19
06-1 月 –19
……
27-12 月-19
28-12 月-19
29-12 月-19

日期            信息
------------- --------------------------------------------
30-12 月-19
31-12 月-19

已选择 365 行。

SQL>
```

19.4.3　使用游标和循环提取数据

在执行 SELECT 语句后，会返回一个查询结果集。如果结果集中只有一条记录，则可以用类似于下面的方式提取数据。

1．SQL Server 环境

```
/*声明一个短日期时间型的变量@x*/
DECLARE @x smalldatetime

/*给变量@x 赋值*/
SELECT @x=日期
FROM daily_record
WHERE  日期=CAST('2019-1-1' AS smalldatetime)

/*打印变量@x 的值*/
PRINT @x
```

运行结果如下。从运行结果可以看出已经将日期字段的数据提取了出来，并放到了变量@x 中。

```
Jan   1 2019 12:00AM
```

2．Oracle 环境

```
DECLARE
    /*声明一个日期型的变量 x*/
    x    date;
BEGIN
    /*给变量 x 赋值*/
```

```
    SELECT  日期
    INTO x
    FROM    daily_record
    WHERE  日期=TO_DATE('2019-1-1','yyyy,mm,dd');

    /*打印变量 x 的值*/
    DBMS_OUTPUT.PUT_LINE(TO_CHAR(x));
END;
/
```

如果查询结果集中有多条记录，将如何提取数据呢？这时就要用到游标了。游标可以一行一行地提取查询结果集中的数据。可以这样理解游标，游标是一个带有指针的特殊的查询结果集。因为游标带有指针，它可以定位到具体的某条记录上。不管在任何 DBMS 中，使用游标都要遵循如下 4 个步骤。

（1）声明（创建）游标。

（2）打开游标。

（3）提取数据。

（4）关闭游标或删除游标定义。

下面通过例题介绍使用游标和循环提取多行查询结果集数据的方法。

【例 19.19】使用游标，将表 daily_record 中的日期字段值全部提取出来。

1. SQL Server 环境

```
/*声明一个短日期时间型的变量@x*/
DECLARE @x smalldatetime

/*创建游标 cur1*/
DECLARE cur1 CURSOR
FOR
SELECT  日期
FROM    daily_record

/*打开游标 cur1*/
OPEN cur1

/* FETCH 先将指针向下移动，然后提取指针指向记录的数据，并赋给变量@x   */
FETCH FROM cur1 INTO @x

/*@@FETCH_STATUS 为全局变量，当 FETCH 提取数据成功时，其值为 0。
下面的循环语句在提取数据成功时，执行循环体内的语句*/
WHILE @@FETCH_STATUS=0
BEGIN
    PRINT @x
    /*指针向下移动，提取当前记录的数据，并赋给变量@x   */
    FETCH FROM cur1 INTO @x
END

/*删除游标 cur1*/
DEALLOCATE cur1
```

运行结果如图 19.10 所示。

```
消息
Jan  1 2019 12:00AM
Jan  2 2019 12:00AM
Jan  3 2019 12:00AM
Jan  4 2019 12:00AM
Jan  5 2019 12:00AM
Jan  6 2019 12:00AM
Jan  7 2019 12:00AM
Jan  8 2019 12:00AM
Jan  9 2019 12:00AM
Jan 10 2019 12:00AM
Jan 11 2019 12:00AM
Jan 12 2019 12:00AM
Jan 13 2019 12:00AM
Jan 14 2019 12:00AM
Jan 15 2019 12:00AM
Jan 16 2019 12:00AM
Jan 17 2019 12:00AM
Jan 18 2019 12:00AM
Jan 19 2019 12:00AM
Jan 20 2019 12:00AM
Jan 21 2019 12:00AM
Jan 22 2019 12:00AM
```

图 19.10　例 19.19 运行结果

2. Oracle 环境

```
DECLARE
    x    date;
    /*创建游标 cur1*/
    CURSOR   cur1 IS
    SELECT  日期
    FROM    daily_record;
BEGIN
    /*打开游标 cur1*/
    OPEN cur1;

    /* FETCH 先将指针向下移动，然后提取指针指向记录的数据，赋给变量 x   */
    FETCH cur1 INTO x;

    /*%FOUND 为游标的属性，当 FETCH 提取数据成功时，其值为 True */
    WHILE cur1%FOUND
    LOOP
        DBMS_OUTPUT.PUT_LINE(TO_CHAR(x));
        FETCH cur1 INTO x;
     END LOOP;
    /*关闭游标 cur1*/
    CLOSE cur1;
END;
/
```

第 20 章 事 务 处 理

本章将介绍为什么使用事务处理以及如何利用 COMMIT 和 ROLLBACK 语句提交修改和撤销修改，并在 SQL Server、Oracle、MySQL 环境中举出相应的例子。

20.1 事 务 基 础

事务处理可以用来维护数据库的完整性，它保证多条修改语句要么完全执行，要么完全不执行。本节介绍事务的概念和使用事务的一个案例。

20.1.1 事务的概念

事务（Transaction）是将多条修改数据的语句打包在一起的方法。这里所说的修改语句可以是 INSERT、UPDATE 或 DELETE 语句。当把多条修改语句放入一个事务中时，它们要么会全部执行，要么会全部不执行。也就是说，如果一个修改失败，则所有修改都将失败。这就很好地维护了数据库的完整性。通过将所有修改操作放入一个事务中，可以确保在一些修改成功，而另外一些修改失败的情况下，能够把表中数据恢复到修改执行前的状态。

20.1.2 事务的案例

假设在工商银行的 ATM 机上，张三要从自己的账户向李四的账户转出 10000 元。银行的存款账户信息表（Saving_Account）的内容如表 20.1 所示。

表 20.1　存款账户信息表 Saving_Account 的内容

ACCOUNT_ID	CUSTOMER	BALANCE
......	......	......
7788	张三	50000.00
8877	李四	900.00
......	......	......

这时，应该使用如下两条 UPDATE 语句完成这一操作。

```
UPDATE    Saving_Account
SET       balance=balance-10000
WHERE     customer='张三'

UPDATE    Saving_Account
SET       balance=balance+10000
WHERE     customer='李四'
```

需要提醒的是，这两条 UPDATE 语句应该要么全部执行，要么全部不执行，所以必须将它们放入一个事务中。

设想一下，如果没有事务处理机制，则可能会出现这样的情况——更新张三账户信息的 UPDATE 语句成功了，而当更新李四的信息时由于某种原因失败了，这就导致了张三的 10000 元被扣掉了，而李四又没有收到这笔款。这好像很滑稽，但如果没有事务处理机制，它就一点也不滑稽了。

20.1.3 事务的 ACID 特性

事务其实是数据库的逻辑工作单元，即一组相关的 SQL 语句，它们要么作为一个整体被提交，要么作为一个整体被撤销（回滚）。数据库理论中，对事务的定义非常严格，并指明事务有 4 个基本特性，称之为 ACID 特性。

- 原子性（Atomicity）：事务必须作为一个整体提交或撤销（回滚），因此事务是原子的。事务中的 SQL 语句序列绝对不会出现这些执行了而那些没执行的情况。
- 一致性（Consistency）：事务必须确保数据库的状态保持一致，即事务开始时，数据库的状态是一致的，而在事务结束时，数据库的状态也必须一致。
- 隔离性（Isolation）：多个事务可以同时运行，而且彼此之间不会相互影响。
- 持久性（Durability）：一旦事务被提交后，数据库的变化就会永远被保留下来，即使硬件和软件发生错误也会如此。

优秀的数据库软件要确保每个事务都具有 ACID 特性，并且具有很好的恢复特性，可以在机器由于各种原因崩溃时恢复数据库。

20.2 控制事务处理

本节将介绍如何开始事务处理以及如何利用 COMMIT 和 ROLLBACK 语句提交修改和撤销修改。另外，还将介绍如何创建保存点和使用保存点。

20.2.1 开始事务处理

在不同的 DBMS 中，开始事务的方法也有所不同。下面主要介绍 SQL Server、Oracle、MySQL 中开始事务的方法。

1. 在 SQL Server 中开始事务的方法

在 SQL Server 中开始一个事务的 SQL 语句如下。

```
BEGIN TRAN [ SACTION ] [ transaction_name]
```

说明
transaction_name 是事务的名称，它是可选项。

在 SQL Server 中，除了支持上述 BEGIN TRAN 语句显式开始事务以外，还支持隐式开始事务。隐式开始是指当执行 INSERT、UPDATE 或 DELETE 语句中的任何一条语句时都会自动开始一个事务。不过要想让 SQL Server 支持隐式开始事务，则应当先执行如下命令开启。

```
SET IMPLICIT_TRANSACTIONS ON
```

如果想关闭隐式开始事务，则应当使用如下命令关闭。

```
SET IMPLICIT_TRANSACTIONS OFF
```

2．在 Oracle 中开始事务的方法

在 Oracle 中开始事务不必使用任何 SQL 语句，因为 Oracle 默认当执行 INSERT、UPDATE 或 DELETE 语句时自动开始一个事务。

3．在 MySQL 中开始事务的方法

MySQL 中如果数据表类型为 MyISAM，则不支持事务，表类型为 InnoDB 才支持事务。

在 InnoDB 中，所有用户行为都在事务内发生。如果自动提交模式被允许，每条 SQL 语句在它自身上形成一个单独的事务。MySQL 总是带着允许自动提交来开始一个新连接。

也可以通过明确的语句来开始一个事务。

```
START TRANSACTION
```

还可以使用以下语句开始一个事务。

```
BEGIN
```

20.2.2　使用 ROLLBACK 撤销事务

ROLLBACK 命令用来将数据库恢复到事务开始前的状态，即撤销事务所做的一切修改并结束事务。下面通过一些例子证明这一点。

1．在 SQL Server 中取消事务

首先，创建一个用于试验的表 test1，并向其添加数据。

```
/*创建一个有两个字段的表 test1，其中 c2 字段有非空约束*/
CREATE TABLE test1
(
    c1 int,
    c2 int NOT NULL
)

/*向表 test1 插入两条记录*/
INSERT INTO test1
VALUES (10,100)
INSERT INTO test1
VALUES (20,200)
```

查看 test1 表内容。

```
SELECT    *
FROM      test1
```

运行结果如图 20.1 所示。

【例 20.1】执行下面的语句，观察撤销事务后的结果。

```
/*开始事务*/
BEGIN TRAN

/*执行更新操作*/
UPDATE test1
SET     c1=c1+1000

/*执行删除操作*/
DELETE FROM test1
WHERE c2=200

/*撤销事务*/
ROLLBACK TRAN
```

查看 test1 表内容。

```
SELECT    *
FROM      test1
```

运行结果如图 20.2 所示。从查询结果可以看出 ROLLBACK 命令撤销了事务中所有的修改操作。

图 20.1　test1 表内容　　　　　　图 20.2　执行事务后的 test1 表内容

 说明

在 SQL Server 中使用 ROLLBACK 命令时，可以省略其后的 TRANSACTION 关键字。

2. 在 Oracle 中取消事务

在 Oracle 中创建表和添加数据的语句如下。

```
CREATE TABLE test1
(
    c1 number,
    c2 number NOT NULL
) ;

INSERT INTO test1
VALUES (10,100);

INSERT INTO test1
VALUES (20,200);

/*提交修改操作，如果不提交，在下面实例中当执行 ROLLBACK 时，两个插入操作会被撤销*/
COMMIT;
```

【例 20.2】执行下面的语句，观察在 Oracle 中撤销事务后的结果。

在 Oracle 中，因为当执行 INSERT、UPDATE 或 DELETE 语句时事务会自动开始，因此不必写事务开始语句。

```
BEGIN
    UPDATE test1
    SET     c1=c1+1000;

    DELETE FROM test1
    WHERE c2=200;

    ROLLBACK;
END;
/
```

说明

因为在 SQL *Plus 中执行 SQL 语句是交互式的，所以想一次性（批量）执行多条修改语句时，必须将其放入 PL/SQL 块中，以 BEGIN 开始，以 END 结束。

查看 test1 表内容。

```
SELECT    *
FROM      test1;
```

运行结果如下。与 SQL Server 相同，Oracle 也撤销了事务中的所有修改操作。

```
        C1              C2
---------------- ----------------
        10              100
        20              200
```

3. 在 MySQL 中取消事务

在 MySQL 中也是使用 ROLLBACK 语句来取消事务，也可使用 COMMIT WORK，不过二者是等价的。在 MySQL 中创建表和添加数据的语句如下。

```
CREATE TABLE test1
(
    c1 int,
    c2 int NOT NULL
) ;

INSERT INTO test1
VALUES (10,100);

INSERT INTO test1
VALUES (20,200);
```

【例 20.3】执行下面的语句，观察在 MySQL 中撤销事务后的结果。

```
BEGIN;
UPDATE test1
SET     c1=c1+1000;

DELETE FROM test1
WHERE c2=200;
```

```
ROLLBACK;
```

查看 test1 表内容。

```
SELECT    *
FROM      test1;
```

运行结果如图 20.3 所示。从中可以看出，test1 表中的数据并没有改变，MySQL 撤销了事务中的所有修改操作。

图 20.3　执行撤销事务后的 test1 表内容没有改变

20.2.3　使用 COMMIT 提交事务

COMMIT 命令用来将事务中的修改保存到数据库中，同时结束事务。

1. 在 SQL Server 中提交事务

【例 20.4】执行下面的语句，观察提交事务后的结果。

```
BEGIN TRAN

UPDATE test1
SET     c1=c1+1000

DELETE FROM test1
WHERE c2=200

COMMIT TRAN
```

查看 test1 表内容。

```
SELECT    *
FROM      test1
```

运行结果如图 20.4 所示。

上面事务中的两条修改语句因为都没有发生错误，所以正确地提交了修改结果。如果其中的某条语句出错了，是不是还会提交？来看下面的例子。

【例 20.5】执行下面的语句，观察提交了有失败语句的事务后的结果。

```
BEGIN TRAN

INSERT INTO test1
VALUES (77,888)

INSERT INTO test1
VALUES (88,999)

/*下面的插入语句因为会给 c2 列插入 NULL 值，因此会发生错误*/
INSERT INTO test1
VALUES (99,NULL)
```

```
COMMIT TRAN
```

查看 test1 表内容。

```
SELECT    *
FROM      test1
```

运行结果如图 20.5 所示。从中可以看出，在 SQL Server 中使用 COMMIT 语句提交事务时，会将正确的结果提交到数据库，而错误的不被提交，这就违反了使用事务的初衷。因为使用事务的初衷是如果一条修改语句失败，则所有修改语句都失败，即该事务中的任何修改都应当被撤销。因此，在 SQL Server 中使用 COMMIT 语句时一定要注意是否所有语句都能执行成功。下一小节将会介绍在 SQL Server 中判断修改语句是否正确执行的方法。

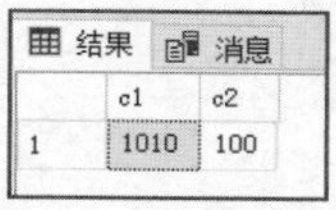

	c1	c2
1	1010	100

图 20.4　执行事务后的 test1 表内容

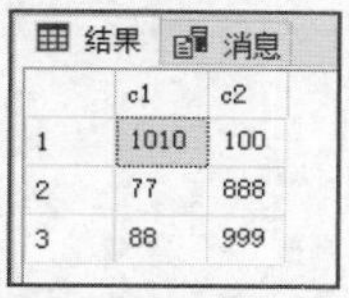

	c1	c2
1	1010	100
2	77	888
3	88	999

图 20.5　提交了有失败语句的事务的结果

说明

在 SQL Server 中使用 COMMIT 命令时，可以省略其后的 TRANSACTION 关键字。

2．在 Oracle 中提交事务

【例 20.6】执行下面的语句，观察提交了有失败语句的事务后的结果。

```
BEGIN
    INSERT INTO test1
    VALUES (77,888);

    INSERT INTO test1
    VALUES (88,999);

    /*下面的插入语句因为会给 c2 列插入 NULL 值，因此会发生错误*/
    INSERT INTO test1
    VALUES (99,NULL);

    COMMIT;
END;
/
```

运行结果如下。

```
BEGIN
*
第 1 行出现错误:
ORA-01400: 无法将 NULL 插入 ("SYSTEM"."TEST1"."C2")
ORA-06512: 在 line 9
```

查看 test1 表内容。

```
SELECT    *
```

```
FROM      test1;
```

运行结果如下。

```
          C1           C2
---------------- ----------------
          10          100
          20          200
```

3. 在 MySQL 中提交事务

【例 20.7】执行下面的语句，观察提交了有失败语句的事务后的结果。

```
BEGIN;
INSERT INTO test1
VALUES (77,888);

INSERT INTO test1
VALUES (88,999);

/*下面的插入语句因为会给 c2 列插入 NULL 值，因此会发生错误*/
INSERT INTO test1
VALUES (99,NULL);

COMMIT;
```

查看 test1 表内容。

```
SELECT    *
FROM      test1;
```

运行结果如图 20.6 所示。

图 20.6　提交了有失败语句的事务后的结果

从运行结果可以看出，提交有失败语句的事务时，不同数据库环境的处理方法是不同的。下面列出不同环境下的处理方法，以便读者进行比较。

- 在 Oracle 的 PL/SQL 块中只要有一条失败语句，即使用了 COMMIT 命令提交事务，所有修改操作也会被自动撤销。
- 在 MySQL 和 SQL Server 中，如果使用了 COMMIT 命令提交事务，则把执行成功的修改操作提交到数据库，而执行失败的修改操作不会被提交到数据库。

20.2.4　根据判断提交或撤销事务

前面提到了在 MySQL 和 SQL Server 中，使用 COMMIT 语句提交事务前应当确保语句的正确性，否则就会将事务中正确的修改操作提交到数据库，而不提交错误的修改操作，从而违背了使用事务的初衷。

1. SQL Server 的处理方法

要解决前面例子中的问题（即部分正确执行 SQL 语句已提交，错误执行的 SQL 语句未提交），需要在程序中判断所有 SQL 语句是否都正确执行了，只要有一条 SQL 语句未正确执行，则回滚。

SQL Server 中有一个全局变量@@ERROR，该变量返回最后执行的语句的错误代码。如果没有错误，则变量@@ERROR 的返回值为 0。根据@@ERROR 的这种特性，可以判断修改语句成功与否，只要有一条语句失败则执行 ROLLBACK 语句撤销事务。例如，下面的例子将根据判断结果执行提交或撤销事务。

【例 20.8】执行下面的语句，并观察运行结果。

首先，查看 test1 表内容。

```
SELECT    *
FROM      test1
```

运行结果如图 20.7 所示。

执行下面的事务语句。

```
BEGIN TRAN

INSERT INTO test1
VALUES (1111,0)

/*判断上面的 INSERT 语句是否失败，如果失败则撤销事务*/
IF @@ERROR<>0    ROLLBACK TRAN

INSERT INTO test1
VALUES (2222,0)

/*判断第二条 INSERT 语句是否失败，如果失败则撤销事务*/
IF @@ERROR<>0    ROLLBACK TRAN

/*下面的插入语句因为会给 c2 列插入 NULL 值，因此会发生错误*/
INSERT INTO test1
VALUES (3333,NULL)

/*判断第三条 INSERT 语句是否失败，如果失败则撤销事务*/
IF @@ERROR<>0    ROLLBACK TRAN

/*如果没有执行任何 ROLLBACK 语句撤销并结束事务，则提交事务 */
COMMIT TRAN
```

再次查看 test1 表内容。

```
SELECT    *
FROM      test1
```

运行结果如图 20.8 所示，表内容没有任何变化。这表明了事务中的所有插入操作全部被撤销了。原因是，由于第 3 条 INSERT 语句执行失败，导致全局变量@@ERROR 的返回值为非零，促成第 3 条 IF 语句的条件表达式@@ERROR<>0 为真，所以执行了其内的 ROLLBACK TRAN 命令撤销了事务内的全部操作。

结果	消息	
	c1	c2
1	1010	100
2	77	888
3	88	999

结果	消息	
	c1	c2
1	1010	100
2	77	888
3	88	999

图 20.7 原始 test1 表内容   图 20.8 执行事务后的 test1 表内容

2. MySQL 的处理方法

与 SQL Server 类似，在 MySQL 中要解决事务提交不完整的问题，也是通过判断是否所有 SQL 语句都正确执行，再决定是提交数据还是回滚数据。不过 MySQL 中没有 SQL Server 全局变量@@ERROR。在 MySQL 中可通过以下语句声明异常处理的方法来捕获异常，从而决定数据回滚。

```
DECLARE   CONTINUE HANDLER FOR SQLEXCEPTION SET t_error = 1;
```

以上语句声明捕获 SQLEXCEPTION 异常，当有 SQLEXCEPTION 异常时，变量 t_error 的值将设为1，并继续执行后续 SQL 语句。

SQLEXCEPTION 的位置可以设置为要捕获的错误编号。每个 MySQL 错误都有一个唯一的数字错误编号（mysql_error_code），每个错误编码又对应一个 5 字符的 SQLSTATE 码（ANSI SQL 采用）。

SQLSTATE 码对应的处理程序如下。

- SQLWARNING 处理程序：以'01'开头的所有 SQLSTATE 码与之对应。
- NOT FOUND 处理程序：以'02'开头的所有 SQLSTATE 码与之对应。
- SQLEXCEPTION 处理程序：不以'01'或'02'开头的所有 SQLSTATE 码，也就是所有未被 SQLWARNING 或 NOT FOUND 捕获的 SQLSTATE 码（常见的 MySQL 错误就是以非'01' '02' 开头的）与之对应。

下面以具体的例子演示 MySQL 的事务回滚。

【例 20.9】执行下面的语句，并观察运行结果。

```
DELIMITER $$
CREATE   PROCEDURE sp_20_9()
BEGIN
    DECLARE CONTINUE HANDLER FOR SQLEXCEPTION SET t_error = 1;

    START TRANSACTION;

    INSERT INTO test1
    VALUES (77,888);

    INSERT INTO test1
    VALUES (88,999);

    /*下面的插入语句因为会给 c2 列插入 NULL 值，因此会发生错误*/
    INSERT INTO test1
    VALUES (99,NULL);

    IF t_error =1 THEN
        ROLLBACK;
    ELSE
        COMMIT;
    END IF;
```

```
END$$
DELIMITER ;
```

上面的代码中，一共执行插入 3 条记录的操作，第 3 条插入数据的操作发生错误，从而使用事务回滚，3 条记录都不会插入到表中。

20.2.5　Oracle 的语句级事务处理

在 Oracle 中有一个语句级撤销事务（回滚）的概念。例如，一条 UPDATE 语句已经运行了很长时间，仅仅在修改全部记录的最后失败了，那么该语句将不影响任何记录。

【例 20.10】观察并分析下面的执行过程及语句。

```
SQL> SELECT    *
  2  FROM      test1;

        C1          C2
   ----------  ------------
        10          100
        20          200

SQL> INSERT INTO test1
  2  VALUES (77,888);

已创建 1 行

SQL>
SQL> INSERT INTO test1
  2  VALUES (88,999);

已创建 1 行
SQL> COMMIT;

提交完成

SQL> SELECT    *
  2  FROM      test1;

        C1          C2
   -------------  ------------
        10          100
        20          200
        77          888
        88          999

SQL> CREATE OR REPLACE TRIGGER tr_test1
  2  BEFORE UPDATE
  3  ON test1
  4  FOR EACH ROW
  5  BEGIN
  6   IF :NEW.c1=88 THEN
  7      RAISE_APPLICATION_error(-20008,'强行结束');
```

```
 8     END IF;
 9   END;
10   /

触发器已创建

SQL> UPDATE test1
 2   SET c2=1206;
UPDATE test1
      *
第 1 行出现错误:
ORA-20008: 强行结束
ORA-06512: 在 "SYSTEM.TR_TEST1", line 3
ORA-04088: 触发器 'SYSTEM.TR_TEST1' 执行过程中出错

SQL>   SELECT   *
 2     FROM     test1;

        C1           C2
     --------------  -------------
        10           100
        20           200
        77           888
        88           999
```

在上面的例子中，如果没有语句级撤销事务，那么在语句失败以后，前 3 条记录被更新，只有最后一条记录不被更新。有了语句级撤销，应用程序就可以少做很多错误处理工作。

20.2.6 使用保存点

前面的内容中，当使用 ROLLBACK 命令撤销事务时，会撤销事务中的所有修改操作。有时这是不必要的，因为用户可能更希望只撤销到某一点，而不是全部。此时，便可以使用保存点。

1. 设置保存点

在 MySQL、SQL Server 和 Oracle 的事务中设置保存点的语法分别如下。

↘   SQL Server 的语法。

SAVE TRAN[SACTION] savepoint_name

↘   MySQL 和 Oracle 的语法。

SAVEPOINT savepoint_name

 说明

savepoint_name 为保存点的名称。

2. 撤销到保存点

设置了保存点后，希望撤销事务到某点时，应当在 ROLLBACK 语句后加上保存点的名称。在 MySQL、SQL Server 和 Oracle 中实现的语法有所不同，分别如下。

➤　SQL Server 的语法。

ROLLBACK TRAN[SACTION] savepoint_name

➤　MySQL 和 Oracle 的语法。

ROLLBACK TO savepoint_name

【例 20.11】执行下面的语句，并观察运行结果。

首先，查看 test1 表原始内容。

```
SELECT    *
FROM     test1
```

运行结果如图 20.9 所示。

执行下面的事务语句。

```
BEGIN TRAN

INSERT INTO test1
VALUES (1111,0)

/* 判断上面的 INSERT 语句是否失败，如果失败则撤销事务*/
IF @@ERROR<>0   ROLLBACK TRAN

/* 设置保存点 save1*/
SAVE TRAN save1

INSERT INTO test1
VALUES (2222,0)

/* 判断第二条 INSERT 语句是否失败，如果失败则撤销到保存点 save1 处*/
IF @@ERROR<>0   ROLLBACK TRAN save1

/* 设置保存点 save2*/
SAVE TRAN save2

INSERT INTO test1
VALUES (3333,0)

/* 下面的插入语句因为会给 c2 列插入 NULL 值，因此会发生错误*/
INSERT INTO test1
VALUES (4444,NULL)

/* 判断第四条 INSERT 语句是否失败，如果失败则撤销到保存点 save2 处*/
IF @@ERROR<>0   ROLLBACK TRAN save2

COMMIT TRAN
```

再次查看 test1 表内容。

```
SELECT    *
FROM     test1
```

运行结果如图 20.10 所示。

图 20.9　原始 test1 表内容　　　　图 20.10　执行事务后的 test1 表内容

从结果中可以知道，只撤销了保存点 save2 以下的修改操作。

注意

使用 ROLLBACK 命令撤销事务到保存点时，事务并不终止。

20.3　并 发 事 务

一些多用户数据库管理系统，如 MySQL、SQL Server 和 Oracle 都支持多个用户同时与数据库进行交互，每个用户都可以同时运行自己的事务。这种事务被称为并发事务。当多事务同时对数据库中的同一数据进行并发操作时，就需要对操作进行并发控制，来保证数据的完整性和一致性。本节将在 Oracle 系统下举例说明并发事务的相关内容。

20.3.1　并发事务处理

对于多用户数据库，同一时刻有多个用户对其表进行访问是不可避免的，因此数据库管理系统应当处理好并发事务。并发事务中的每一个事务的影响都是独立的，直到执行一条 COMMIT 语句时才会影响其他事务。

表 20.2 给出了 Oracle 环境中 SQL 语句的例子，通过该例可以进一步理解并发事务。该表显示了两个事务 T1 和 T2 要执行的语句的交叉顺序。事务 T1 对 test 表进行了查询、添加记录等操作，事务 T2 只对 test 表进行了查询。直到 T1 提交事务之后，T2 才能看到数据库的变化。

表 20.2　并发事务举例

事务 T1	事务 T2
SELECT * FROM　test;	SELECT * FROM　test;
返回结果： ID　　NAME　　　　S ------ -------------------- ---- 001　　tom　　　　　m 002　　jack　　　　　f 003　　john　　　　　f	返回结果： ID　　NAME　　　　S ------ -------------------- ---- 001　　tom　　　　　m 002　　jack　　　　　f 003　　john　　　　　f
INSERT INTO test VALUES('009','sam','m');	

续表

事务 T1	事务 T2
SELECT * FROM test; 返回结果： ID　　NAME　　S ------　-------------------　---- 001　　tom　　m 002　　jack　　f 003　　john　　f 009　　sam　　m	SELECT * FROM test; 返回结果（注：查询结果是未添加记录前的结果）： ID　　NAME　　S ------　-------------------　---- 001　　tom　　m 002　　jack　　f 003　　john　　f
COMMIT;	
	SELECT * FROM test; 返回结果： ID　　NAME　　S ------　-------------------　---- 001　　tom　　m 002　　jack　　f 003　　john　　f 009　　sam　　m

技巧

执行上面例子的方法为，启动两个独立的 SQL *Plus，并都以 system 用户的身份连接到数据库，之后输入表 20.2 中所列出的 SQL 语句，便可查看每条语句的运行结果。但需要注意的是，必须按照表中给定的交叉次序在 SQL *Plus 中输入语句。

20.3.2　事务锁

"锁"可以解决两个写事务的冲突。例如，两个事务 T1 和 T2 都要修改 test 表。在 Oracle 中，处理这种并发事务就用到了"锁"的概念，其处理步骤如下。

（1）T1 执行一条 UPDATE 语句修改 ID 号为 002 的记录，但是 T1 并没有执行 COMMIT 语句提交修改，这时就称 T1 对该行"加锁"了。

（2）T2 也试图执行一条 UPDATE 语句修改 ID 号为 002 的记录，但是由于该行已经被 T1 加了锁，因此 T2 的 UPDATE 语句就进入了等待阶段，直到 T1 结束并释放该行上的锁为止。

（3）T1 执行 COMMIT 语句并结束，从而释放该行上的锁。

（4）T2 获得该行上的锁，并执行 UPDATE 语句。T2 获得了该行上的锁后会一直持有，直到事务 T2 结束为止。

说明

只有在试图对相同的记录进行修改时，修改语句才会阻塞其他修改语句；而查询语句并不会阻塞查询语句，修改语句也不会阻塞查询语句。

20.3.3 事务隔离级别

事务隔离级别是指一个事务对数据库的修改与并行的另外一个事务的隔离程度。假设两个并发事务 T1 和 T2 正在访问相同的行，通过下面的例子可以察觉到事务处理中可能存在的问题。

- ↘ 幻像读取：事务 T1 读取 test 表中性别为 m 的记录。之后，事务 T2 新插入一行记录，这行记录恰巧其性别也为 m。之后，T1 又使用相同的查询再次对表进行查询，但此时却看到了事务 T2 刚刚插入的新记录。这条新记录就被称为"幻像"，因为对于 T1 来说这行记录就像是突然出现的一样。

- ↘ 不可重复读取：事务 T1 读取了姓名为 john 的记录，紧接着事务 T2 修改了 john 这条记录的相关内容。之后，T1 又再次读取这一行记录，却发现它与刚才读取的结果不同了。这种现象称为"不可重复"读，因为 T1 原来读取的那一行记录已经发生了变化。

- ↘ 脏读：事务 T1 将 john 的性别更改为 m，但是并没有提交所做的修改。这时，事务 T2 读取了 john 的相关内容。之后，T1 执行回滚操作，取消了刚才所做的修改。现在 T2 所读取的行就无效（也称为"脏"数据）了，因为在 T2 读取这行记录时，T1 所做的修改并没有提交。

为了处理这些可能出现的问题，数据库实现了不同级别的事务隔离性，以防止并发事务会相互影响。SQL 标准定义了以下几种事务隔离级别，从低到高依次如下。

- ↘ READ UNCOMMITTED：幻像读、不可重复读和脏读都允许。
- ↘ READ COMMITTED：允许幻像读和不可重复读，但是不允许脏读。
- ↘ REPEATABLE READ：允许幻像读，但是不允许不可重复读和脏读。
- ↘ SERIALIZABLE：幻像读、不可重复读和脏读都不允许。

Oracle 数据库支持 READ COMMITTED 和 SERIALIZABLE 两种事务隔离级别，不支持 READ UNCOMMITTED 和 REPEATABLE READ 这两种隔离级别。

虽然 SQL 标准定义的默认的事务隔离级别是 SERIALIZABLE，但是 Oracle 数据库默认使用的事务隔离级别却是 READ COMMITTED，这几乎对于所有的应用程序来说都是可以接受的。

 注意

虽然在 Oracle 数据库中也可以使用 SERIALIZABLE 事务隔离级别，但是这会增加 SQL 语句执行所需要的时间，因此只有在必须的情况下才使用 SERIALIZABLE 级别。

事务隔离级别可以使用 SET TRANSACTION 语句设置。例如，下面的语句可以将事务隔离级别设置为 SERIALIZABLE。

```
SET TRANSACTION ISOLATION LEVEL SERIALIZABLE;
```